高等职业教育机电类专业"十二五"规划教材
中国高等职业技术教育研究会推荐
高等职业教育精品课程

普通机床零件加工

韩玉勇　编著
苗付标　主审

国防工业出版社
·北京·

内 容 简 介

《普通机床零件加工》一书根据教育部的教改精神与劳动和社会保障部颁布实施的《国家职业标准》，结合我国职业教育的教学实际，围绕职业院校的培养目标编写而成。着力体现职业教育"以就业为导向，以能力为本位"的教学理念，突出以技能训练为目的、以项目教学为组织形式、理论与实践紧密结合的教材特点。

本书根据学生的认知水平，分别介绍普通机床的基本操作技能及相关的工艺知识和质量控制方法，并围绕相应工种的职业技能鉴定标准，选择典型的技能实例，以便使学生通过强化训练，顺利获得国家职业资格等级证书。

本书针对普通机床加工岗位，适用于职业院校机械及相关专业，可作为系列职业技能培训教材，也可作为机械加工人员的参考书和自学用书。

图书在版编目(CIP)数据

普通机床零件加工/韩玉勇编著. —北京:国防工业出版社,2017.4
高等职业教育机电类专业"十二五"规划教材
ISBN 978-7-118-07482-6

Ⅰ.①普… Ⅱ.①韩… Ⅲ.①机床零部件－金属切削－高等职业教育－教材 Ⅳ.①TG502.3

中国版本图书馆 CIP 数据核字(2011)第 144050 号

※

国防工业出版社出版发行
(北京市海淀区紫竹院南路 23 号 邮政编码 100048)
涿中印刷厂印刷
新华书店经售

*

开本 787×1092 1/16 印张 15 字数 336 千字
2017 年 4 月第 1 版第 2 次印刷 印数 4001—6000 册 定价 29.00 元

(本书如有印装错误，我社负责调换)

国防书店:(010)88540777　　　　发行邮购:(010)88540776
发行传真:(010)88540755　　　　发行业务:(010)88540717

高等职业教育制造类专业"十二五"规划教材编审专家委员会名单

主任委员　方　新(北京联合大学教授)

　　　　　　刘跃南(深圳职业技术学院教授)

委　　员　(按姓氏笔画排列)

　　　　　　白冰如(西安航空职业技术学院副教授)

　　　　　　刘克旺(青岛职业技术学院教授)

　　　　　　刘建超(成都航空职业技术学院教授)

　　　　　　米国际(西安航空技术高等专科学校副教授)

　　　　　　李景仲(辽宁省交通高等专科学校教授)

　　　　　　段文洁(陕西工业职业技术学院副教授)

　　　　　　徐时彬(四川工商职业技术学院副教授)

　　　　　　郭紫贵(张家界航空工业职业技术学院副教授)

　　　　　　黄　海(深圳职业技术学院副教授)

　　　　　　蒋敦斌(天津职业大学教授)

　　　　　　韩玉勇(枣庄科技职业学院副教授)

　　　　　　颜培钦(广东交通职业技术学院教授)

总 策 划　江洪湖

总　　序

在我国高等教育从精英教育走向大众化教育的过程中,作为高等教育重要组成部分的高等职业教育快速发展,已进入提高质量的时期。在高等职业教育的发展过程中,各院校在专业设置、实训基地建设、双师型师资的培养、专业培养方案的制定等方面不断进行教学改革。高等职业教育的人才培养还有一个重点就是课程建设,包括课程体系的科学合理设置、理论课程与实践课程的开发、课件的编制、教材的编写等。这些工作需要每一位高职教师付出大量的心血,高职教材就是这些心血的结晶。

高等职业教育制造类专业的发展赶上了我国现代制造业崛起的时代,中国的制造业要从制造大国走向制造强国,需要一大批高素质的、工作在生产一线的技能型人才,这就要求我们高等职业教育制造类专业的教师们担负起这个重任。

高等职业教育制造类专业的教材一要反映制造业的最新技术,因为高职学生毕业后马上要去现代制造业企业的生产一线顶岗,我国现代制造业企业使用的技术更新很快;二要反映某项技术的方方面面,使高职学生能对该项技术有全面的了解;三要深入某项需要高职学生具体掌握的技术,便于教师组织教学时切实使学生掌握该项技术或技能;四要适合高职学生的学习特点,便于教师组织教学时因材施教。要编写出高质量的高职教材,还需要我们高职教师的艰苦工作。

国防工业出版社组织一批具有丰富教学经验的高职教师所编写的机械设计制造类专业、自动化类专业、机电设备类专业、汽车类专业的教材反映了这些专业的教学成果,相信这些专业的成功经验又必将随着本系列教材这个载体进一步推动其他院校的教学改革。

方　新

前 言

  普通机床零件加工是机械类各专业学生必修的一门实践性很强的技术基础课。通过本课程的学习，学生能了解机械制造的一般过程，掌握机械零件的常用加工方法及其所用加工设备的工作原理，了解现代制造技术在机械制造中的应用。

  本书针对普通机床加工岗位，根据职业能力培养的要求，以工作任务为中心组织课程内容，让学生在完成具体项目的过程中学会完成相应工作任务，并构建相关理论知识，发展职业能力。课程内容突出对学生职业能力的训练，引入工作过程系统化的理念，以能力为本位，以面向应用为目标，以能力培养和实践操作为主线来讲解内容，理论知识的选取紧紧围绕工作任务，充分考虑了高等职业教育对理论知识学习的需要。

  本书主要特点是：将理论知识与技能操作有机结合，使学生通过强化训练能顺利获得国家职业资格等级证书；在专业理论知识方面，注重普通机床加工基本理论的阐述和工艺分析能力的培养；内容力求联系实际，重点突出，少而精；将一些图例的说明采用照片的形式来表述，图文并茂，通俗易懂；结合实际培养学生的创新意识，为培养应用型、复合型人才打下一定的理论与实践基础，并使学生在素质方面得到培养和提高。

  本书由枣庄科技职业学院韩玉勇编著。在编写中，作者参考了很多相关的图书资料，在此对这些图书作者表示衷心的感谢。作者特别感谢山东威达重工股份有限公司苗付标总工程师、滕州大地机床有限公司何宝元工程师、枣庄科技职业学院朱润洋副教授，以及杨朝全、杨勇、闵文军、张伟、蔡强等为本书做出的贡献。正是他们的大力支持，才使本书顺利完成。

  由于编写时间仓促及水平有限，书中难免有欠妥及遗误之处，诚望广大读者指正。

韩玉勇

目 录

项目 1　零件的车削加工 ………………………………………………………… 1
　任务 1　车床的认知与操作 ……………………………………………………… 1
　　任务描述 ……………………………………………………………………… 1
　　知识链接 ……………………………………………………………………… 1
　　　知识点 1　认知车床各部分的名称及功用 ……………………………… 1
　　　知识点 2　认知车床的工作范围 ………………………………………… 4
　　　知识点 3　车床的操作 …………………………………………………… 4
　　　知识点 4　车床的润滑和维护保养 ……………………………………… 10
　　任务实施 ……………………………………………………………………… 12
　　拓展训练 ……………………………………………………………………… 12
　任务 2　台阶轴的车削加工 ……………………………………………………… 13
　　任务描述 ……………………………………………………………………… 13
　　知识链接 ……………………………………………………………………… 14
　　　知识点 1　切削用量的选择 ……………………………………………… 14
　　　知识点 2　台阶轴的装夹 ………………………………………………… 16
　　　知识点 3　外圆车刀的刃磨与装夹 ……………………………………… 17
　　　知识点 4　台阶轴的外圆车削 …………………………………………… 22
　　　知识点 5　工件检验 ……………………………………………………… 24
　　任务实施 ……………………………………………………………………… 27
　　拓展训练 ……………………………………………………………………… 28
　任务 3　轴的圆锥面车削加工 …………………………………………………… 29
　　任务描述 ……………………………………………………………………… 29
　　知识链接 ……………………………………………………………………… 30
　　　知识点 1　螺纹刀具的刃磨 ……………………………………………… 30
　　　知识点 2　锥面的加工 …………………………………………………… 31
　　　知识点 3　螺纹的加工 …………………………………………………… 36
　　　知识点 4　螺纹的测量 …………………………………………………… 39
　　任务实施 ……………………………………………………………………… 40
　　拓展训练 ……………………………………………………………………… 42
　任务 4　支承环的加工 …………………………………………………………… 45
　　任务描述 ……………………………………………………………………… 45
　　知识链接 ……………………………………………………………………… 46

　　　　知识点1　麻花钻的修磨与装夹 …………………………………………… 46
　　　　知识点2　车孔刀的刃磨与装夹 …………………………………………… 47
　　　　知识点3　支承环的加工 …………………………………………………… 48
　　　　知识点4　工件的检验 ……………………………………………………… 53
　　任务实施 ………………………………………………………………………… 54
　　拓展训练 ………………………………………………………………………… 55
　任务5　盘类零件的车削加工 ……………………………………………………… 55
　　任务描述 ………………………………………………………………………… 56
　　知识链接 ………………………………………………………………………… 56
　　　　知识点1　切削用量的选择 ………………………………………………… 56
　　　　知识点2　端盖的加工 ……………………………………………………… 59
　　任务实施 ………………………………………………………………………… 60
　　拓展训练 ………………………………………………………………………… 61
项目2　零件的铣削加工 ……………………………………………………………… 62
　任务6　铣床的认知与操作 ………………………………………………………… 62
　　任务描述 ………………………………………………………………………… 62
　　知识链接 ………………………………………………………………………… 62
　　　　知识点1　认知铣床主要部件操纵机构的名称及作用 …………………… 62
　　　　知识点2　了解铣刀 ………………………………………………………… 66
　　　　知识点3　认知铣床的工作范围 …………………………………………… 67
　　　　知识点4　切削用量的选择 ………………………………………………… 68
　　任务实施 ………………………………………………………………………… 70
　　拓展训练 ………………………………………………………………………… 71
　任务7　螺塞的加工 ………………………………………………………………… 73
　　任务描述 ………………………………………………………………………… 73
　　知识链接 ………………………………………………………………………… 74
　　　　知识点1　等分零件的分度 ………………………………………………… 74
　　　　知识点2　平面的加工 ……………………………………………………… 76
　　　　知识点3　工件的检验 ……………………………………………………… 78
　　任务实施 ………………………………………………………………………… 79
　　拓展训练 ………………………………………………………………………… 81
　任务8　台阶轴键槽的加工 ………………………………………………………… 82
　　任务描述 ………………………………………………………………………… 82
　　知识链接 ………………………………………………………………………… 83
　　　　知识点1　铣刀的装夹 ……………………………………………………… 83
　　　　知识点2　工件的装夹 ……………………………………………………… 84
　　　　知识点3　键槽的加工 ……………………………………………………… 85
　　任务实施 ………………………………………………………………………… 88
　　拓展训练 ………………………………………………………………………… 90

任务9　箱体的加工 …………………………………………………………… 90
    任务描述 ……………………………………………………………………… 91
    知识链接 ……………………………………………………………………… 91
      知识点1　工件的装夹 …………………………………………………… 91
      知识点2　工件平面的铣削加工 ………………………………………… 93
      知识点3　面铣刀及选用 ………………………………………………… 95
    任务实施 ……………………………………………………………………… 97
    拓展训练 ……………………………………………………………………… 99
项目3　零件的磨削、镗削及齿轮加工 ……………………………………………… 100
  任务10　磨床的认知与操作 ………………………………………………… 100
    任务描述 …………………………………………………………………… 100
    知识链接 …………………………………………………………………… 101
      知识点1　磨床的认知 …………………………………………………… 101
      知识点2　磨削加工的范围和工艺特点 ………………………………… 104
      知识点3　认知砂轮 ……………………………………………………… 104
      知识点4　磨床的维护和保养 …………………………………………… 108
    任务实施 …………………………………………………………………… 108
    拓展训练 …………………………………………………………………… 109
  任务11　轴的磨削加工 ……………………………………………………… 111
    任务描述 …………………………………………………………………… 111
    知识链接 …………………………………………………………………… 112
      知识点1　磨削用量的选择 ……………………………………………… 112
      知识点2　磨削外圆 ……………………………………………………… 112
      知识点3　磨削平面 ……………………………………………………… 114
    任务实施 …………………………………………………………………… 115
    拓展训练 …………………………………………………………………… 118
  任务12　镗床的认知与操作 ………………………………………………… 121
    任务描述 …………………………………………………………………… 122
    知识链接 …………………………………………………………………… 122
      知识点1　认识镗床 ……………………………………………………… 122
      知识点2　镗削加工的工艺特点和范围 ………………………………… 124
      知识点3　镗床的维护和保养 …………………………………………… 125
    任务实施 …………………………………………………………………… 126
    拓展训练 …………………………………………………………………… 126
  任务13　支座零件的镗削 …………………………………………………… 128
    任务描述 …………………………………………………………………… 128
    知识链接 …………………………………………………………………… 129
      知识点1　认识镗刀 ……………………………………………………… 129
      知识点2　镗削加工方法 ………………………………………………… 130

                知识点3　镗削加工 ········· 131
            任务实施 ················· 134
            拓展训练 ················· 136
        任务14　滚齿机的认知与操作 ········· 138
            任务描述 ················· 138
            知识链接 ················· 138
                知识点1　认知滚齿机各部分的名称及功用 ··· 139
                知识点2　滚齿机的工作范围 ········ 141
                知识点3　其他齿轮加工机床简介 ······ 142
            任务实施 ················· 145
            拓展训练 ················· 146
        任务15　齿轮加工 ·············· 148
            任务描述 ················· 149
            知识链接 ················· 149
                知识点1　齿轮加工的发展史 ········ 149
                知识点2　齿轮的精度要求 ········· 150
                知识点3　认知齿轮加工方法及特点 ····· 150
                知识点4　Y3150E型滚齿机的传动系统 ··· 153
                知识点5　机床的工作调整 ········· 157
                知识点6　齿轮的加工工艺分析 ······· 159
            任务实施 ················· 160
            拓展训练 ················· 162
    附录1　国家职业资格标准 ············ 164
        车工国家职业资格标准 ············ 164
        铣工国家职业资格标准 ············ 174
    附录2　职业资格考试 ·············· 186
        车工职业资格考试知识考核试题库 ······· 186
        车工职业资格考试技能考核试题库 ······· 206
        铣工职业资格考试知识考核试题库 ······· 209
        铣工职业资格考试技能考核试题库 ······· 226
    参考文献 ·················· 229

项目 1　零件的车削加工

通过轴类、盘类、套类零件的车削加工，将车削加工相关知识融入其中，使学生掌握车削加工过程中的基本方法和车床的保养和刀具的使用。通过车削端面及台阶的训练能熟练掌握车削加工的方法、工件的装夹及找正的基本技能。通过典型零件的加工，熟练掌握车削加工各种沟槽及切断的技能，并能熟练掌握切断刀的刃磨和使用以及加工后零件的各种检测方法。熟练掌握转动小溜板法、偏移尾座法、机械靠模法车销圆锥及常用的车削内圆锥面的技能及检测方注。通过普通螺纹车刀的使用及刃磨、车削三角形外螺纹和内螺纹及检测训练，使学生能熟练地掌握车削加工螺纹的技巧。

任务 1　车床的认知与操作

加工过程中，车床的主要作用是为加工工艺系统提供必要的动力，按加工要求准确地实现切削运动，保证工件和刀具之间的正确位置。因车削加工是最常见的一种机械加工方法，车床在金属切削机床的配置中几乎占 50%，是使用最广、数量最多的一类机床设备。

> **学习目标**
> (1) 认知车床各部分的名称及功用；
> (2) 能够参阅机床、设备的中英文说明书，查阅工具书、手册，获得机床操作相关资讯；
> (3) 认知车床的工作范围；
> (4) 掌握车床的润滑和维护保养方法。

任务描述

在该任务中，教师逐一解释相关的车床部件构成、加工零件工艺特点和适用条件，在此基础上指导学生对图 1-1 所示 CA6140 型卧式车床某些部分进行拆装，使学生了解其主要部件结构的工作原理。带领学生进行 CA6140 型卧式车床的操作，掌握其基本安全操作要领，理解并能对车床进行日常润滑和维护保养。

知识链接

知识点 1　认知车床各部分的名称及功用

普通卧式车床的组成基本相同，都是由床身、主轴箱、交换齿轮箱、进给箱、溜板箱、床鞍、刀架、尾座等部分组成，如图 1-1 所示。

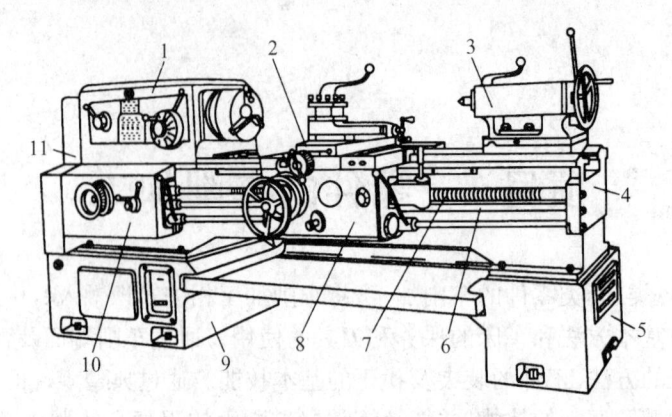

图 1-1　CA6140 型卧式车床外形图

1—主轴箱；2—刀架；3—尾座；4—床身；5—右床腿；6—光杠；7—丝杠；
8—溜板箱；9—左床腿；10—进给箱；11—交换齿轮箱。

1. 车床主要部件结构

车床主要部件结构如表 1-1 所列。

表 1-1　车床主要部件结构

部件名称	车床部件图例	部件说明
主轴箱		• 主轴箱俗称床头箱； • 主轴箱支撑并传动主轴带动工件作旋转运动； • 主轴箱内装有齿轮、轴等传动件，组成变速传动机构； • 变换主轴箱的手柄位置，可使主轴得到多种转速； • 主轴可以通过卡盘等卡具装夹工件，并带动工件旋转，以实现车削加工
交换齿轮箱		• 交换齿轮箱把主轴箱的转动传递给进给箱； • 更换箱内的齿轮，配合进给箱内的变速机构，可以得到车削各种螺距螺纹的进给运动； • 满足车削时对不同纵、横向进给量的需求
进给箱		• 进给箱俗称走刀箱； • 进给箱是进给传动系统的变速机构； • 进给箱把变换齿轮箱传递来的运动，经过变速后传递给丝杠，以实现车削各种螺纹； • 进给箱把交换齿轮箱传递来的运动，传递给光杠，以实现机动进给

(续)

部件名称	车床部件图例	部件说明
溜板箱		• 溜板箱接受光杠或丝杠传递的运动； • 溜板箱主要驱动床鞍和中、小滑板及刀架实现车刀的纵、横向进给运动； • 溜板箱上装有一些手柄及按钮，可以很方便地操纵车床来选择诸如机动、手动、车螺纹及快速移动等运动方式
刀架部分		• 刀架部分由中、小滑板、床鞍与刀架体共同组成； • 刀架主要用于安装车刀并带动车刀作纵向、横向或斜向运动
尾座		• 尾座安装在床身导轨上； • 沿车床导轨纵向移动，以调整其工件位置； • 尾座主要装后顶尖，以支撑较长工件； • 可安装钻头、铰刀等进行孔加工

2. 车床附件结构

车床附件结构如表1-2所列。

表1-2　车床附件结构

部件名称	车床附件图例	附件说明
三爪自定心卡盘		• 三爪自定心卡盘主要用以装夹工件，并带动工件随主轴一起旋转，实现主运动； • 三爪自定心卡盘的三个爪是同步运动的，能自动定心，一般不需要找正； • 三爪卡盘规格有150mm、200mm、250mm； • 一般用于精度要求不高，形状规则的中、小工件的安装
四爪单动卡盘		• 四爪单动卡盘有四个各自独立的卡爪； • 四爪卡盘的每个爪对应一个带方孔的丝杆，在方孔中插入钥匙，转动卡盘钥匙，可以通过丝杆带动卡盘爪单独移动； • 通过四个卡爪的相应配合，可将工件装夹在卡盘中； • 卡爪在夹紧工件时，将主轴调至空挡位置，左手握卡爪钥匙，右手握工件，一对卡爪夹紧后，再夹紧另一对卡爪

3

知识点 2　认知车床的工作范围

1. 了解车削的运动

为了完成车削工作,车床由主运动和进给运动相互配合,并由工件的旋转运动和刀具的进给运动叠加完成。

1)切削过程的运动

在切削加工中,为了切去多余的金属,必须使工件和刀具作相对的工作运动。按照在切削过程中的作用,工作运动可分为主运动和进给运动。主运动是由主轴变速箱传给主轴的运动,主要完成工件的旋转运动。进给运动是由进给箱来实现刀架及刀具各方向的运动。

(1)主运动。形成机床切削速度或消耗主要动力的工作运动。车削时,工件的旋转运动是主运动。通常,主运动的速度较高,消耗的切削功率较大。

(2)进给运动。使工件的多余材料不断被去除的工作运动。车刀沿着所要形成的工件表面的纵向或横向移动。

2)切削时工件上的三个表面

车刀在切削工件时,使工件上形成三个表面,即已加工表面(工件上经刀具切削后产生的表面)、过渡表面(工件上由切削刃形成的那部分表面,它在下一个切削行程、刀具或工件的下一转里被切除,或者由下一切削刃切除)和待加工表面(工件上有待切除的表面),如图1-2所示。

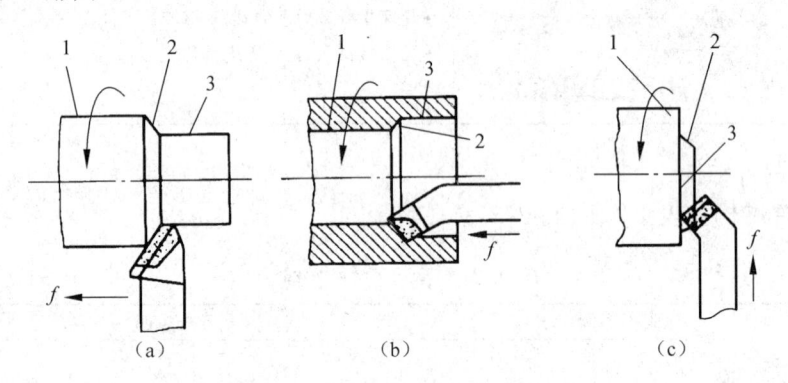

图 1-2　切削时工件上的三个表面
1—待加工表面;2—过渡表面;3—已加工表面。

2. 了解车床的工作范围

车床的工作范围广泛。机械加工过程中的大部分回转类零件(如轴、套、盘、盖类零件)的切削加工,都是在车床上完成。车削加工的精度一般为IT9～IT6,表面粗糙度 Ra 值一般为 12.5μm～1.6μm。能对不易进行磨削加工的有色金属采用金刚石车刀精细车削,精度等级可达 IT6～IT5,表面粗糙度 Ra 值可达 0.4μm。

车削的基本功能包括车削外圆、车削端面、切槽、钻中心孔、钻孔、镗孔、铰孔、车削螺纹、车削圆锥面、车削成型面、滚花等,如图1-3所示。

知识点 3　车床的操作

1. 熟悉车床使用安全知识

安全为了生产,生产必须安全。在进行车床实习以前必须牢固树立安全意识、掌握安全知识,才能杜绝安全隐患,防止人身事故,确保安全生产。

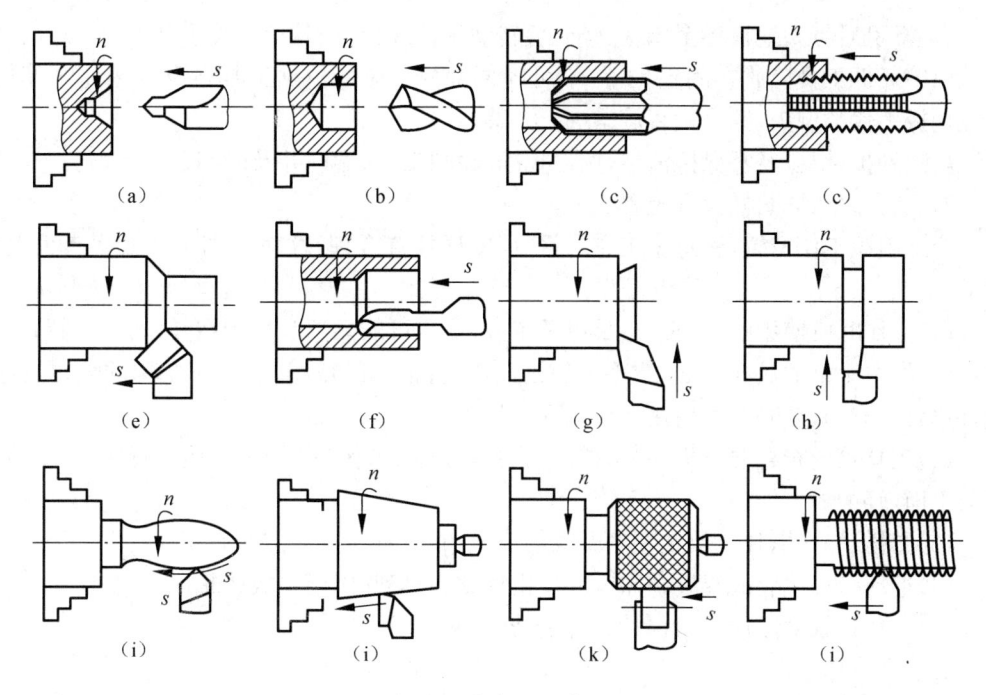

图 1-3 车床加工范围

(a)钻中心孔；(b)钻孔；(c)铰孔；(d)攻丝；(e)车削外圆；(f)镗孔；(g)车削端面；
(h)切槽；(i)车削成型面；(j)车削锥面；(k)滚花；(l)车削螺纹。

车床使用安全知识包括文明生产、合理组织工作位置与安全操作技术。

1)文明生产

文明生产是工厂管理的一项十分重要的内容，它直接影响产品质量的好坏，影响设备和工、夹、量具的使用寿命，影响操作工人技能的发挥。所以作为职业院校的学生、工厂的后备工人，从开始学习基本操作技能时，就要重视培养文明生产的良好习惯。因此，要求操作者在操作时必须做到：

(1)启动车床前，应检查车床各部分机构是否完好，各传动手柄、变速手柄位置是否正确，以防开动时因突然撞击而损坏机床。启动后，应使主轴低速空转 1min～2min，使润滑油散布到各需要之处(冬天更为重要)，等车床运转正常后才能工作。

(2)工作中需要变速时，必须先停车。变换走刀箱手柄位置要在低速时进行。使用电器开关的车床不准用正、反车作紧急停车，以免打坏齿轮。

(3)不允许在卡盘上及床身导轨上敲击或校直工件，床面上不准放置工具或工件。

(4)装夹较重的工件时，应该用木板保护床面，下班时如工件不卸下，应用千斤顶支承。

(5)车刀磨损后，要及时刃磨，用磨钝的车刀继续切削会增加车床负荷，甚至损坏机床。

(6)车削铸铁、气割下料的工件，导轨上的润滑油要擦去，工件上的型砂杂质应清除干净，以免磨坏床面导轨。

(7)使用冷却液时，要在车床导轨上涂上润滑油。冷却泵中的冷却液应定期调换。

(8)下班前，应清除车床上及车床周围的切屑及冷却液，擦净后按规定在加油部位加上润滑油。

(9)下班后将大拖板摇至床尾一端,各转动手柄放到空挡位置,关闭电源。

(10)每件工具应放在固定位置,不可随便乱放。应当根据工具自身的用途来使用。不能用扳手代替榔头,钢尺代替旋凿(起子)等。

(11)爱护量具,经常保持清洁,用后擦净、涂油,放入盒内并及时归还工具室。

2)工、夹、量具、图样放置位置

合理组织工作位置,注意将工、夹、量具、图样放置合理,这对提高生产效率有很大的帮助。

(1)工作时所使用的工、夹、量具以及工件,应尽可能靠近和集中在操作者的周围。布置物件时,右手拿的放在右面,左手拿的放在左边;常用的放得近些,不常用的放得远些。物件放置应有固定的位置,使用后要放回原处。

(2)工具箱的布置要分类,并保持清洁、整齐。要求小心使用的物体放置稳妥,重的东西放下面,轻的放上面。

(3)图样、操作卡片应放在便于阅读的部位,并注意保持清洁和完整。

(4)毛坯、半成品和成品应分开,并按次序整齐排列,以便安放或拿取。

(5)工作位置周围应经常保持整齐清洁。

3)安全操作技术

操作时必须提高执行纪律的自觉性,遵守规章制度,并严格遵守安全技术要求。

(1)穿工作服,戴套袖。女工应戴工作帽,头发或辫子应塞入帽内。

(2)戴防护眼镜,注意头部与工件不能靠得太近。

2. 掌握车床的基本操作方法

主要是熟悉车床各手柄的作用、车削各工序工艺的操作规程,主轴转速、刀具进给量和背吃刀量的调节方法。主轴转速的换挡可根据主轴箱上的指示牌或按教师的指导进行,挂挡一次不成功可通过旋转卡盘等方法再试,切不可蛮干,以免损坏拨叉或齿轮等。

操作方法如表1-3所列。

表1-3 车床的基本操作方法

内容	操作示范图	相关知识及要点
车床的启动操作		• 启动前检查; • 车床各变速手柄处于空挡位置; • 离合器处于正确位置; • 操纵杆处于停止状态; • 合上车床电源总开关,开始操纵车床
		• 按床鞍上的绿色启动按钮,使电动机启动

(续)

内容	操作示范图	相关知识及要点
车床的启动操作		• 主轴长时间停止转动时，按下床鞍上红色按钮，使电动机停止转动； • 下班时，关闭车床电源总开关，并切断车床电源闸刀开关
		• 主轴操作由溜板箱右侧操纵杆手柄控制； • 手柄有上、中、下三个挡位； • 操纵杆手柄向上提起，主轴正转； • 操纵杆手柄在下面挡位时，主轴反转； • 操纵杆手柄在中间挡位时，主轴停止
主轴箱的变速操作		• 不同的车床主轴箱变速操作不同，可参考相关的车床说明书； • 主轴变速用主轴箱正面右侧两个叠套的手柄位置控制； • 前面手柄有六个挡位，每个挡位上有四级转速可通过后面的手柄
		• 后面手柄有两个空挡和4个挡位，只要将手柄位置拨到其所显示的颜色与前面手柄所处挡位上的转速数字所标示颜色相同的挡位即可
		• 主轴箱正面左侧的手柄是换向倍增进给操作手柄； • 箭头的方向为换向方向； • 倍增值为1/1和X/1
进给箱的操作		• 进给箱正面左侧有一个手轮，右侧有前后叠装的两个手柄； • 前面的手柄有A、B、C、D 4个挡位，是丝杠、光杠变换手柄

7

(续)

内容	操作示范图	相关知识及要点
进给箱的操作		• 后面手柄有Ⅰ、Ⅱ、Ⅲ、Ⅳ 4个挡位，用以调整螺距及进给量； • 实际操作应根据加工要求，查找进给箱油池盖上的螺纹和进给量调配表来确定手轮和手柄的具体位置
溜板部分的操作		• 床鞍的纵向移动(左、右移动)由溜板箱正面的大手轮控制； • 顺时针转动手轮时，床鞍向右运动； • 逆时针转动手轮时，床鞍向左运动
		• 中滑板手柄控制中滑板的横向移动和横向进给量； • 顺时针转动手柄时，中滑板向远离操作者的方向移动(横向进刀)； • 逆时针转动手柄时，中滑板向靠近操作者的方向移动(横向退刀)
		• 小滑板可作短距离的纵向移动； • 手柄顺时针转动，小滑板向左移动； • 手柄逆时针转动，小滑板向右移动
刻度盘及分度盘的操作		• 溜板箱正面的大手轮轴上的刻度表示床鞍纵向移动量； • 刻度盘上分为300格，每转过1格，表示床鞍纵向移动1mm； • 中滑板丝杠上的刻度盘分为100格，每转过1格，表示刀架横向移动0.05mm
		• 小滑板上的分度盘在刀架需斜向进刀加工短锥体时，可顺时针或逆时针在90°范围内转过某一角度； • 使用时，先松开锁紧螺母，转动小滑板至所需要角度后，再锁紧螺母以固定小滑板； • 小滑板丝杠上的刻度盘分为100格，每转过1格，表示刀架纵向移动0.05mm

(续)

内容	操作示范图	相关知识及要点
自动进给的操作		• 溜板箱右侧有一个带十字槽的扳动手柄,是刀架实现纵、横向机动进给和快速移动的操纵机构; • 手柄的扳动方向与刀架的运动方向一致; • 操作时,手柄扳至纵向进给位置,按下快进按钮,床鞍则快速纵向移动; • 手柄扳至横向进给位置,按下快进按钮,床鞍则快速横向进给
		• 手柄顶部有一个快进按钮,是控制接通快速电动机的按钮; • 按下此按钮时,快速电动机工作,放开按钮,快速电动机停止转动
开合螺母的操作		• 溜板箱正面右侧有一开合螺母操作手柄,专门控制丝杠与溜板箱之间的联系; • 当车削螺纹时,扳下开合螺母操纵手柄,将丝杠运动通过开合螺母的闭合而传递给溜板箱,并使溜板箱按一定的螺距作纵向进给; • 车完螺纹后,将手柄扳回原来的位置
刀架的操作		• 刀架的转位和锁紧是用刀架上的手柄控制的; • 逆时针转动刀架手柄,刀架可以逆时针转动,以调换车刀; • 顺时针转动刀架手柄时,刀架则被锁紧
尾座的操作		• 尾座可在床身内侧的V形导轨和平导轨上沿纵向移动; • 尾座上的两个锁紧螺母使尾座固定在床身的任一位置上; • 尾座架上有左、右两个长把手柄; • 左边为尾座套筒固定手柄,顺时针扳动手柄,可使尾座套筒固定在某一位置

9

(续)

内容	操作示范图	相关知识及要点
尾座的操作		• 右边手柄为尾座快速紧固手柄,逆时针扳动手柄可使尾座快速地固定于床身的某一位置
		• 松开尾座左边长把手柄(逆时针转动手柄),转动尾座右端的手轮,可使尾座套筒作进、退移动

知识点 4　车床的润滑和维护保养

车床的精度与加工质量有密切的关系,为保证加工质量,使车床能正常运转和减少磨损,应在日常生产中对车床进行正确润滑,很好地维护保养好机床。

1. 常用车床的润滑方式

要使车床正常运转和减少磨损,在车床上所有的摩擦部位都要进行润滑。图 1-4 为 CA6140 型车床的润滑部位示意图。

润滑部位用数字标出,除图中所注的 1~23 润滑部位需用工业用润滑脂(黄油)进行润滑外,其余部分均用机械油进行润滑。车床各部件的润滑方式如下:

(1)车床床头箱中除了主轴后轴承以油绳润滑外,其余均用齿轮溅油法和往复式油泵进行润滑。箱内应有足够的润滑油,油面应达油面指示标牌处。换油期一般为 3 个月一次。换油时,应先把箱内清洗干净,然后加油。

(2)挂轮箱内的机构主要是靠齿轮溅油法进行润滑。油面高低可通过油标孔观察。换油期同样是每 3 个月一次。

(3)走刀箱内的轴承和齿轮,除用齿轮溅油法进行润滑外,还靠走刀箱上部的储油槽,通过油绳进行润滑。因此,除了需要注意走刀箱油标孔里油面高低外,每班还要给走刀箱上部的储油槽适量加油一次。

(4)拖板箱内有一套蜗轮蜗杆机构,可通过该机构变速,该机构是用箱内的油来润滑的,油从法兰盘上的孔注入,注到孔的下面边缘为止。拖板箱内的其他机构,用上部储油槽里的油绳进行润滑。通常每班加油一次。

(5)拖板及刀架部分靠油孔进行润滑。尾座内的心轴、丝杠和轴承也靠油孔进行润滑,丝杠、光杠及开关杆的轴承靠油孔 2、3、7 进行润滑。每班加油一次。

润滑挂轮箱内轴承的油杯 1 和润滑板箱内换向齿轮的油杯 4、5 每隔 5 天加 3 号钙基工业润滑脂一次。

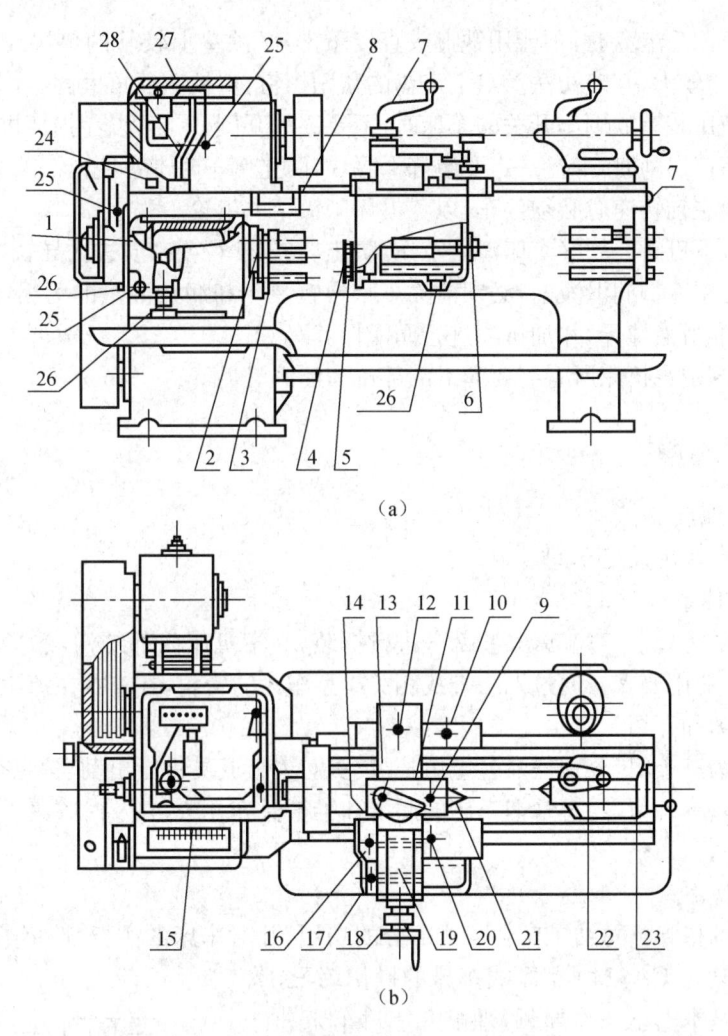

图 1-4 普通车床的润滑位置

1~23—车床的润滑部位;24—油面指标牌;25—油标孔;
26—放油孔;27—多片式滤油器;28—往复式油泵。

(6)车床床身导轨面、拖板导轨面和丝杠在每班开始工作前和工作结束后,都应使用40号机械油全面润滑。

2. 车床的日常保养方式

(1)装夹和校正工件时的注意事项:在装夹工件前应先把工件上的泥沙等杂质清除掉,以免杂质嵌进拖板滑动面磨损或"咬坏"导轨。

在装夹或校正一些外形尺寸较大、重量较重、形状复杂而装夹面又较小的工件时,应预先在工件下面的车床床面上垫放木板,同时用压板或活顶针顶住工件,以防工件掉下砸坏床面。在校正时,若发现工件位置不正确或歪斜,切忌用力敲击,以免影响车床的主轴精度。

(2)工具和车刀不得乱放在床面上,以免损坏导轨。

(3)当装夹复杂工件时,如在花盘和角铁上装夹工件结束时,必须检查装夹是否紧固、重量是否对称(必要时加配重块),并清理床面,把重物拿开。

(4)校正三爪卡盘时,不能用铁榔头直接敲击,必须垫上较软的垫块或用木榔头进行敲击。若偏差较大,宜略松法兰盘上卡盘的紧固螺钉,待校正后再紧固。

(5)在使用装有顺倒车开关的车床时,不要突然开倒、顺车,以免损坏机件。

(6)在高速切削时,卡盘一定要装好保险块,防止倒车时卡盘脱落。

(7)变换主轴转速时必须停车,以免损坏床头箱内齿轮。

(8)每班下班时要做好车床清洁工作,防止切屑、砂粒或杂质进入导轨工作面。

(9)在使用冷却润滑液前,必须清除车床导轨及冷却润滑液里的污垢,使用后要把导轨上的冷却润滑液擦干,并加机油进行润滑保养。

(10)按规定在机床所有需要润滑的部位加油润滑。

任务实施

1. 实训地点
实训基地车削加工车间

2. 组织体系
在教师的指导下,对车床某些部分进行拆装,观察机床内部结构,熟悉车床各部分的功用及设计、使用要求。通过网络查找相关类型车床的资料,并查找主流生产厂商车床产品的技术参数和介绍。

每班分为三个组,分别任命各组组长,负责对本组成员进行出勤、学习态度的考核,进行车床操作基本练习,同时掌握车床的润滑和维护保养方法,并及时收集学生自评及互评资料。

3. 实训总结
在教师的指导下总结车床各组成部分的功用,并对车床的主要部件结构的工作原理进行分析。通过CA6140型卧式车床的操作练习,掌握其车床的基本安全操作要领,理解并能对车床进行日常润滑和维护保养。

拓展训练

车削加工图1-5所示的光轴零件,其材料为HT200,毛坯为ϕ55mm×125mm铸件棒料。试编制加工步骤。

图1-5 光轴

要点分析

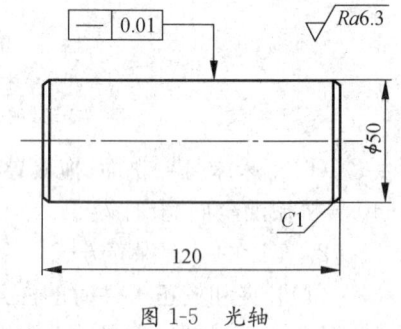

工件来料长度余量较少或一次装卡不能完成切削的光轴,通常采用调头装卡,再用接刀法车削。调头接刀车削的工件,一般表面有接刀痕迹,对表面质量和美观程度有影响。因而工件装卡时,找正必须要严格,否则会造成工件表面出现接刀偏差,而影响到工件质量。

通常的做法:在车削工件的第一端时,车削得长一些,调头装卡时,两点间的找正距离应大一些,如图1-6所示。在工件的第一端精车至最后一刀时,车刀不能直接碰到台阶,应稍离台阶处停刀,以防车刀碰到台阶后突然增加切削量,产生扎刀现象。在调头精车时,车刀要锋利,最后一刀的精车余量要少。

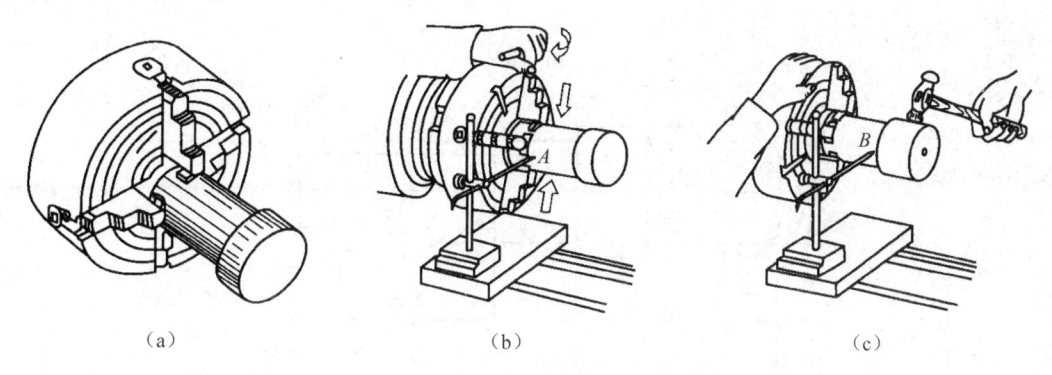

（a）　　　　　　　　　（b）　　　　　　　　　（c）

图1-6　找正位置
(a)用四爪卡盘装夹工件;(b)找正A点外圆;(c)找正B点外圆。

任务2　台阶轴的车削加工

轴是各种机器中最常见的零件之一。轴类工件一般由圆柱面、台阶、端面和沟槽构成。圆柱面一般用作支撑传动零件(如带轮、齿轮等)和传递扭矩,端面和台阶一般用来确定装在轴上的零件的轴向位置,沟槽的作用一般是使磨削外圆或车螺纹时退刀方便,并使零件装配时有一个正确的轴向位置。因此,车削轴类工件时,除了要保证图样上标注的尺寸和表面粗糙度要求外,一般还应注意形位公差的要求。例如加工后工件圆柱部分的正截面应是一个圆,纵向截面内两条素线要相互平行。各台阶外圆必须绕同一轴线旋转,台阶面和端面必须与工件轴线垂直等。

> **学习目标**
>
> (1)能够阅读、分析零件图;
> (2)能够参阅机床、设备的中英文说明书,查阅工具书、手册,获得零件加工相关资讯;
> (3)能够对台阶轴进行工艺分析,选择毛坯,选择工艺装备,识读工艺文件,确定切削用量和工时定额;
> (4)能够操作各类机床,使用刀具、夹具、量具和辅具进行加工;
> (5)能够掌握外圆车刀的刃磨与装夹;
> (6)能够操作钢直尺、游标卡尺及外径千分尺进行工件检验;
> (7)能够维护机床及工艺装备;
> (8)能够掌握操作规范、环境保护的相关规定及内容;
> (9)能够独立学习和操作,并有团队精神和职业道德。

任务描述

根据如图2-1所示台阶轴的图纸及技术要求,编写车削加工工序卡,熟练操作车床,控制好台阶轴加工的尺寸。掌握外圆车刀的刃磨方法,并能够校对其工作角度,能对刀具进行正确安装,保证刀尖必须对准工件中心。

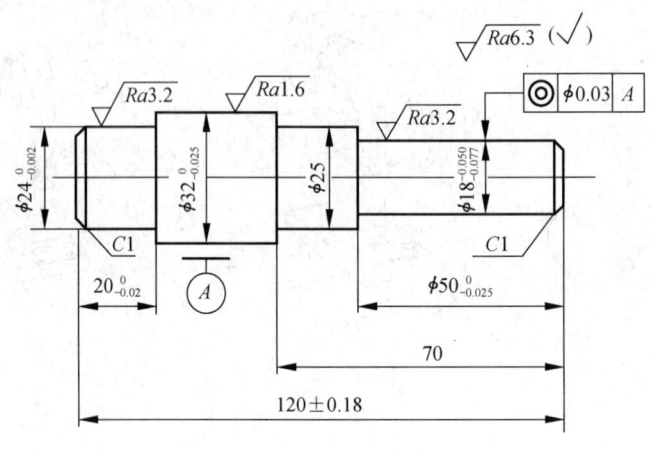

图 2-1 台阶轴

知识链接

知识点 1 切削用量的选择

1. 切削用量的基本概念

切削用量(以下简称切削量)是匡算切削运动大小的参数。它包括背吃刀量(切削深度)、进给量和切削速度,如图 2-2 所示。合理选择切削量是保证加工零件的质量、提高生产效率、降低成本的有效方法之一。

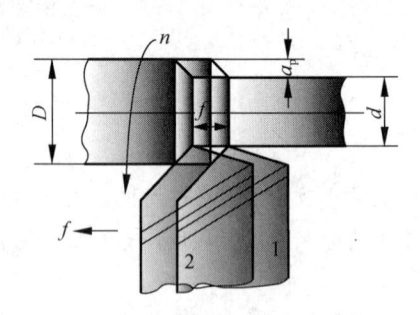

图 2-2 切削三要素图解

1)切削深度(背吃刀量 a_p)

工件上已加工表面与待加工表面的垂直距离,也就是车刀进给时切入工件的深度(单位:mm)。它可用下式计算:

$$a_p = \frac{D-d}{2}$$

式中:D 为待加工表面直径(mm);d 为已加工表面直径(mm)。

2)进给量(f)

工件旋转一周,车刀沿进给方向移动的距离(mm/r)。它是衡量进给运动大小的参数。进给量分纵向进给量和横向进给量。纵向进给量是指沿车床床身导轨方向的进给

14

量,横向进给量是指垂直于车床床身导轨方向的进给量。它可用下式计算:

$$f = \frac{v_f}{n}$$

3)切削速度(v_c)

进行切削加工时,刀具切削刃上某一点相对于待加工表面在主运动方向上的瞬时速度,即车刀在一分钟内车削工件表面的理论展开直线长度(假设切屑没变形或收缩)。它是匡算主运动大小的参数,其计算公式:

$$v_c = \frac{\pi D n}{1000 \times 60}$$

式中:D 为工件直径(mm),n 为主轴转速(r/min),v_c 为切削速度(m/min)。

车削时,工件作旋转运动,不同直径处各点切削速度不同,计算时应以待加工表面直径处的切削速度为准。

在实际生产中,常常是已知工件直径,并根据工件材料、刀具材料和加工性质等因素选定切削速度,再将切削速度换算成车床转速,以便调整机床。如果计算所得的车床转速和车床铭牌上所列的转速有出入,应选取铭牌上和计算值接近的转速。

2. 切削用量的选择原则

粗车时,应考虑提高生产率并保证合理的刀具寿命。首先要选用较大的背吃刀量,然后再选择较大的进给量,最后根据刀具寿命选用合理的切削速度。

半精车和精车时,必须保证加工精度和表面质量,同时还必须兼顾必要的刀具寿命和生产效率。

1)背吃刀量的选择原则

粗车时应根据工件的加工余量和工艺系统的刚性来选择背吃刀量。在保留半精车余量(约 1mm~3mm)和精车余量(0.1mm~0.5mm)后,其他加工余量应尽量一次车去。

半精车和精车时的背吃刀量根据加工精度和表面粗糙度要求由粗车后留下的余量来确定。用硬质合金车刀车削时,由于车刀刃口在砂轮上不易磨得很锋利,最后一刀的背吃刀量不宜太小,以 $a_p = 0.1$mm 为宜;否则很难达到工件的表面粗糙度要求。

常用经验公式: $a_p = (1/3 \sim 3/4) A$

式中:A 为工件单边加工余量。

2)进给量的选择原则

粗车时,选择进给量主要应考虑机床进给机构的强度、刀杆尺寸、刀片厚度、工件直径和长度等因素,在工艺系统刚性和强度允许的情况下,可选用较大的进给量,在 0.3mm/r~1.2mm/r 选取(详细表格可在《车工手册》中查找)。

半精车和精车时,为了减少工艺系统的弹性变形,减小已加工表面粗糙度值,一般应选用较小的进给量,在 0.1mm/r~0.6mm/r 选取。

3)切削速度的选择原则

在保证合理刀具寿命的前提下,可根据生产经验和《车工手册》确定切削速度。在一般粗加工的范围内,用硬质合金车刀车削时,切削速度可按下列数据选择:

(1)切削热轧中碳钢,平均切削速度为 100m/min。

(2)切削合金钢,平均切削速度为 70m/min~80m/min。

(3)切削灰铸铁,平均切削速度为 70m/min。

(4)切削调质钢,比切削正火钢、退火钢降低 20%～30%。

(5)切削有色金属,平均切削速度为 200m/min～300m/min。

注意:

(1)断续切削、车削细长轴、加工大型偏心工件的切削速度不宜太高。

(2)用硬质合金车刀精车时,一般多采用较高的切削速度(80m/min～100m/min 以上);用高速钢车刀时宜采用较低的切削速度。

(3)实训时,由于操作者处在初学阶段,切削速度应选取较低值(比较安全、便于操作)。

知识点 2　台阶轴的装夹

车削时必须把工件装在车床夹具上,经过校正、夹紧,使它在整个加工过程中始终保持正确的位置。工件安装的速度和精度,直接影响生产效率和工件的质量。由于工件的形状、大小和加工数量的不同,因此要采用不同的安装方法。

操作步骤如表 2-1 所列。

表 2-1　台阶轴的装夹操作步骤

工件装夹作业图	操作步骤及说明	相关知识及要点
	1. 准备工作。使主轴齿轮位于中立位置,擦干净卡盘爪	• 用手转动三爪卡盘加以确认; • 将滑板移动到规定的位置; • 用刷子刷干净卡盘爪内的切屑; • 用抹布擦干净切屑和油迹
	2. 安装工件。张开卡盘爪,轻轻卡紧工件(临时夹紧)	• 开度稍大于工件直径; • 将卡盘手柄插入刻有记号的手柄孔,并转动手柄; • 目测伸出长度; • 右手握住工件,左手转动卡盘手柄将工件轻轻卡紧; • 使手柄位于正上方
	3. 确定工件位置。调整伸出长度	• 使钢直尺接触卡盘的端面,并跟工件相平行以准确测量伸出长度; • 将伸出长度调整到规定尺寸
	4. 夹紧工件。旋紧卡盘,用力旋紧,拔出卡盘手柄	• 使卡盘手柄位于正上方,用手握牢两端; • 手腕稍微弯曲; • 叉开两腿,用力旋紧

(续)

工件装夹作业图	操作步骤及说明	相关知识及要点
	5. 拆下工件。使主轴齿轮位于中立位置,装上卡盘手柄,旋松卡盘,拆下工件,清洁卡盘爪	• 用手转动卡盘,加以确认; • 将拖板移动到规定的位置; • 以抹布包住工件后用右手握住; • 左手握住卡盘手柄的中央位置; • 将工件放在零件架上; • 用刷子和抹布清洁

知识点3 外圆车刀的刃磨与装夹

车刀按用途分为外圆车刀、端面车刀、切断刀、镗孔刀、成形车刀和螺纹车刀等。

1. 认识常用刀具

常用刀具如表2-2所列。

表2-2 常用刀具

刀名	车刀与用途	车刀的相关知识
90°外圆车刀	(a) (b)	• 90°外圆车刀(简称偏刀); • 按车刀进给方向分左偏刀和右偏刀两种; • 右偏刀一般用来车削工件的外圆和右向台阶和端面。因为主偏角较大,车削外圆时作用于工件的径向切削力较小,工件不易变形; • 左偏刀常用来车削工件的外圆和左向台阶; • 主要用于车削外圆、台阶和端面
45°车刀	(a) (b)	• 45°车刀(弯头车刀); • 分左弯头和右弯头车刀,其刀尖角等于90°,所以刀体强度和散热条件都比偏刀好; • 一般用来车削工件的端面和倒角,也可用于车削短轴的外圆
切断刀	(a) (b)	• 在车削加工中,将棒料或工件切成两段的加工方法叫切断; • 切断刀主要用于切断和切沟槽
内孔车刀	(a) (b)	• 用于加工铸、锻件上的孔或用钻头钻出孔的精加工车刀称内孔车刀; • 加工通孔的车刀称通孔车刀; • 加工不通孔的车刀称为不通孔车刀

17

(续)

刀名	车刀与用途	车刀的相关知识
螺纹车刀	(a)　(b)	• 常用的螺纹为三角形螺纹（普通螺纹、英制螺纹和管螺纹）； • 螺纹分外螺纹和内螺纹； • 外螺纹车刀加工外螺纹； • 内螺纹车刀加工内螺纹

2. 了解刀具角度

刀具的角度对车削加工的影响是很大的。因此，了解车刀的主要角度及其对车削加工的影响是对刀具进行合理刃磨的前提（见表 2-3）。

车刀切削部分的角度很多，其中对加工影响最大的有前角、后角、副后角、主偏角、副偏角及刃倾角等。它们是在不同的辅助平面内测量得到的。

表 2-3 刀具角度

角度图例	作用	应用与选择	说明
前角：在正交平面 p_o 内，前刀面与基面之间的夹角	1. 使刀刃锋利，便于切削加工和切屑流动； 2. 影响刀具的强度	1. 粗加工：小值；精加工：大值； 2. 加工塑性材料或强度、硬度较低时取大值；加工脆性材料或强度、硬度较高时取小值； 3. 刀具材料韧性好，如高速钢，取大值；刀具材料脆性大，如硬质合金，取小值	前角越大，刀具越锋利，但强度降低，易磨损和崩刃。前角一般为 5°～20°
后角：在正交平面 p_o 内，主后刀面与切削平面之间的夹角	1. 影响主后刀面与工件之间的摩擦； 2. 影响刀具的强度	与前角的选择相同	后角越大，车削时刀具与工件之间的摩擦越小，但强度降低，易磨损和崩刃。后角一般为 6°～12°
主偏角：在基面 p_r 内，主切削刃与进给运动方向在其上投影之间的夹角	1. 影响切削加工条件和刀具的寿命； 2. 影响径向力的大小	1. 粗加工取小值；精加工取大值； 2. 加工刚性差，易变形，如细长轴时取大值；加工刚性好，不易变形的工件时取小值	1. 主偏角越小，切削加工条件越好，刀具的寿命越长； 2. 车刀常用的主偏角有 45°、60°、75°、90°，其中 75°和 90°最常用

18

(续)

角度图例	作用	应用与选择	说明
副偏角:在基面 p_r 内,副切削刃与进给运动反方向在其上的投影之间的夹角	1. 主要影响加工表面的粗糙度; 2. 影响副切削刃与已加工表面之间的摩擦和刀具的强度	1. 粗加工时取大值(与主偏角选择相反); 2. 精加工时取小值	1. 副偏角越小,残留面积和振动越小,加工表面的粗糙度值越小,表面质量越高,但过小会增加刀具与工件的摩擦,另外,刀具的强度降低; 2. 副偏角一般为 5°～15°
刃倾角:切削平面 p_s 内,主切削刃在其上的投影与基面之间的夹角	1. 主要控制切屑的流动方向; 2. 影响刀尖的强度	粗加工时 $\lambda_s<0$; 精加工时 $\lambda_s \geq 0$(防止切屑划伤工件)	1. $\lambda_s<0$ 时,刀尖处为主切削刃的最低点,刀尖强度高,切屑流向已加工表面;$\lambda_s>0$ 时,刀尖处于主切削刃的最高点,刀尖强度低,切屑流向待加工表面; 2. λ_s 一般为 $-5°～5°$

3. 刃磨刀具

正确刃磨车刀是车工必须掌握的基本功之一。学习了合理选择车刀的知识以后,还应掌握车刀的实际刃磨,否则合理的几何角度仍然不能在生产实践中发挥作用。

车刀的刃磨一般有机械刃磨和手工刃磨两种。机械刃磨效率高、质量好,操作方便。一般有条件的工厂已应用较多。但手工刃磨灵活,对设备要求低,目前仍普遍采用,再则,作为一名车工,手工刃磨是基础,是必须掌握的基本技能。

1)砂轮的选择

目前工厂中常用的磨刀砂轮材料有两种:一种是氧化铝砂轮;另一种是碳化硅砂轮。氧化铝砂轮磨粒硬度低(2000HV～2400HV)、韧性大,适用刃磨高速钢车刀;碳化硅砂轮的磨粒硬度比氧化铝砂轮的磨粒高(2800HV 以上),性脆而锋利,并且具有良好的导热性和导电性,适用刃磨硬质合金。

2)磨刀的一般步骤

(1)先把车刀前刀面、后刀面的焊渣磨去。

(2)粗磨主后刀面和副后刀面下的刀杆部分,其后角应比刀片后角大 2°～3°,以便于磨刀片上后角。

(3)粗磨刀片上的主后刀面、副后刀面和前刀面,粗磨的主后角应比要求的后角大 2°左右。刃磨方法如图 2-3 所示。

(4)磨断屑槽。断屑槽一般有两种形状:一种是圆弧形,另一种是台阶形(见图 2-4)。如刃磨圆弧形断屑槽,必须先把砂轮的外圆跟平面的交角处用金刚笔修整成相应圆弧。如刃磨台阶形断屑槽,砂轮的交角必须修整出清角。

刃磨断屑槽是刃磨车车刀最难掌握的,但只要注意以下几点问题就不难解决了。

①磨断屑槽的砂轮交角处应经常保持尖锐或很小的圆弧角。

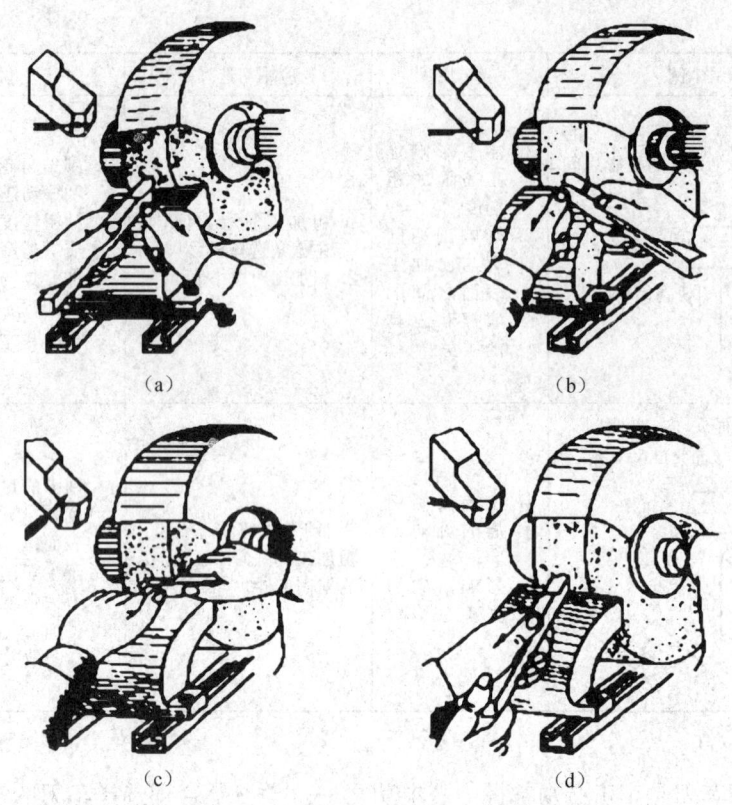

图 2-3 车刀的刃磨
(a)磨主后刀面；(b)磨副后刀面；(c)磨前刀面；(b)磨刀尖圆弧。

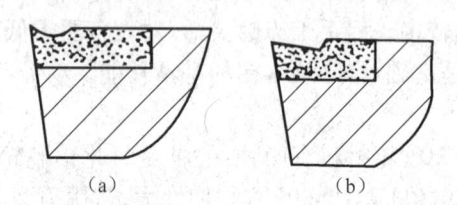

图 2-4 断屑槽的两种形式
(a)圆弧形；(b)台阶形。

②刃磨起点位置跟刀尖、主刀刃应离开一小段距离；以防止刀尖和刃口磨坍。

③刃磨时，不能用力过大，车刀沿刀杠方向应上下移动(见图 2-5)。

(5)精磨主后角和副后角。刃磨时，将车刀底平面靠在调整好的搁板上；并使车刀轻轻靠在砂轮端面上进行。刃磨时，车刀应左右缓慢移动，使砂轮磨损均匀，车刀刃口平直。精磨时采用细粒度砂轮片。

(6)磨负倒棱。刃磨时，用力要轻，车刀要沿主刀刃后端向刀尖方向摆动。负倒棱的宽度一般 0.5S~0.8S，负倒棱前角为 −5°。

图 2-5 磨断屑槽的方法

(7)磨过渡刃。过渡刃有直线形和圆弧形两种，刃磨方法如图 2-5 所示，对于刃磨较硬材料的车刀，也可以在过渡刃上磨出负倒棱。对于大进给量车刀，可以用相同方法在负

20

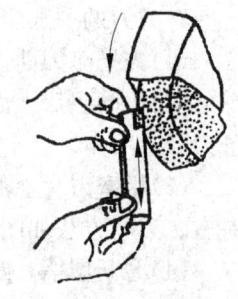

刀刃上磨出修光刃。

3)注意事项

(1)新装的砂轮必须经过认真检查。新砂轮未装上前,先用木棒轻轻敲击,试听是否有碎裂声。安装时必须保证装夹牢固,运转平稳,磨削表面不应有较大的跳动,砂轮的旋转速度应根据砂轮允许的线速度,过高会爆裂伤人,过低会影响刃磨质量。

(2)砂轮磨削表面必须经常修整,使砂轮外圆和端面无明显跳动。

(3)必须根据车刀材料选用砂轮种类,否则达不到良好刃磨效果。

(4)刃磨硬质合金车刀,不可把刀头部分放入水中冷却,以防止刀片两面突然冷却而碎裂,刃磨高速钢车刀,不能过热,应随时用水冷却。

(5)刃磨时,砂轮旋转方向必须由刃口向刀体方向转动,以免造成刀刃出现锯齿形缺陷。

(6)在平行砂轮上磨刀时,尽量避免使用砂轮侧面,在杯形砂轮上磨刀时,不要使用砂轮外圆或内侧。

(7)刃磨时,手握车刀要平稳,压力不能太大,要不断左右移动,这样可使刀具受热均匀,防止硬质合金刀片产生裂纹和高速钢车刀退火。

(8)注意安全,戴防护眼镜。

4. 车刀角度的测量

车刀磨好后,必须测量其角度是否合乎要求。车刀的角度一般可用样板测量,如图 2-6 (a)所示。对于角度要求高的车刀(螺纹刀),可以用车刀量角器进行测量,如图 2-6(b)所示。

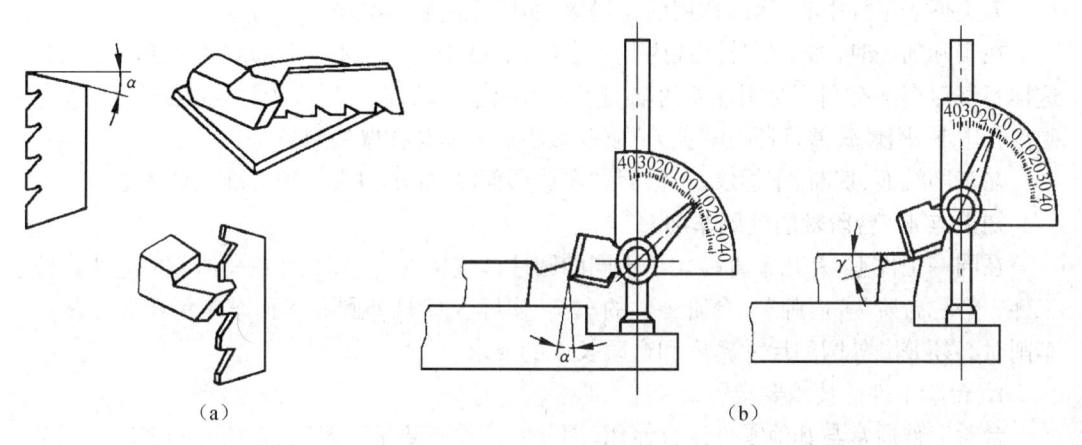

图 2-6 车刀角度的测量
(a)样板;(b)车刀量角器。

刃磨车刀实作成绩评定如表 2-4 所列。

表 2-4 刃磨车刀实作成绩评定表

序号	检测项目	配分	评分标准	检测结果	得分
1	检测前角 $\gamma_0=12°$	15	每超差 30′扣 5 分		
2	检测主后角 $\alpha_0=8°\sim12°$	10	每超差 30′扣 5 分		
3	检测副后角 $\alpha_0{'}=8°\sim12°$	10	每超差 30′扣 5 分		
4	检测主偏角 $\kappa_r=90°$	10	每超差 30′扣 5 分		
5	检测副偏角 $\kappa_r{'}=6°$	10	每超差 30′扣 5 分		

(续)

序号	检测项目	配分	评分标准	检测结果	得分
6	检测刃倾角 $\lambda_s=3°$	10	每超差30′扣5分		
7	检测刀口平直锋利	5	不符合要求不得分		
8	检测前刀面	10	稍差扣5分,太差不得分		
9	检测主后刀面	10	稍差扣5分,太差不得分		
10	检测主副后刀面	10	稍差扣5分,太差不得分		
11	安全文明生产		酌情打分		

5. 车刀的装夹

1)准备工作

(1)将刀架位置转正后,用手柄锁紧。

(2)将刀架装刀面和车刀柄安装面擦净。

2)车刀的装夹步骤和装夹要求

(1)确定车刀的伸出长度,把车刀放在刀架装刀面上,车刀伸出刀架部分的长度约等于刀柄高度的1.5倍。

(2)车刀刀尖对准工件中心,一般采用目测法或钢直尺测量法。

3)刀尖装夹高低对工作角度的影响

刀尖高于工件中心,实际作用前角减小,实际作用后角增大。

刀尖低于工件中心,实际作用前角增大,实际作用后角减小。

在实际加工时,如车削外圆或内孔,允许刀尖高于工件中心 $1/100d$(d 为工件直径),这样不仅对车削有利。对刚性差的轴类工件可减小振动,而且车削内孔时,由于刀柄尺寸受内孔限制,刚性较差,可防止"扎刀"以及减小后刀面与孔壁的摩擦。

在车削端面、切断、车螺纹、车锥面和车成形面时,要求刀尖必须对准工件中心。

知识点4 台阶轴的外圆车削

在同一工件上,有几个直径大小不同的圆柱体连接在一起像台阶一样,就叫它为台阶工件。俗称台阶为"肩胛"。台阶工件的车削,实际上就是外圆和平面车削的组合。故在车削时必须兼顾外圆的尺寸精度和台阶长度的要求。

1. 台阶工件的技术要求

台阶工件通常与其他零件结合使用,因此它的技术要求一般有:各挡外圆之间的同轴度、外圆和台阶平面的垂直度、台阶平面的平面度以及外圆和台阶平面相交处的清角。

2. 车刀的选择和装夹(图2-7)

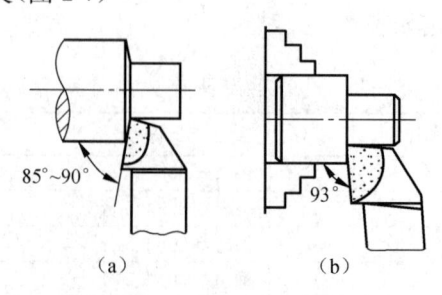

图2-7 车刀的装夹

车削台阶时,通常使用90°外圆偏刀。车刀的装夹应根据粗、精车的特点进行安装。如粗车时余量多,为了增加切削深度,减少刀尖压力,车刀装夹可取主偏角小于90°为宜,一般为85°～90°,如图2-7(a)所示。精车时为了保证台阶平面和轴心线垂直,应取主偏角大于90°,一般为93°左右,如图2-7(b)所示。

3. 车削台阶工件的方法

车削台阶工件,一般分粗、精车进行。车削前根据台阶长度先用刀尖在工件表面刻线痕,然后按线痕进行粗车。粗车时的台阶每挡均略短些,留精车余量。精车台阶工件时,通常在机动进给精车外圆至近台阶处时,以手动进给代替机动进给。当车至平面时,然后变纵向进给为横向进给,移动中滑板由里向外慢慢精车台阶平面,以确保台阶平面垂直轴心线。

4. 车削台阶工件的操作流程

车削台阶工件的操作流程如图2-8所示。

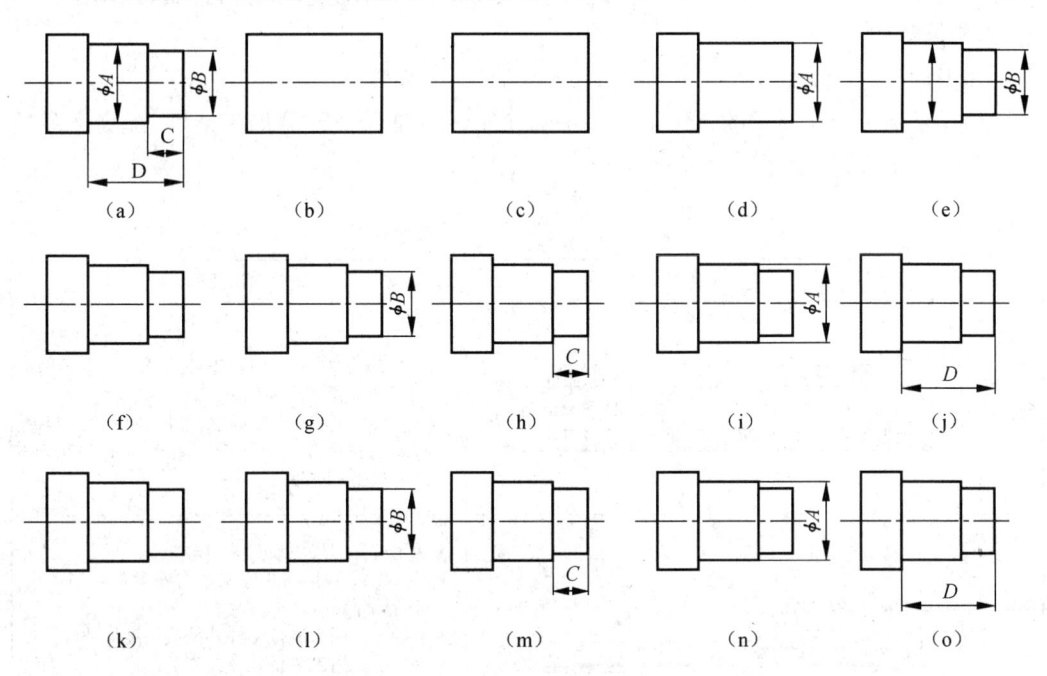

图 2-8 操作流程

(a)零件图;(b)粗车端面;(c)对端面车刀;(d)粗车 ϕA;(e)粗车 ϕB;(f)半精车端面;(g)半精车 ϕB;(h)半精车 C;(i)半精车 ϕA;(j)半精车 D;(k)精车端面;(l)精车 ϕB;(m)精车 C;(n)精车 ϕA;(o)精车 D。

5. 直径尺寸的控制方法

车削台阶工件,直径尺寸的控制采用对刀—测量—进刀—切削的方法加以保证。

(1)对刀就是让刀尖沿轴向接触工件,纵向退出,轴向略进刀0.6mm～0.8mm后,纵向切削,再纵向退出(中滑板不动或记下刻度)。

(2)测量就是用游标卡尺或千分尺测量刚才的切削部分。

(3)进刀就是用切削部分的测量值和图样要求进行比较后,用中滑板进刀(粗车时按2mm/刀～3mm/刀;精车时按0.6mm/刀～0.8mm/刀)。

(4)切削就是用机动/手动的方法进行纵向切削。

6. 工件的调头找正和车削

根据习惯的找正方法,应先找正卡爪处工件外圆,后找正台阶处端平面。这样反复多次找正后才能进行车削。当粗车完毕时,宜再进行一次复查,以防粗车时工件发生移位。

7. 车削台阶轴时的注意事项

(1)台阶平面和外圆相交处要清角,防止产生凹坑和出现小台阶。

(2)车刀没有从里向外横向切削或车刀装夹主偏角小于90°,以及刀架、车刀、滑板等发生移位会造成台阶平面出现凹凸。

(3)台阶工件的长度测量,应从一个基准面量起,以防累积误差。

(4)刀尖圆弧较大或刀尖磨损会使平面与外圆相交处出现较大圆弧。

(5)主轴没有停妥,不能使用量具进行测量。

(6)使用游标卡尺进行测量时,卡脚应和测量面贴平,以防卡脚歪斜产生测量误差。松紧程度要适当,以防过紧或过松造成测量误差;取下时,应把紧固螺钉拧紧,以防副尺移动,影响读数的正确。

知识点5　工件检验

量具是保证产品质量的常用工具。正确使用量具是保证产品加工精度,提高产品质量最有效的手段(见表2-5)。

表2-5　量具的使用

量具	操作示范图	相关知识及要点
钢直尺		• 钢直尺是简单量具,其测量精度一般在±0.2mm左右,在测量工件的外径和孔径时,必须与卡钳配合使用; • 钢直尺上刻有公制或英制尺寸,常用的公制钢直尺的长度规格有150mm、300mm、600mm、1000mm等四种
游标卡尺		• 两用游标卡尺由尺身3和游标5组成; • 旋松螺钉4,移动游标调节内外量爪开挡大小进行测量; • 下量爪1用来测量工件外径或长度尺寸; • 上量爪2用来测量孔径或槽宽; • 深度尺6用来测量工件的深度; • 测量前先检查并校对零位; • 游标卡尺读数精度有0.02mm或0.05mm两个等级 • 读数前应先明确所用游标尺的读数精度; • 读数时,先读出游标零线左边在尺身上的整数毫米值; • 接着在游标上找到与尺身刻线对齐的刻线,并读出小数值; • 然后再将上面两读数加起来; • 例如:使用读数精度为0.02mm的卡尺,尺身上的整数为60mm;游标尺上的小数值为0.48mm;实际测量值为60mm+0.48mm=60.48mm

(续)

量具	操作示范图	相关知识及要点
游标卡尺		• 将主轴齿轮置于中立位置； • 擦干净工件的测量部位； • 握住游标卡尺，左手握住尺身的量爪，右手握住游标； • 夹住要测量的部位，跟测量面成 90°角； • 读取刻度值； • 垂直方向看刻度面； • 在夹住的状态下读取刻度值
		• 用游标卡尺测量轴段尺寸的方法
		• 游标卡尺测量孔深度尺寸的方法
		• 游标卡尺测量孔径尺寸的方法
		• 用游标卡尺测量孔中心距的方法； • 测量尺寸加孔直径即为孔中心距

25

(续)

量具	操作示范图	相关知识及要点
外径千分尺		• 千分尺是工厂中最常用的精密量具； • 千分尺测量范围分为 0～25mm；25mm～50mm；50mm～75mm；75mm～100mm 等； • 外径千分尺由尺架1、砧座2、测微螺杆3、锁紧装置4、微分筒6、测力装置5等组成； • 测量时，为了防止尺寸变动，可转动手柄4通过偏心锁紧测微螺杆； • 千分尺在测量前，必须校对零位。如果零位不准，可用专用扳手转动固定套管。当零线偏离较大时，可松开紧固螺钉，使测微螺杆3与微分筒6松动，再转动微分筒，对准零位
	32.5mm+0.35mm=32.85mm	• 千分尺的读数方法分三步： 先读出微分筒左面固定套筒中露出的刻线整数及半毫米值； 再看微分筒上哪一格与固定套管上基准线对齐，读出对齐的小数部分； 将整数和小数部分相加，即为被测工件的尺寸，例如：固定套筒上的刻线读数为 32.5mm；微分筒上的刻线读数为 0.35mm；测量值为 32.5mm+0.35mm=32.85mm
		• 用千分尺测量小零件的方法
		• 在车床上测量工件的方法； • 不准在转动的工件上进行测量，并要注意温度的影响
百分表		• 百分表主要用于测量工件的形状和位置精度； • 常用的百分表有钟表式和杠杆式； • 百分表的测量范围一般有 0～5mm，0～10mm

(续)

量具	操作示范图	相关知识及要点
百分表		• 用钟表式百分表可测量径向圆跳动
		• 用杠杆式百分表可测量径向圆跳动和端面圆跳动

任务实施

1. 分析图样

一般轴类零件既有尺寸精度和表面粗糙度要求,也有一定的位置精度要求,主要是各台阶外圆轴线要同轴,外圆与台阶平面要垂直,台阶面的平面度要符合要求,外圆与台阶面的结合处要清根。

2. 工艺过程

车端面—钻中心孔—粗车外圆—精车外圆—倒角—调头粗车外圆—精车外圆—倒角。

3. 加工步骤

车削加工台阶轴步骤如下:

1)在三爪自定心卡盘上夹住 $\phi 35mm$ 毛坯外圆,伸出 110mm 左右。必须先找正外圆。

①车端面,用 45°端面车刀,车平即可。

②钻中心孔,在尾架上安装 A2.5 中心钻。

2)一夹一顶装夹工件。

①粗车 $\phi 32mm$ 外圆、$\phi 25mm$ 外圆及 $\phi 18mm$ 外圆,留精车余量 0.5mm~1mm。

②精车 $\phi 32mm$ 外圆及 $\phi 18mm$ 外圆至尺寸。为保证 $\phi 32mm$ 外圆对 $\phi 18mm$ 外圆的同轴度公差为 0.03mm 要求,必须一次装夹加工完成。

③用千分尺检验外圆尺寸。

④用 45°外圆车刀倒角 C1,锐边倒钝。

3)调头夹住 $\phi 25mm$ 外圆靠住端面(表面包一层铜皮夹住圆柱面),校正工件。

①车端面,取总长 120mm±0.18mm。

②粗车ϕ24mm 外圆,留精车余量 0.5mm～1mm。
③精车ϕ24mm 外圆至尺寸,长度满足要求。
④倒角 C1,锐边倒钝。

4. 精度检验

(1)在测量外圆时用千分尺,在圆周面上要同时测量两点,在长度上要测量两端。

(2)端面的要求最主要的是平直、光洁,最简单的办法是用钢板尺来检查。

(3)台阶长度尺寸可以用钢尺、内卡钳、深度千分尺和游标卡尺来测量。对于批量较大的工件,可以用样板测量。

(4)同轴度测量时,要将基准外圆ϕ32mm 放在 V 形架上,把百分表测头接触ϕ18mm 外圆,转动工件一周,百分表指针的最大差数即为同轴度误差,按此法测量若干截面。

5. 误差分析

车削台阶轴时产生废品的原因及预防方法如表 2-6 所列。

表 2-6　车削台阶轴时产生废品的原因及预防方法

废品种类	产生原因	预防措施
端面产生凹或凸	用右偏刀从外向中心进给时,床鞍没固定,车刀扎入工件产生凹面	在车大端面时,必须把床鞍的固定螺钉旋紧
	车刀不锋利,小滑板太松或刀架没压紧,使车刀受切削力作用而"让刀",因而产生凸面	保持车刀锋利,中、小滑板的镶条不应太松;车刀刀架应压紧
台阶不垂直	较低的台阶是由于车刀装得歪斜,使得主切削刃与工件轴心线不垂直	装刀时必须使车刀的主切削刃垂直于工件的轴线,车台阶时最后一刀应从台阶里面向外车出
	较高的台阶不垂直的原因与端面凹凸的原因一样	
台阶的长度不正确	粗心大意,看错尺寸或事先没有根据图样尺寸进行测量	仔细看清图样尺寸,正确测量工件
	自动进给没有及时关闭,使车刀进给的长度超越应有的尺寸	注意自动进给及时关闭或提前关闭,再用手动进给到尺寸

拓展训练

加工图 2-9 所示台阶轴。试编制工艺准备和加工步骤。

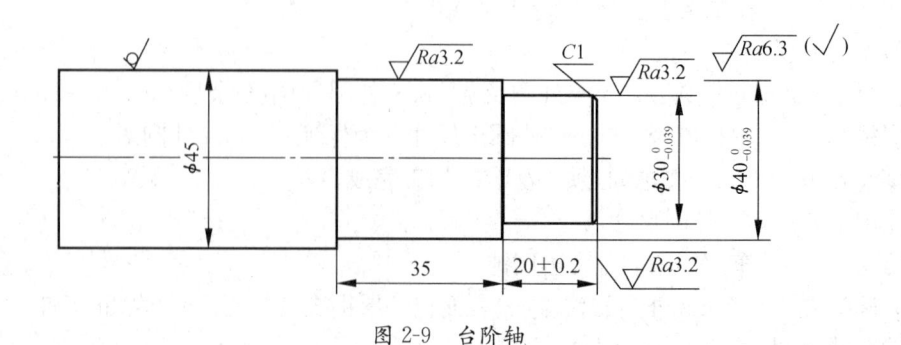

图 2-9　台阶轴

零件各主要部分的技术要求如下：

零件毛坯直径 $\phi 45$mm，需要车出 $\phi 32_{-0.039} \times (20 \pm 0.2)$mm，表面粗糙度 $Ra3.2 \mu$m，$\phi 40_{-0.039}$mm$\times 35$mm，表面粗糙度 $Ra3.2 \mu$m，右端面表面粗糙度 $Ra3.2 \mu$m，其余加工面表面粗糙度 $Ra6.3 \mu$m。

要点分析

加工过程一般为：车端面—粗车 $\phi 40$mm$\times (20$mm$+35$mm$)$外圆—精车 $\phi 40$mm$\times 55$mm 外圆—粗车 $\phi 32$mm$\times 20$mm 外圆—精车 $\phi 32$mm$\times 20$mm 外圆—倒角—检测工件。

注意事项：

(1) 台阶平面和外圆相交处要清角，防止产生凹坑和出现小台阶。

(2) 台阶平面出现凹凸，其原因可能是车刀没有从里到外横向切削或车刀装夹主偏角小于 90°，或是刀架、车刀、滑板等发生了移位。

(3) 多台阶工件的长度测量，应从一个基准面量起，防止累积误差。

(4) 为了保证工件质量，调头装夹时要求垫铜皮，并校正。

任务3　轴的圆锥面车削加工

在机床与工具中，圆锥面配合应用得很广泛。例如，车床主轴锥孔与顶尖锥体的结合；车床尾座套筒锥孔与麻花钻、铰刀回转顶尖等锥柄的结合等。与其他型面相比，圆锥体的加工在保证尺寸精度、表面粗糙度以外，还需要保证角度和锥度的要求。

螺纹主要作为连接件和传动件。螺纹的种类按用途可分为连接螺纹和传动螺纹；按牙型可分为三角形、矩形、梯形、锯齿形和圆形等；按螺旋线方向可分为右旋和左旋；按螺旋线线数可分为单线和多线螺纹；按螺纹母体形状可分为圆柱螺纹和圆锥螺纹。常见螺纹的加工方法有车削螺纹、攻螺纹、套螺纹、滚压螺纹、铣削螺纹和磨削螺纹。

学习目标

(1) 能够阅读、分析零件图；

(2) 能够参阅机床、设备的中英文说明书，查阅工具书、手册，获得零件加工相关资讯；

(3) 能够对主动齿轮轴进行工艺分析，选择毛坯，选择刀具，选择工艺装备，识读工艺文件，确定切削用量和工时定额；

(4) 能够操作车床进行圆锥面及螺纹的加工；

(5) 能够掌握螺纹刀具的刃磨方法；

(6) 能够利用量具进行螺纹检验；

(7) 能够维护机床及工艺装备；

(8) 能够掌握操作规范和环境保护的相关规定及内容；

(9) 能够独立学习和操作，并有团队精神和职业道德。

任务描述

根据如图 3-1 所示锥度心轴的图纸及技术要求，编写车削加工工序卡，熟练操作车床,控制好主动齿轮轴加工的尺寸。利用小滑板偏移的方法车削圆锥面,并能够校对工件找正。能车削三角形螺纹,避免螺纹"乱扣"现象的发生。会使用螺纹环规和圆锥套规检验工件。

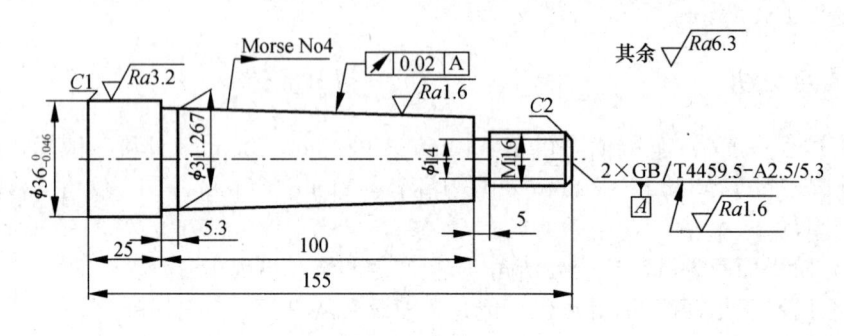

图 3-1 锥度心轴

知识链接

知识点 1　螺纹刀具的刃磨

螺纹刀具是一种成形刀具,它的形状将直接决定所加工螺纹的形状。

1. 了解螺纹刀具的几何形状

要车好螺纹,必须正确刃磨螺纹车刀,螺纹车刀按加工性质属于成形刀具。其切削部分的形状应当和螺纹牙形的轴向剖面形状相符合,即车刀的刀尖角应该等于牙型角。

(1)前角为 0°时,刀尖角应等于牙型角。车削普通螺纹时为 60°,英制螺纹时为 55°。

(2)前角一般为 0°～15°。因为螺纹车刀的纵向前角对牙型角有很大影响,所以精车时或对精度要求高的螺纹,径向前角取得小些,一般为 0°～5°。

(3)后角一般为 5°～10°。因受螺纹升角的影响,进刀方向一面的后角应磨得稍大些。但大直径、小螺距的三角螺纹,这种影响可忽略不计。

2. 熟悉螺纹刀具的刃磨

(1)刃磨要求

根据粗、精车的要求,刃磨出合理的前、后角。粗车刀前角大、后角小,精车刀相反。车刀的左右切削刃必须是直线,无崩刃。刀头不歪斜,牙型半角相等。内螺纹车刀刀尖角平分线必须与刀杆垂直。内螺纹车刀后角应适当大些。

(2)刀尖角的刃磨和检查

由于螺纹车刀刀尖角要求高,刀头体积又小,因此刃磨起来比一般车刀困难。在刃磨高速工具钢螺纹车刀时,若感到发热烫手,必须及时用水冷却,否则容易引起刀尖退火;刃磨硬质合金车刀时,应注意刃磨顺序,一般是先将刀头后面适当粗磨,随后再刃磨两侧面,以免产生刀尖爆裂。在精磨时,应注意防止压力过大而震碎刀片,同时要防止刀具在刃磨时骤冷骤热而损坏刀片。

为了保证磨出准确的刀尖角,在刃磨时可用螺纹角度样板测量(见表 3-1)。对于具有纵向前角的螺纹车刀可以用一种厚度较厚的特制螺纹样板来测量刀尖角,测量时样板应与车刀底面平行,用透光法检查,这样量出的角度近似等于牙型角。

表 3-1 样板检查

检验工具	样板图样	使用方法	说明
三角形螺纹样板			测量时把刀尖角与样板贴合,对准光源,仔细观察两边贴合的间隙并进行修磨
梯形螺纹样板			样板上面可以检验梯形螺纹车刀刀头宽度,下面可测量刀尖角度

3. 刃磨螺纹刀具时容易产生的问题和注意事项

(1)磨刀时,人的站立位置要正确,特别在刃磨整体式内螺纹车刀内侧切削刃时,不小心就会使刀尖角磨歪。

(2)刃磨高速工具钢车刀时,宜选用 80# 氧化铝砂轮,磨刀时压力应小于一般车刀,并及时蘸水冷却,以免过热而失去切削刃硬度。

(3)粗磨时也要用样板检查刀尖角,若磨有纵向前角的螺纹车刀,粗磨后的刀尖角略大于牙型角,待磨好前角后再修正刀尖角。亦可以先磨出正确的刀尖角,再磨前角,磨好前角后,刀尖角应略小于牙型角。

(4)刃磨螺纹车刀的切削刃时,要稍带移动,这样容易使切削刃平直。

知识点 2　锥面的加工

常用的标准锥度有莫氏圆锥和米制圆锥。莫氏圆锥是机器制造业中应用最广泛的一种,如车床主轴孔、顶针、钻头柄、铰刀柄等都是用莫氏圆锥。莫氏锥度分成七个号码,即 0,1,2,3,4,5,6,最小的是 0 号,最大的是 6 号。莫氏圆锥是从英制换算过来的,当号数不同时,圆锥斜角也不同。米制圆锥有 8 个号码,即 4,6,80,100,120,140,160 和 200 号。它的号码是指大端的直径,锥度固定不变,即锥度为 1:20。例如 100 号米制圆锥的大端直径为 100mm,锥度为 1:20。

与其他型面相比,圆锥体的加工在保证尺寸精度、表面粗糙度以外,还需要保证角度和锥度的要求。

1. 熟悉车削圆锥体的方法

车削圆锥的方法常用的有如下四种(见表 3-2)。

表 3-2 车削圆锥的方法

车削圆锥的方法	加工图例	说明
转动小滑板法		• 将小滑板转动一个圆锥半角,使车刀移动的方向和圆锥素线的方向平行,即可车出外圆锥; • 用转动小滑板法车削圆锥面操作简单,可加工任意锥度的内、外圆锥面,但加工长度受小滑板行程限制; • 需要手动进给,劳动强度大,工件表面质量不高

(续)

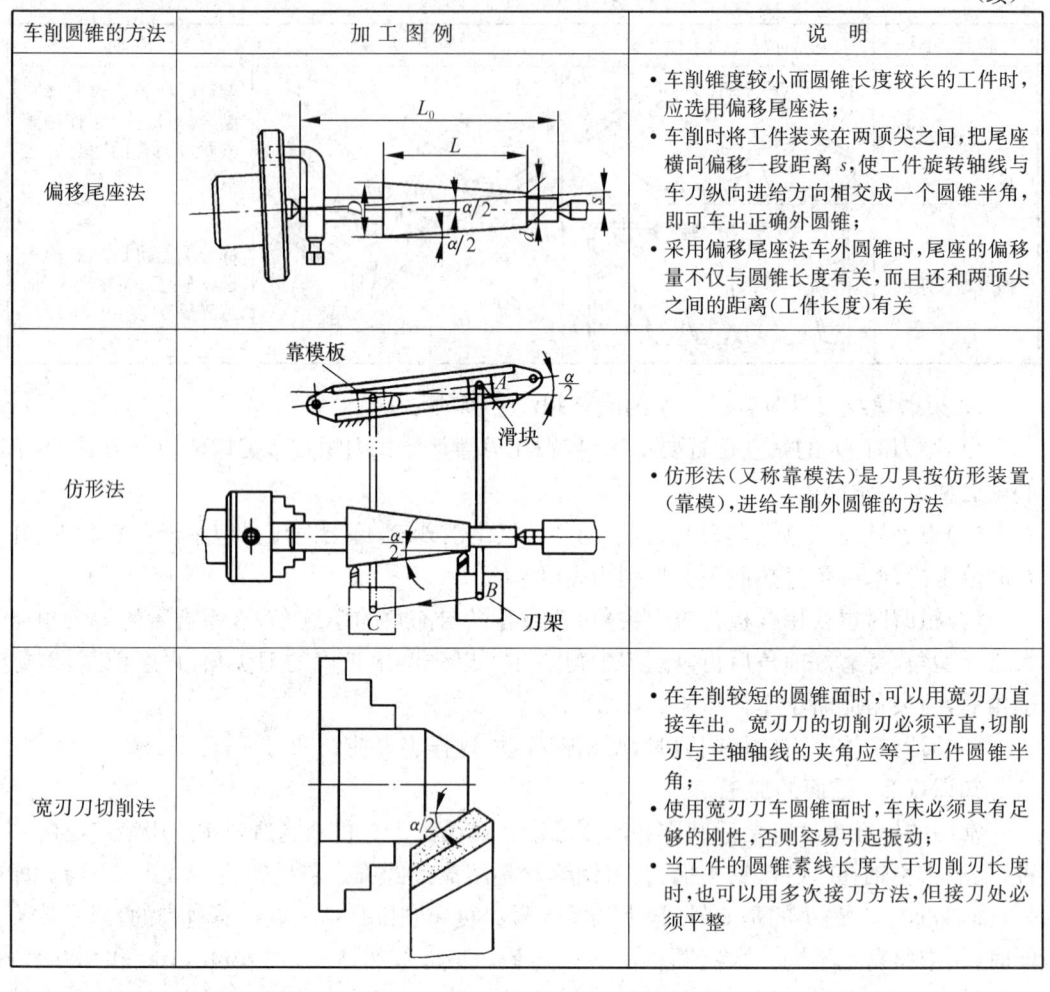

车削圆锥的方法	加 工 图 例	说 明
偏移尾座法		• 车削锥度较小而圆锥长度较长的工件时，应选用偏移尾座法； • 车削时将工件装夹在两顶尖之间，把尾座横向偏移一段距离 s，使工件旋转轴线与车刀纵向进给方向相交成一个圆锥半角，即可车出正确外圆锥； • 采用偏移尾座法车外圆锥时，尾座的偏移量不仅与圆锥长度有关，而且还和两顶尖之间的距离（工件长度）有关
仿形法		• 仿形法（又称靠模法）是刀具按仿形装置（靠模），进给车削外圆锥的方法
宽刃刀切削法		• 在车削较短的圆锥面时，可以用宽刃刀直接车出。宽刃刀的切削刃必须平直，切削刃与主轴轴线的夹角应等于工件圆锥半角； • 使用宽刃刀车圆锥面时，车床必须具有足够的刚性，否则容易引起振动； • 当工件的圆锥素线长度大于切削刃长度时，也可以用多次接刀方法，但接刀处必须平整

2. 车削圆锥的流程

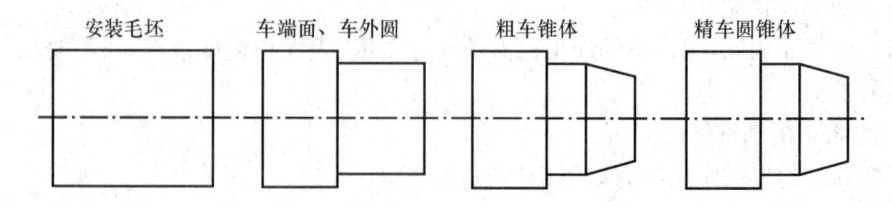

安装毛坯　　车端面、车外圆　　粗车锥体　　精车圆锥体

加工操作步骤如表 3-3 所列：

表 3-3　加工操作步骤

作 业 图	操作步骤及说明	相关知识及要点
	1. 安装毛坯	• 伸出长度约 55mm

(续)

作业图	操作步骤及说明	相关知识及要点
	2. 车削端面	• 使用弯头车刀； • $n=$（ ）手动进给； • 车到径向圆跳动消失
	3. 车削外圆： 粗车、半精车、精车， $\phi 31.750_{-0.05}$mm	• 使用偏刀； • 确定切削用量； • 外圆以直径的公差中间值为目标（ϕ31.75mm）
	4. 粗车圆锥体： 将刀架倾斜一个角度（5°42′38″），旋松固紧螺栓，使刀架倾斜角度，旋紧紧固螺栓	• 使用套筒扳手； • 以左手为支点，不要用足力； • 要充分注意车刀、毛坯的边角； • 确认5°42′38″的刻度
	检查刀架的位置	• 使大滑板和刀架的端面对齐（保证有足够的行程）
	对车刀： 使车刀靠近毛坯端面，使刀尖接触毛坯端面	• 将滑板的刻度设定到"0"； • 转动刀架手柄
	车削一条刻痕线： 固定滑板，使刀尖对准毛坯的外圆端面处	• 向左移动滑板28mm； • 以最小的背吃刀量（将横向进给手柄设定到"0"）； • 在下面的加工中不要移动拖板，直到车好圆锥体； • 用刀架手柄和横向进给手柄退出车刀
	粗车圆锥体	• 一次的背吃刀量最大为2mm； • 用双手平稳地转动刀架手柄； • 一直车削到离刻痕线约1mm的位置； • 最后要特别平稳地转动手柄
	检查锥度： 涂敷红铅粉	• 用锥度套规检查是否有松动； • 如果无松动则可进入精加工； • 在圆锥体的三等分位置均匀地涂上薄层红铅粉
	检查接触情况（使用1:5锥度套规）： 套上锥度套规，检查接触情况（接触到的部位，红铅粉薄薄地向外延伸开）	• 轻轻推并右旋45°左右； • 以接触面积小的部位进行判断； • 大直径侧接触表示锥角大； • 小直径侧接触表示锥角小

(续)

作业图	操作步骤及说明	相关知识及要点
	修正刀架角度（使用小型测微计）	• 大直径侧接触时，逆时针方向调整； • 小直径侧接触时，顺时针方向调整； • 检查转动量
	修正车削圆锥体	• 修正车削一次的背吃刀量最大为0.2mm； • 如果套规之间无松动则可进入精车步骤； • 如果存在松动则反复进行前面的步骤
	5. 精车圆锥面： 调整车刀，临时装好车刀并调位置安装车刀，对车刀	• 使用弹性车刀； • 使车刀位于中央稍微靠左侧以便于切屑排出； • 确定转速； • 以最小的切削量
	车削	• 一次的背吃刀量最大为 0.05mm； • 平稳地转动刀架手柄，不要中断进给； • 加切削油
	检查接触情况：涂敷红铅粉，套上锥度套规，再检查接触情况	• 擦干净圆锥体表面； • 以 3 等份均匀地涂上薄层红铅粉； • 轻轻推并右旋 45°左右； • 以接触面积小的部位进行判断
	修正刀架角度（使用小型测量计）	• 大直径侧接触时，逆时针方向转动，小直径侧接触时，顺时针方向转动； • 由于是微量调整，所以转动量不要太大（在 0.05mm～0.2mm 的范围内）
	精车： 反复进行车削、检查步骤，直到接触面积达到80%以上	• 背吃刀量在 0.05mm 以内
	决定配合长度尺寸： 长度15mm±0.2mm，长度方向的切削量 l，l＝测量值（L）－15mm 外圆切削量（t），t＝l×锥度值（0.29） 车削	• 套上锥度套规测量尺寸； • 国家标准的锥度值为 7/24＝0.29； • 一次的背吃刀量最大为 0.05mm； • 最后一次的背吃刀量为 0.02mm
	使刀架复原	• 使刀架的刻度对准"0"

(续)

作业图	操作步骤及说明	相关知识及要点
	倒角 C0.2、C1	• 使用倒角车刀； • $n=(\ \ )$； • 慢慢地进刀； • 当残留余量为 0.1mm 时，要轻轻地踏制动杆，以惯性切削最后的加工余量

3. 熟悉测量圆锥体的方法

测量圆锥体，不仅要测量它的尺寸精度，还要测量它的角度（锥度）。

1）角度的检验

角度的检验如表 3-4 所列。

表 3-4 角度的检验

检测工具	检测状态	说明
万能角度尺		• 按工件所要求的角度，调整好万能角度尺的测量范围； • 工件表面要清洁； • 测量时，万能角度尺面应通过中心，并且一个面要跟工件测量基准面吻合，透光检查；读数时，应该固定螺钉，然后离开工件，以免角度值变动
角度样板		在成批和大量生产时，可用专用的角度样板来测量工件
圆锥量规		在测量标准圆锥或配合精度要求较高的圆锥工件时，可使用圆锥量规，圆锥量规又分为圆锥塞规和圆锥套规
		• 用圆锥塞规测量内圆锥时，先在塞规表面上顺着锥体母线用显示剂均匀地涂上三条线（相隔约120°），然后把塞规放入内圆锥中转动（约±30°），观察显示剂擦去情况，如果接触部位很均匀，说明锥面接触情况良好，锥度正确；假如小端擦去，大端没擦去，说明圆锥角大了，反之，就说明孔的圆锥角小了； • 测量外圆锥用圆锥套规，方法跟上面相同，但是显示剂应涂在工件上

(续)

检测工具	检测状态	说 明
正弦尺		在平板上放一正弦尺,工件放在正弦尺的平面上,下面垫进量块,然后用百分表检查工件圆锥的两端高度,如百分表的读数值相同,则可记下正弦规下面的量块组高度片值,代入公式计算出圆锥角。将计算结果和工件所要求的圆锥角相比较,便可得出圆锥角的误差
		可先计算出垫块 H 值,把正弦尺一端垫高,再把工件放在正弦尺平面上,用百分表测量工件圆锥的两端,如百分表读数相同,就说明锥度正确

2)圆锥的尺寸检验

圆锥的尺寸一般用圆锥量规检验。圆锥量规除了有一个精确的锥形表面之外,在端面上有一个台阶或具有两条刻线。台阶或刻线之间的距离就是圆锥大小端直径的公差范围。

应用圆锥塞规检验内圆锥时,如果两条刻线都进入工件孔内,则说明内圆锥太大。如果两条线都未进入,则说明内圆锥太小。只有第一条线进入,第二条线未进入,内圆锥大端直径尺寸才算合格。

知识点 3　螺纹的加工

螺纹按牙型分为三角形、矩形、梯形、锯齿形等。三角形螺纹在机器中应用得最广泛,一般都作为连接零件用,如常用的各种螺钉、螺母等。

1. 了解挂轮的搭配

主轴的旋转运动是通过三星齿轮和交换齿轮传给丝杠的。由于主轴上的齿轮和三星齿轮的齿数固定不变,所以主轴与丝杠之间的传动比是依靠交换齿轮来调整的。

车床上三星齿轮用来改变丝杠的旋转方向,以便车削右旋或左旋螺纹。

车螺纹时,当工件转一周,车刀必须移动一个工件螺距。因为工件螺距是根据加工需要经常改变的,而车床丝杠螺距是固定不变的。这就需要更换交换齿轮来达到所需要的工件螺距。

2. 熟悉机床的操纵

1)螺纹车刀的装夹

车削螺纹时,为了保证齿形正确,对安装车刀提出了严格的要求。

①装夹车刀时,刀尖位置一般应对准工件中心(可根据尾座顶尖高度检查)。

②车刀刀尖角的对称中心线必须与工件轴线垂直,装刀时可用样板来对刀,如图 3-2 所示,如果把车刀装歪,就会产生牙型歪斜。

③刀头伸出不要过长,一般为 20mm～25mm(约为刀杆厚度的 1.5 倍)。

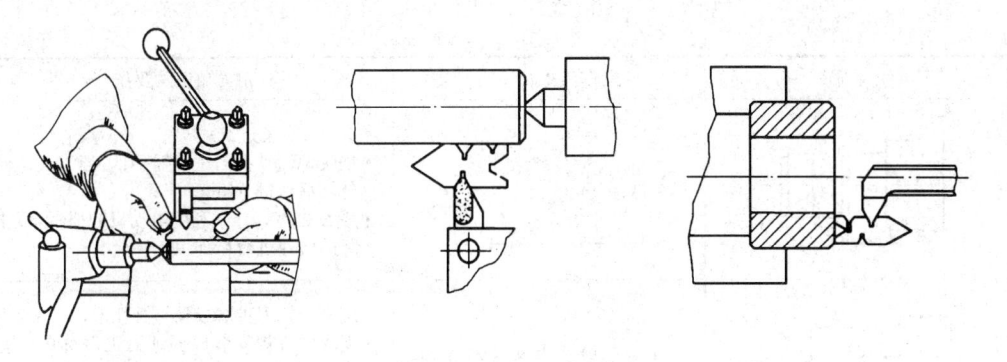

图 3-2 车螺纹时用样板安装车刀

2)车削螺纹的流程

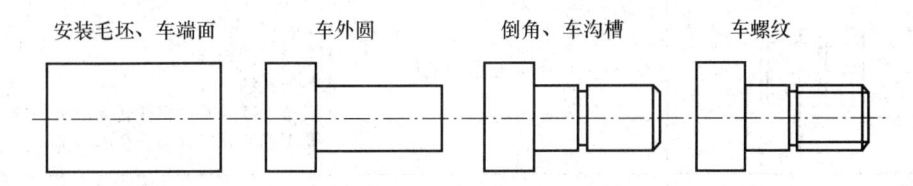

安装毛坯、车端面　　车外圆　　倒角、车沟槽　　车螺纹

螺纹加工操作步骤如表 3-5 所列:

表 3-5 螺纹加工操作步骤

作业图	操作步骤及说明	相关知识及要点
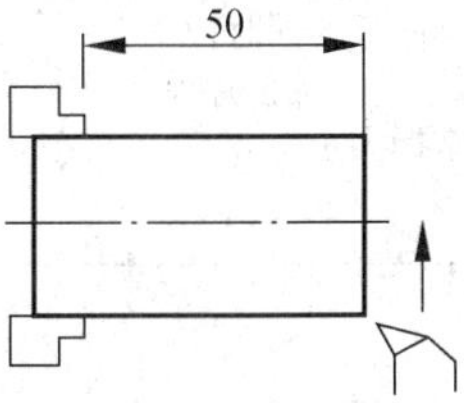 50	1. 车削端面。安装毛坯,车削端面	• 伸出长度约 50mm; • 使用弯头车刀; • $n=(\ )$ 用手动进给; • 车削端面到无径向圆跳动为止
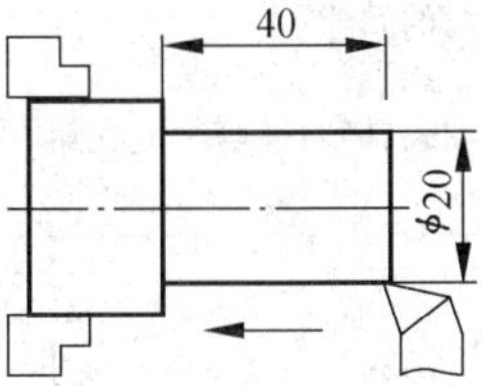 40, $\phi 20$	2. 车削外圆。粗车、半精车、精车 $\phi 20_{-0.2}^{-0.1} \times 40$	• 使用单头车刀; • $n=(\ )$, $f=(\ )$; • 同精车; • 外圆尺寸以公差的中央值为加工目标值 ($\phi 19.85$mm)
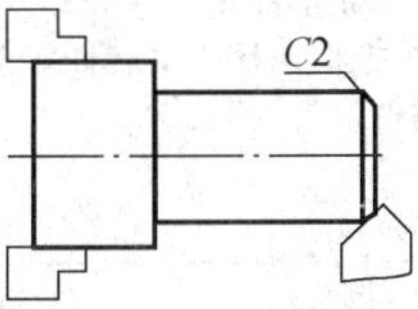 C2	3. 倒角。C2	• 使用倒角车刀; • $n=(\ )$; • 以横向进给刻度进给 $\phi 0.4$mm; • 最后的 $\phi 0.1$mm 利用电动机的惯性,以下降的转速进行精加工
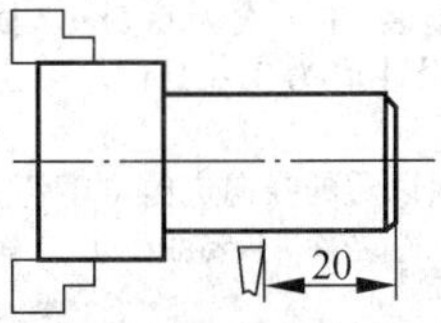 20	4. 车削退刀槽。调整切槽刀的安装角度,对正车刀的位置	• 使用切槽刀; • 使车刀靠近加工端面检查后角; • 使用钢直尺测量,使车刀位于离端面 20mm 的位置

(续)

作业图	操作步骤及说明	相关知识及要点
	车沟槽:$\phi 16mm$	• $n=(\ )$手动进给; • 慢慢地转动横向进给摇手柄,当刀尖碰到外圆后送进$\phi 4mm$; • 最后的$\phi 0.1mm$利用电动机的惯性,以下降的转速进行精加工
	5. 车削螺纹。安装螺纹车刀,设定各手柄	• 用磨石把刀尖磨成稍呈圆弧形; • 使用中心规安装以保证刀尖对称中心垂直工件轴线; • 按螺纹车削表正确地进行设定; • 检查丝杠是否在旋转
	操作练习:使车刀靠近工件,啮入开合螺母	• 不要进刀切入; • 距离端面5mm; • 距外圆约5mm; • 当难于啮入时可稍微转动滑板的摇手柄; • 要正确使开口螺母完全啮合上
	车削螺纹操作练习: 给定背吃刀量,以正转方向启动,轻轻地踏制动踏板,用力踏制动踏板使车刀向后退出;以反转方向启动,用力踏制动踏板(停止转动),反复练习①~⑥;脱开开合螺母	• 用横向进给摇手柄,将车刀送进到离外圆约1mm的位置处; • 在车削螺纹长度约10mm的位置处; • 在沟槽的中央部完全停止; • 在停止的同时,把横向进给摇手柄转回半圈; • 在脚离开制动踏板的同时; • 在离开端面约5mm的位置处; • 一直到完全掌握为止; • 练习结束后
	6. 车削螺纹。使刀尖轻轻地接触外圆,退出车刀,将横向进给刻度设定为"0",将刀架刻度设定为"0",啮入开合螺母,给定背吃刀量	• 在倒角附近; • $n=(\ )$; • 退到离开端面约5mm的位置处; • 消除切入方向的间隙; • 主轴停止的状态下; • 按照螺纹车削表(横向进给刻度在第一次给定0.5mm)
	以正转方向启动,轻轻地踏制动踏板,用力踏制动踏板,使车刀向后退出;反转方向启动	• 在车削螺纹长度约10mm的位置处; • 在沟槽的中央部完全停止; • 在停止的同时,把横向摇手柄转回半圈; • 在脚离开制动踏板的同时
车削螺纹的进刀法	用力踏制动踏板,给定第二次的背吃刀量,一直到螺母能旋上为止;反复练习	• 在离开端面约5mm的位置处; • 按照螺纹车削表(第一次为0.5mm,横向进给刻度的累计值为1.0mm,刀架进给为0.1mm); • 要记住第二次以后的横向进给刻度值; • 在螺纹未加工好之前,不要脱开开合螺母和主轴齿轮

38

(续)

作业图	操作步骤及说明	相关知识及要点
	7. 检查螺纹的旋合情况。将车刀向后退到底,用刷子清除切屑,旋上螺母	• 确保安全; • 使刷子顺着螺纹牙的方向移动; • 旋上前先擦干净螺母; • 平稳地旋入,一直旋到沟槽部,应没有间隙
	脱开开合螺母,倒角	• 确实地回到规定的位置; • 一直到螺纹头的毛刺消除为止

知识点 4 螺纹的测量

车削螺纹时必须认真测量,使零件符合质量要求。测量螺纹的方法如表 3-6 所列。

表 3-6 螺纹的测量方法

测量项目	测量工具	说 明
外径的测量	游标卡尺或千分尺	螺纹外径的公差较大时,一般用游标卡尺或千分尺测量
螺距的测量		• 螺距一般可用钢直尺测量; • 普通螺纹的螺距一般较小,在测量时,最好量10个螺距的长度,然后把长度除以10,就得出一个螺距的尺寸;如果螺距较大,那么可以量2个~4个螺距的长度
		• 细牙螺纹的螺距较小,用钢直尺测量比较困难,这时可用螺距规来测量; • 测量时把钢片平行轴线方向嵌入牙型中,如果完全符合则说明被测的螺距是正确的
中径的测量		• 精度较高的三角形螺纹,可用螺纹千分尺测量; • 千分尺测得的读数就是该螺纹的中径实际尺寸
综合测量		• 用螺纹环规综合检查三角形外螺纹; • 在测量螺纹时,如果量规过端正好旋进去,而止端旋不进去,说明螺纹精度符合要求

39

(续)

测量项目	测量工具	说 明
综合测量		• 塞规用来测量内螺纹的尺寸精度; • 在综合测量螺纹之前,首先应对螺纹的直径、牙型和螺距进行检查,然后再用螺纹量规进行测量,使用时不应硬旋量规,以免量规严重磨损

任务实施

1. 分析图样

锥度心轴外形较简单,只要在台阶轴上再加工出圆锥体及右端的 M16 螺纹即可。其中圆锥体最大圆锥直径为 $\phi 31.267 \mathrm{mm}$。圆锥面对两端中心孔公共轴线的径向圆跳动允差为 0.02mm,表面粗糙度值为 $Ra1.6 \mu \mathrm{m}$,可用偏移尾座法车削。尾座偏移量 s 可用下式计算(莫氏 4 号的锥度 $C=1:19.254=0.05194$):

$$s = C/2 \times L_0 = 0.05194/2 \times 155 = 4.03(\mathrm{mm})$$

尾座的偏移量可用百分表来控制。

2. 工艺过程

车端面—钻中心孔—粗车莫氏 4 号圆锥—粗车 M16 大径—调头车端面、钻中心孔—精车各外圆—车槽—车 M16 螺纹—车莫氏 4 号圆锥。

3. 加工步骤

车削加工锥度心轴步骤如下:

(1)在三爪自定心卡盘上夹住毛坯外圆。

①车端面,毛坯车出即可。

②钻中心孔,A 型 $\phi 2.5 \mathrm{mm}$。

(2)一端夹住,一端顶牢。

①粗车莫氏 4 号圆锥至 $\phi 32.5 \mathrm{mm}$,长度 129mm。

②车螺纹 M16 大径至 $\phi 17 \mathrm{mm}$,长度 29mm。

(3)调头,夹住外圆 $\phi 32.5 \mathrm{mm}$。

①车端面,长度尺寸 155mm。

②钻中心孔,A 型 $\phi 2.5 \mathrm{mm}$。

③粗车 $\phi 36 \mathrm{mm}$ 外圆至 $\phi 37 \mathrm{mm}$ 尺寸。

(4)两顶尖装夹

①精车 $\phi 36 \mathrm{mm}$ 外圆至要求尺寸。

②控制尺寸 25mm,车 $\phi 31.267 \mathrm{mm}$ 外圆至要求尺寸。

③控制尺寸 100mm,车螺纹 M16 大径至尺寸 $\phi 15.76 \mathrm{mm}$。

④车槽 $5 \mathrm{mm} \times \phi 13 \mathrm{mm}$。

⑤倒角 C2、C1。

⑥车螺纹 M16。

(5)两顶尖装夹

①粗、精车莫氏 4 号圆锥至尺寸。

②锐角倒钝。

4. 精度检验

(1)莫氏 4 号圆锥的检验用莫氏 4 号圆锥套规综合测量,圆锥锥度用涂色法检验,最大圆锥直径可根据套规上的台阶来判断。

(2)两端外圆 $\phi 36h8$、$\phi 16h7$ 尺寸精度检验可用外径千分尺测量。

(3)莫氏 4 号圆锥、外圆 $\phi 16h7$ 对两端中心孔公共轴线的径向圆跳动误差的检验,将工件装夹于中心架的两顶尖间,测量时,将百分表测量头与圆锥表面接触,在工件回转一周过程中,百分表指针读数最大差值即为单个测量平面上的径向圆跳动。再按上述方法,测量若干个截面,取各截面上测得的跳动量中的最大值作为工件圆锥面的径向圆跳动。

5. 误差分析

车圆锥面时产生废品的原因及预防措施如表 3-7 所列。

表 3-7 车圆锥面时产生废品的原因及预防措施

废品种类	产生原因	预防措施
锥度不正确	小滑板转动的角度计算差错或小滑板角度调整不当	仔细计算小滑板应转动的角度和方向,反复试车校正
	车刀没有固紧	固紧车刀
	小滑板移动时松紧不均	调整镶条间隙,使用小滑板移动均匀
大小端尺寸不正确	未经常测量大小端直径	经常测量大小端直径
	控制刀具进给错误	及时测量,用计算法或移动床鞍法控制背吃刀量
双曲线误差	车刀刀尖未对准工件轴线	车刀刀尖必须严格对准工件轴线
表面粗糙度达不到要求	切削用量选择不当	正确选择切削用量
	手动进给忽快忽慢	手动进给要均匀,快慢一致
	车刀角度不正确,刀尖不锋利	刃磨车刀,角度要正确,刀尖要锋利
	小滑板镶条间隙不当	调整小滑板镶条间隙
	未留足精车或切削余量	要留有适当的精车或铰削余量

车螺纹时产生废品的原因及预防措施见表 3-8。

表 3-8 车螺纹时产生废品的原因及预防措施

废品种类	产生原因	预防措施
中径不正确	车刀背吃刀量不正确,以顶径为基准控制背吃刀量,忽略了顶径误差的影响	经常测量中径尺寸,应考虑顶径的影响,调整背吃刀量
	刻度盘使用不当	正确使用刻度盘
螺距不正确	交换齿轮计算或组装错误,进给箱、溜板有关手柄位置扳错	在工件上先车削一条很深的螺旋线,测量螺距是否正确
	局部螺距不正确;车床丝杠和主轴的窜动过大;溜板箱手轮转动不平衡;开合螺母间隙过大	调整好主轴和丝杠的轴向窜动量及开合螺母间隙,将溜板箱手轮拉出使之与传动轴脱开,使床鞍均匀运动
	车削过程中开合螺母自动抬起	调整开合螺母镶条,适当减小间隙,控制开合螺母传动时抬起,或用重物挂在开合螺母手柄上防止中途抬起

(续)

废品种类	产 生 原 因	预 防 措 施
牙型不正确	车刀刀尖刃磨不正确	正确刃磨和测量车刀刀尖角度
	车刀安装不正确	装刀时使用样板对刀
	车刀磨损	合理选用切削用量,及时修磨车刀
表面粗糙度值大	刀尖产生积屑瘤	用高速钢车刀切削时应降低切削速度,并正确选择切削液
	刀柄刚度不够,切削时产生振动	增加刀柄截面,并减小刀柄伸出长度
	车刀径向前角太大,中滑板丝杠螺母间隙过大产生扎刀	减小车刀径向前角,调整中滑板丝杠螺母间隙
	高速切削螺纹时,切削厚度太小或切屑向倾斜方向排出,拉毛已加工牙侧表面	高速钢切削螺纹时,最后一刀的切屑厚度一般要大于 0.1mm,并使切屑沿垂直轴线方向排出
	工件刚性差,而切削用量过大	选择合理的切削用量
	车刀表面粗糙	刀具切削刃口的表面粗糙度应比工件加工表面粗糙度值小 2~3 档次
乱牙	工件的转数不是丝杠转数的整数倍	当第一行程结束后,不提起开合螺母,将车刀退出后,开倒车使车刀沿纵向退回,再进行第二次行程车削,如此反复至将螺纹车削好
		当进给纵向行程完成后,提起开合螺母脱离传动链退回,刀尖位置产生位移,应重新对刀

拓展训练

练习一:加工图 3-3 所示的轴。试编制工艺准备和加工步骤。

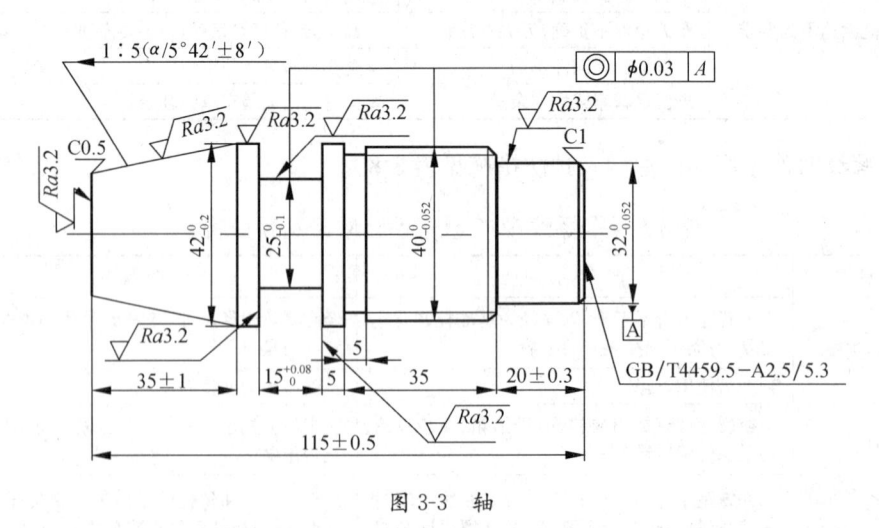

图 3-3 轴

零件各主要部分的技术要求如下:

零件圆锥锥度为 1∶5,长度是 35±1mm,锥面表面粗糙度为 $Ra3.2\mu m$,大端直径为 $\phi 42_{-0.1}^{0}$ mm,小端倒角为 C0.5。螺纹要求为 M39×2,左端切 5mm 的槽,倒角为 C2。

要点分析

加工过程如下：

(1)将外圆车刀、车槽刀、螺纹车刀装于刀架上并对准工件旋转中心。三爪自定心卡盘装夹毛坯外圆，伸出 45mm 左右，校正夹紧；车平端面；钻 A 型中心孔。

(2)一夹一顶装夹工件。

①粗车各台阶外圆及长度，留精车余量并把产生的锥度校正。

②精车各台阶外圆及长度至尺寸，表面粗糙度 $Ra3.2\mu m$。

③粗车外圆槽 15mm×ϕ25mm 两侧及槽底，留精车余量。

④精车槽宽 $15^{+0.08}$mm，底径 $\phi25_{-0.1}$mm，保证尺寸 5mm 和表面粗糙度 $Ra3.2\mu m$。

⑤检测工件各尺寸。

(3)零件调头，三爪自定心卡盘装夹 ϕ40mm 外圆(包铜皮)，用百分表校正 ϕ42mm 外圆，圆跳动误差在 0.01mm 以内，并夹紧。

①车平端面，不留凸头。

②逆时针转动小滑板 5°42′30″车圆锥面，控制圆锥长度 35mm±1mm 和表面粗糙度 $Ra3.2\mu m$。

③检测工件锥度

(4)零件调头，用一夹一顶装夹，夹持 ϕ42mm 外圆，后顶尖支承(中心孔已加工出)。

①车 M39×2 外圆至 $\phi39_{-0.2}$mm，长度 35mm，表面粗糙度 $Ra3.2\mu m$。

②车螺纹退刀槽 5mm×ϕ36mm 至尺寸(槽宽 5mm，槽底直径 ϕ36mm)；螺纹端面倒角 C2。

③粗车螺纹。

(a)选择主轴转速 $n=45r/min$。

(b)按工件螺距在进给箱铭牌上找到交换齿轮的齿数和手柄位置。调整好交换齿轮箱中的交换齿轮，并把手柄拨到所需的位置上。

(c)用样板对螺纹车刀调整好。

(d)试切螺纹，在外圆表面上车出一条螺旋线痕，并调整中滑板刻度盘"0"位(以便车螺纹时掌握背吃刀量)，用钢直尺检查螺距。

(e)检查螺距合格后，用开倒顺车的方法操作，采用直进法车削，在 4 次～5 次进给内完成粗车(每边留 0.2mm～0.3mm 精车余量)。

④精车螺纹。

(a)选择主轴转速 $n=10r/min$。

(b)精车时采用左、右切削法车削。车刀切削刃始终保持锋利。若换刀要进行中途对刀，否则会把牙型车坏。

(c)精车时进刀量要小，注意用观察法控制左右微进给量。当排出的切屑很薄时，车出的螺纹表面粗糙度值就小。一般精车完进给方向一侧，表面粗糙度达到要求后，再精车另一侧面。同时用螺纹环规或螺纹千分尺测量，直至中径符合要求；表面粗糙度 $Ra1.6\mu m$。

(d)将车刀移至牙槽中间，进行清底，并车出螺纹小径尺寸。

(5)检查质量合格后卸下工件。

练习二:加工如图 3-4 与图 3-5 所示的工件图样,并按图 3-6 所示图样进行配合检验。

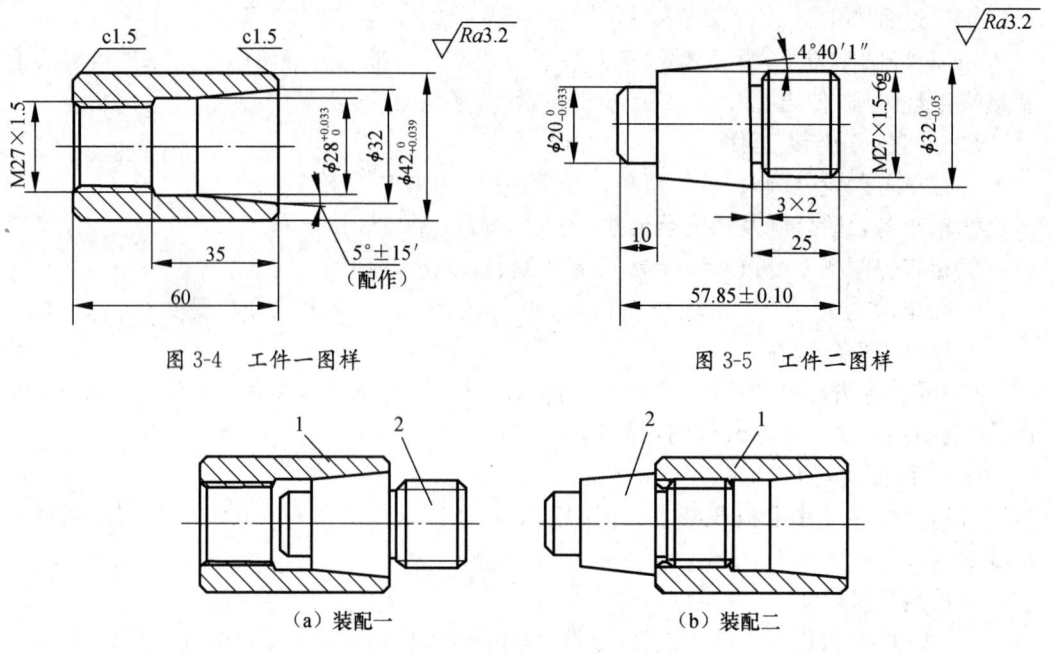

图 3-4 工件一图样

图 3-5 工件二图样

（a）装配一

（b）装配二

图 3-6 工件图样配合

要点分析

配合检验的项目及内容详见评分表(见表 3-9)。

表 3-9 评分表

项 目	序号	考核内容和要求	配分	评 分 标 准	检测结果	得分
件一尺寸公差	1	φ20	6	超差 0.01 扣 1 分;超差 0.03 以上不得分		
	2	φ32	8			
	3	25	2	超差 0.02 扣 1 分;超差 0.06 以上不得分		
	4	10	2			
	5	5°	8	超差 1′扣 1 分;超差 3′以上不得分		
	6	57.86	3	超差 0.02 扣 1 分		
	7	螺纹大径 φ27	3	超差不得分		
	8	螺纹中径 φ26.3	8			
件二尺寸公差	9	φ28	8	超差 0.01 扣 1 分;超差 0.03 以上不得分		
	10	φ42	8			
	11	35	2	超差 0.02 扣 1 分;超差 0.06 以上不得分		
	12	60	2			
	13	Ra3.2	20	每处降一级扣 1 分		
配合要求	14	螺纹配合	10	不能旋入不得分,间隙过大扣 5 分		
	15	锥度配合	10	接触面积<70% 扣 5 分;接触面积<60% 不得分		
其他	16	倒角 C1.5		不符要求扣总分 1 分		

任务4 支承环的加工

在机器上的各种轴承套、齿轮、带轮等,因支撑和连接配合的需要,一般做成带圆柱孔的。车床上经常用麻花钻与车孔刀进行工件内孔的加工。

套类零件总是由内孔、外圆、平面等组成,除了孔本身的尺寸精度和表面粗糙度要求外,还要求它们之间的相互位置精度。经常碰到的是内、外圆的同轴度,端面与内孔的垂直度,以及两平面的平等度等。

套类零件上作为配合的孔,一般都要求较高的尺寸精度(IT7~IT8),较小的表面粗糙度($Ra1.6\mu m \sim Ra0.2\mu m$)和较高的形位精度。

学习目标

(1)能够阅读、分析支承环零件图;
(2)够参阅机床、设备的中英文说明书,查阅工具书、手册,获得零件加工相关资讯;
(3)能够对支承环进行工艺分析,选择毛坯,选择刀具,选择工艺装备,识读工艺文件,确定切削用量和工时定额;
(4)能够操作车床进行外圆、端面、内孔的加工;
(5)能够掌握麻花钻及车孔刀的修磨与装夹方法;
(6)能够利用量具进行内孔检验;
(7)能够维护机床及工艺装备;
(8)能够掌握操作规范,环境保护的相关规定及内容;
(9)能够独立学习和操作,并有团队精神和职业道德。

📖 任务描述

根据如图4-1所示支承环的图纸及技术要求,制定支承环的加工工艺,编写加工工序卡,掌握麻花钻及车孔刀的修磨与装夹方法,能熟练使用车床控制支承环加工的尺寸,掌握游标卡尺、外经千分尺的使用。

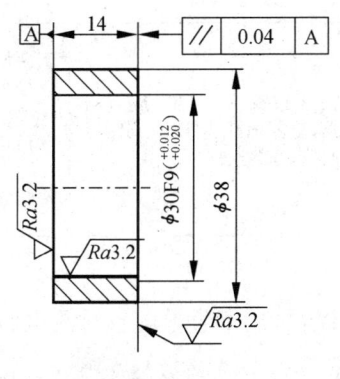

图4-1 支承环

知识链接

知识点 1　麻花钻的修磨与装夹

在实心料上加工精度要求较高的孔时,必须先用钻头钻孔,后作其他加工。对精度要求不高的孔,可直接钻孔后,不作其他加工。

钻头根据构造和用途不同,可分为扁钻、麻花钻、中心钻、锪孔钻、深孔钻等。钻头一般用高速钢制成,或采用镶硬质合金。

1. 麻花钻的修磨

1)刃磨要求

刃磨后的麻花钻的两条主切削刃对称、长度一致,顶角 2ϕ 为 $118°±2°$,应被钻头的中心线平分,各几何角度要正确,否则就会出现孔径扩大或轴线歪斜等加工质量问题,同时也会加剧钻头的磨损。

2)钻头的刃磨(见表 4-1)

表 4-1　钻头的刃磨

作业图	操作步骤及说明	相关知识及要点
	1. 启动双头砂轮机旋转; 2. 右手握钻头; 3. 左手握住钻头柄部	• 戴保护眼镜 • 砂轮旋转要平稳 • 不要站在砂轮的正面 • 握在离钻头切削刃 10mm 左右的头部 • 用大拇指和食指夹住 • 中指、无名指和小指竖立在手指支撑板上起支撑作用 • 相对于砂轮形成钻尖角的倾斜度 • 切削刃呈水平状态
	4. 修磨切削刃; 　以右手的食指和大拇指为导向进行修磨 5. 退回到原来的位置; 6. 修磨相反侧的切削刃	• 磨出规定的后角 • 边使左手从水平位置开始逐渐下降 • 不要让横刃离开砂轮 • 砂轮的磨削位置应固定在一点 • 边冷却刀尖 • 按照前面的要领进行
	7. 检查尖端面、后角、横刃斜角;重复前面步骤,直到完全磨好,修磨横刃	• 要使钻头的导向部左右对称 • 横刃斜角磨到 135° • 要使切削角达到 118° • 后角磨到 12°~25° • 左右均等 • 将横刃宽度磨小到三分之一左右

3)钻头的检测

刃磨时可用角度样板检验,也可用钢直尺配合目测检验。

2. 钻头的装夹

根据钻头柄部形状的不同,钻头装夹方法如下:

(1)直柄钻头用钻夹头装夹,如图 4-2(b)所示。通过转动夹头扳手可以夹紧或放松钻头。

(2)大尺寸锥柄钻头可直接装入钻床主轴锥孔内;小尺寸可用钻套过渡连接。钻套及锥柄钻头装卸方法,如图 4-2(a)、(c)所示。

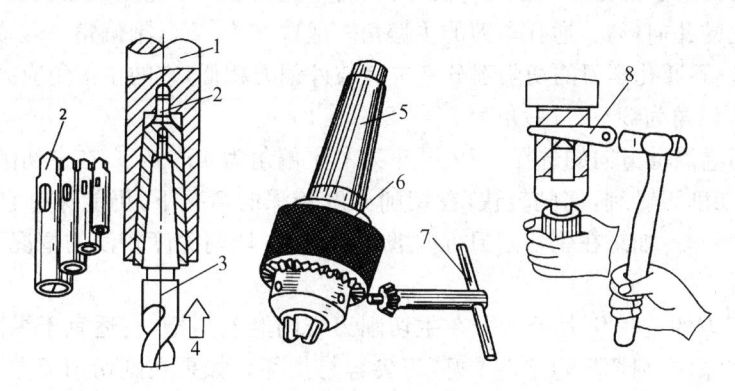

图 4-2 钻头的装夹
(a)安装钻套;(b)钻夹头安装;(c)卸下钻套。
1—钻床主轴;2—钻套;3—钻头;4—安装方向;5—锥体;6—钻夹头;7—夹头扳手;8—楔铁。

钻头装夹时应先轻轻夹住,开车检查有无偏摆,无摆动后停车夹紧后钻孔;若有摆动,应停车重新装夹,纠正后再夹紧。

知识点 2 车孔刀的刃磨与装夹

麻花钻钻的孔其尺寸精度与表面粗糙度都很难达到要求。在车床上进行孔加工时,常常是先使用比孔径小 2mm 左右的钻头进行钻孔,然后再用车孔刀对孔进行车削加工。

1. 认识车孔刀

根据不同的加工情况,车孔刀可分为通孔车刀和不通孔车刀两种,如图 4-3 所示。

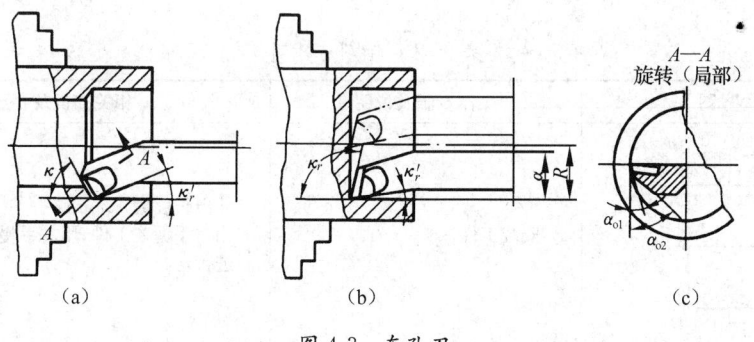

图 4-3 车孔刀

1)通孔车刀

其切削部分的几何形状基本上跟外圆车刀相同。为了减小径向切削力防止振动,主偏角一般取 60°～75°,副偏角取 15°～30°。为了防止车孔刀后刀面和孔壁的摩擦,以及不使车孔刀的后角磨得太大,一般磨成两个后角。

2)不通孔车刀

不通孔车刀是车台阶孔或不通孔用的,切削部分的几何形状基本上跟偏刀相同。它的主偏角大于90°。刀尖在刀杆的最前端,刀尖到刀杆外端的距离,应小于内孔半径 R,否则孔的底平面就无法车平。车内孔台阶时,只要不碰即可。

2. 车孔刀的刃磨

内孔车刀的切削部分基本上与外圆车刀相似,只是多一个弯头而已。

根据内孔的几何形状,通孔车刀的主偏角一般取45°~75°,副偏角一般取6°~30°,后角取8°~12°。不通孔车刀的切削部分基本上与外偏刀相似,它的主偏角应大于90°,一般为93°左右,副偏角为3°~6°,后角为8°~12°。

内孔车刀卷屑槽方向的选择:当内孔车刀的主偏角为45°~75°,在主切削刃方向磨卷屑槽,能使其切削刃锋利,切削轻快,在切削深度较深的情况下,仍能保持它的切削稳定性,故适用于粗车。如果在副切削刃方向磨卷屑槽,在切削深度较浅的情况下,能达到较好的表面质量。

当内孔车刀的主偏角大于90°,在主切削刃方向磨卷屑槽,它适宜于纵向切削,但切削深度不能太深,否则切削稳定性不好,刀尖容易损坏。如果在副切削刃方向磨卷屑槽,它适宜于横向切削。

3. 车孔刀的装夹

装刀时,刀尖必须与工件中心线等高或稍高一些,这样就能防止由于切削力而使刀尖扎入工件。同时车孔刀伸出长度应尽可能短。

车孔刀装好后,应先在毛坯孔内走一遍,以防车孔时由于刀杆装得歪斜而碰到孔的表面。

知识点3　支承环的加工

1. 钻孔、镗孔

铸造孔、锻造孔或用钻头钻出来的孔,为了达到所要求的精度和表面粗糙度,还需要镗孔。镗孔是常用的孔加工方法之一,可以作粗加工,也可以作精加工,加工范围很广(见表4-2)。

表4-2　钻孔、镗孔

作业图	操作步骤及说明	相关知识及要点
	1. 安装工件。	• 伸出长度约10mm; • 用右手握住工件,用左手慢慢地旋紧卡盘进行定心
	2. 车端面。 粗车端面,精车端面,将车刀向后退出	• 使用弯头车刀; • $v=120\sim180$m/min; • $n=(\quad)$r/min; • 用手动进给; • 使径向圆跳动达到最小程度; • $v=180\sim220$m/min; • $n=(\quad)$r/min; • $f=0.25$mm/r; • 背吃刀量0.1mm; • 车好端面

(续)

作 业 图	操作步骤及说明	相关知识及要点
	3. 钻中心孔。 将中心钻装入尾座套筒内	• 套筒伸出约50mm； • 将圆锥部分擦拭干净； • 用左手握住套筒装入
	使中心钻靠近工件	• 放松固紧手柄； • 用两手握住尾座的摇手柄慢慢地向前推； • 在靠近工件约20mm的位置再将尾座固紧
	钻中心孔，将尾座退出，拆下中心钻	• $n=1000\text{r/min}$； • 钻到中心钻圆锥部分的中央位置； • 慢慢地转动尾座摇手柄使尾座套筒向前运动直到钻好为止，而后退到原来的位置，停止主轴； • 退到床身的右端； • 用左手握住滚花不要让它掉下； • 不要将尾座套筒缩进过多
	4. 钻孔。 准备钻头，将钻头装入钻套	• 使钻头的锥度符合尾座的锥孔； • 钻头柄的锥度为莫氏NO.2； • 尾座锥孔为莫氏NO.4； • 用左手握住钻头和钻套的中间位置，并用木锤子敲打
	将钻头装到尾座上	• 将圆锥部分擦拭干净； • 用擦布包住钻头并用左手握住； • 使尾座套筒伸出50mm左右
	使钻头靠近工件，固紧尾座	• 移动到工件前20mm处； • 用力固紧； • 钻孔时，用手动进给并加注切削液
	进行钻孔： 刀具导向部分开始进入； 刀具导向部分进入后； 刀具头部穿出后； 孔快要钻通时，要慢慢地进给	• $v=25\text{m/min}, n=(\ )\text{r/min}$； • $f=0.05\text{mm/r}, 16\text{s}$ 转一转； • $f=0.1\text{mm/r}, 8\text{s}$ 转一转； • $f=0.05\text{mm/r}, 16\text{s}$ 转一转

(续)

作业图	操作步骤及说明	相关知识及要点
	将钻头退回到原来的位置,将尾座退出,拆下钻头,拆下钻套	• 退到床身的右端; • 轻微地固紧尾座; • 用擦布包住刃部后取下; • 用左手用力握住钻头和钻套的中间,然后用木锤将楔块敲入
	5. 粗镗内孔。 安装镗孔刀(粗镗车刀),设定切削条件	• 伸出长度应大于工件长度,但应尽量减小伸出长度; • 工件的长度 5mm～10mm; • $v=15\text{m/min}～20\text{m/min}$;$n=(\ )\text{r/min}$; $f=0.125\text{mm/r}$; 粗镗和半精镗相似
	对镗孔刀	• 在伸入孔内约 5mm 的位置使刀尖轻轻碰到内壁表面; • 碰到后将镗刀退出到离端面约 5mm 的位置
	进行试镗削	• 以 1mm 的背吃刀量镗削 10mm 左右的长度后,将镗刀笔直退出
	测量内径	• 用游标卡尺测量最大孔径
	进行粗镗削	• 镗到规定尺寸 $A-1\text{mm}$(一次背吃刀量不要超过 4mm); • 镗好后将镗刀笔直退到镗削开始的位置
	6. 半精镗内孔。 进行试镗削,测量内径	• 以 0.3mm 的背吃刀量镗削 10mm 左右的长度后,将镗刀笔直退出; • 使用内径千分表; • 用环规设定"O"点; • 当指针按顺时针方向径向圆跳动到最大位置时,读取指示值; • 内径越小则指针按顺时针方向转动的圈数也越多
	进行半精镗	• 镗削到 $A-0.2\text{mm}$,镗好后使镗刀离开加工面,然后再退出

（续）

作业图	操作步骤及说明	相关知识及要点
	7. 精镗。 安装精镗刀,设定切削条件	• 在主轴停止的状态下调整镗刀的角度,使整个切削刃接触内圆面; • $v=7\sim10$m/min; $n=(\ )$r/min; $f=0.25$mm/r
	检查切削刃接触状况	• 使主轴旋转,轻微地碰内圆面直到出现切屑为止; • 如果不正常应再次进行调整; • 不要使用切削液
	进行精镗削： 测量内径,进行镗削	• 背吃刀量 0.05mm,仅镗一次; • 使用切削液; • 镗好后,记住刻度值,使镗孔刀离开加工面后再退出; • 防止刮伤表面; • 使用内径千分表; • 镗到要求的尺寸 ϕA; • 最大背吃刀量不超过 0.05mm; • 反复进行镗削
	例如,加工余量为 0.2mm 时： 第一次：0.05mm, 第二次：0.05mm, 第三次：0.05mm, 第四次：0.03mm, 第五次：0.02mm	• 最后一次的背吃刀量应在 0.02mm 以下,以获得较低的表面粗糙度

钻孔、镗孔操作流程如图 4-4 所示。

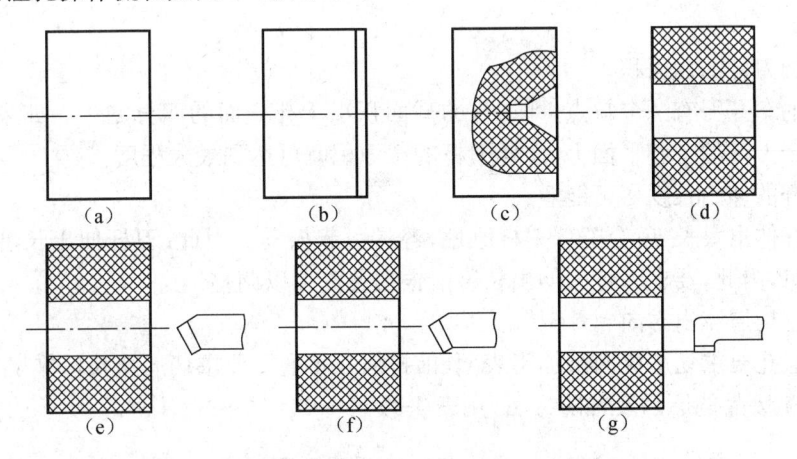

图 4-4 钻孔、镗孔操作流程

(a)安装工件；(b)车削端面；(c)钻中心孔；(d)钻孔；(e)粗镗内孔；(f)半精镗内孔；(g)精镗内孔。

2. 车孔方法
1) 车直孔方法
直孔车削基本上与车外圆相同,只是进刀和退刀方向相反。粗车和精车内孔时也要

51

进行试切和试测,其试切方法与试切外圆相同。即根据径向余量的一半横向进给,当车刀纵向切削至 2mm 左右时纵向快速退出车刀(横向不动)然后停车试测。反复进行,直至符合孔径精度要求。

2)车台阶孔方法

①车削直径较小的台阶孔时,由于直接观察困难,尺寸精度不易掌握,所以通常采用先粗、精车小孔,再粗、精车大孔的方法进行。

②车削大的台阶孔时,在视线不受影响的情况下,通常采用先粗车大孔和小孔,再精车大孔和小孔的方法。

③车削孔径大、小相差悬殊的台阶孔时,最好采用主偏角小于 90°(一般为 85°~88°)的车刀先进行粗车,然后用内偏刀精车至图样尺寸。因为直接用内偏刀车削,进刀深度不可太深,否则刀尖容易损坏。其原因是刀尖处于切削刃的最前沿,切削时刀尖先切入工件,因此其承受力最大,加上刀尖本身强度差,所以容易碎裂。其次由于刀杆细长,在纯轴向抗力的作用下,进刀深了容易产生振动和扎刀。

④控制车孔长度的方法。粗车时通常采用刀杆上刻线痕作记号,或安放限位铜片,以及用床鞍刻度盘的刻线来控制等。精车时还需用钢直尺、游标深度尺等量具复量车孔长度。

3)车削平底孔的方法

①选择比孔径小 2mm 的钻头进行钻孔。钻孔深度,从麻花钻顶尖量起,并在麻花钻上刻线痕作记号。

②粗车底平面和粗车孔成形面(留精车余量),然后再精车内孔及底平面至图样尺寸要求。

3. 车削内孔时的注意事项

车孔的关键技术是解决车孔刀的刚性和排屑问题。增加车孔刀的刚性主要采取以下几项措施。

1)增加刀杆的截面积

一般的车孔刀有一个缺点,即刀杆的截面积小于孔截面的四分之一。如果让车孔刀的刀尖位于刀杆的中心平面上,这样刀杆的截面积就可达到最大程度。

2)刀杆的伸出长度尽可能短

如刀杆伸出太长,就会降低刀杆刚性,容易引起振动。因此,刀杆伸出长度只要略大于孔深即可,为此,要求刀杆的伸出长度能根据孔深加以调整。

3)控制切屑流出方向

精车通孔要求切屑流向待加工表面(前排屑),不通孔要求切屑从孔口排出(后排屑)。

4. 产生废品的原因及预防方法(见表 4-3)

表 4-3 产生废品的原因及预防方法

废品种类	产生原因	预防办法
尺寸不对	测量不正确	仔细测量
	车孔刀杆跟孔壁相碰	选择合适的刀杆直径,在开车前,先让车孔刀在孔内走一遍,检查是否相碰
	工件的热胀冷缩	加注充分的切削液

(续)

废品种类	产生原因	预防办法
内孔有锥度	刀具磨损	采用耐磨的硬质合金
	刀杆刚性差,产生"让刀"现象	尽量采用大尺寸的刀杆,减小车削用量
	刀杆跟孔壁相碰	正确装刀
	车头轴线歪斜	检查机床精度,找正主轴轴线跟床身导轨的平行度
	床身不水平,使床身导轨与主轴轴线不平行	找正机床水平
	床身导轨磨损,由于磨损不均匀,使进给轨迹与工件轴线不平行	大修车床
内孔不圆	孔壁薄,装夹时产生变形	选择合理的装夹方法
	轴承间隙太大,主轴颈成椭圆	大修车床,并检查主轴的圆度
	工件加工余量和材料组织不均匀	增加半精车,把不均匀的余量匀后,使精车余量尽量减少和均匀。对工件毛坯进行回火处理
表面粗糙度值大	刀具磨损	重新刃磨刀具
	车孔刀刃磨不良,表面粗糙度值大	保证切削刃锋利,研磨车孔前、后刀面
	车孔刀几何角度不合理,装刀低于工件中心	合理选择刀具角度,精车孔时装刀应略高于工件中心
	切削用量选择不当	适当降低切削速度,减小进给量
	刀杆细长,产生振动	加粗刀杆并降低切削速度

知识点 4　工件的检验

测量孔径尺寸,当孔径精度要求较低时,可以用钢直尺、游标卡尺等进行测量;当孔径精度要求较高时,通常用塞规、内测千分尺或内径百分表结合千分尺进行测量(见表4-4)。

表 4-4　工件的检验

测量工具	使用方法	说明
塞规		塞规由过端1、止端2和柄3组成。过端按孔的最小极限尺寸制成,测量时应塞入孔内。止端按孔的最大极限尺寸制成,测量时不允许插入孔内。当过端塞入孔内,而止端插不进去时,就说明此孔尺寸是在最小极限尺寸与最大极限尺寸之间,是合格的
内测千分尺		内测千分尺刻线方向与外径千分尺相反,当微分筒顺时针旋转时,活动量爪向左移动,量值增大

(续)

测量工具	使用方法	说 明
内径百分表		内径百分表是用对比法测量孔径,因此使用时应先根据被测量工件的内孔直径,用外径千分尺将内径表对准零位后,方可进行测量,取最小值为孔径的实际尺寸

任务实施

1. 分析图样

(1)支承环左端面为基准面,右端面对基准面的平行度为 0.04mm。

(2)主要尺寸 ϕ30F9mm 内孔和支承环两端面,表面粗糙度均为 Ra3.2μm。

2. 工艺过程

粗车端面—精车端面—钻中心孔—钻孔—车外圆—车内孔—铰孔—切断—调头精车端面。

3. 加工步骤

车削加工支承环步骤如下:

(1)在三爪自定心卡盘上夹住毛坯外圆。

①粗车端面,毛坯车出即可。

②精车端面。

③钻中心孔,在尾架上安装 A3 中心钻。

④钻孔,在尾架上安装 ϕ27mm 麻花钻。

⑤车外圆尺寸至 ϕ38mm。

⑥车内孔 ϕ30mm,留铰削余量 0.08mm~0.12mm,内孔深度约 17mm。

⑦铰孔至尺寸。

⑧用切断刀切断,长度尺寸为 15mm。

(2)调头用三爪卡盘夹住 ϕ38mm 外圆,包铜皮。

①车端面至长度尺寸 14mm。

②锐角倒钝。

4. 精度检验

因为加工完成的轴套零件是在一次装夹中完成工件的内外圆和端面加工的,一般情况下零件的形位公差能够保证。测量要点如下:

(1)外圆测量用外径千分尺,要测量圆周两点。

(2)内孔测量用塞规检验。

(3)长度用游标卡尺检验。

(4)平行度用百分表检验。

5. 工件质量分析及注意事项

(1)钻小孔或钻较深孔时,由于切屑不易排出必须经常退出钻头排屑,否则切屑容易堵塞而使钻头"咬死"或折断。

(2)钻小孔时,转速应选得快一些,否则钻削阻力大,易产生孔位偏斜和钻头折断。

(3)车孔时,注意中滑板进、退刀方向与外圆相反。

(4)试切测量孔径时,应防止孔径出现喇叭口或试切刀痕。

(5)用塞规测量孔径时,应保持孔壁清洁、塞规不能倾斜,否则会影响测量结果;当孔径较小时,不能用强力测量,更不能敲击,以免损坏塞规。

(6)精车内孔时,应保持切削刃锋利,否则易产生让刀现象,把孔车成锥形。

(7)车刀纵向切削至接近台阶面时,应停止机动进给,用手动进给代替,以防碰撞台阶面出现凹坑和小台阶。

(8)用内径百分表测量前,应首先检查测量表是否正常,测量头有无松动,百分表是否灵活,指针转动后是否能回至原位;用千分尺校对指针,观察对准的零位是否变化等。

拓展训练

加工图 4-5 所示的工件。工件的内孔表面粗糙度 $Ra3.2\mu m$,倒角为 $C1$。

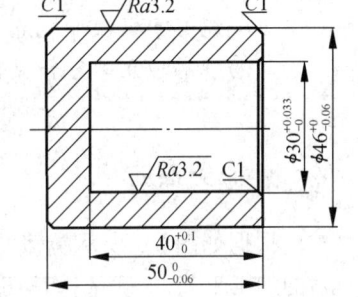

图 4-5 内孔加工工件

要点分析

1. 工艺分析

根据图样分析得知,工件需要先加工外圆,然后掉头装夹,再加工内孔。在掉头装夹时要找正,垫铜片夹紧,以防止夹伤工件已加工好的表面。

2. 加工步骤

(1)检查毛坯尺寸,装夹毛坯外圆,伸出约 52mm。

(2)粗精车端面、外圆至尺寸要求,长度不小于 49mm,倒角 $C1$。

(3)调头垫铜片,装夹外圆找正,车准长度 $50_{-0.45}$mm,倒角 $C1$。

(4)用 $\phi 28$mm 钻头钻孔,深 39mm,用 $\phi 28$mm 平底钻锪平孔底,深 39.5mm。

(5)粗车孔至 $\phi 29.5$mm,精车底平面。

(6)精车至 $\phi 30^{+0.033}_{0}$mm,深 40mm,倒角 $C1$。

任务5 盘类零件的车削加工

盘类零件是机械加工中常见的典型零件之一。其轴向(纵向)尺寸一般远小于径向尺寸,且最大外圆直径与最小内圆直径相差较大,并以端面面积大为主要特征。这类零件有:圆盘、台阶盘以及带有其他形状的齿形盘、花盘、轮盘和圆盘形零件等。在这类零件中,较多部分是作为动力部件,配合轴杆类零件传递运动和转矩。盘类零件的主要表面为内圆面、外圆面及端面等，它们有较高的尺寸精度、形状精度和表面粗糙度要求，而且有高的同轴度要求等诸多共同之处。

> **学习目标**
>
> (1)能够阅读、分析端盖零件图；
> (2)够参阅机床、设备的中英文说明书，查阅工具书、手册，获得零件加工相关资讯；
> (3)能够对端盖进行工艺分析，选择毛坯，选择刀具，选择工艺装备，识读工艺文件，确定切削用量和工时定额；
> (4)能正确选择合适的切削用量；
> (5)能够操作车床进行外圆、端面、内孔的加工；
> (6)能够利用量具进行盘类零件的检验；
> (7)能够维护机床及工艺装备；
> (8)能够掌握操作规范，环境保护的相关规定及内容；
> (9)能够独立学习和操作，并有团队精神和职业道德。

任务描述

根据如图 5-1 所示端盖的图纸及技术要求，制定端盖的加工工艺，正确选择其切削用量，能熟练使用车床控制端盖加工的尺寸，掌握盘类零件的检验方法。

知识链接

知识点 1 切削用量的选择

1. 影响切削用量的因素

1)机床

切削用量的选择必须在机床主传动功率、进给传动功率以及主轴转速范围、进给速度范围之内。机床—刀具—工件系统的刚性是限制切削用量的重要因素。切削用量的选择应使机床—刀具—工件系统不发生较大的"震颤"。如果机床的热稳定性好，热变形小，可适当加大切削用量。

2)刀具

刀具材料是影响切削用量的重要因素。表 5-1 是常用刀具材料的性能比较。

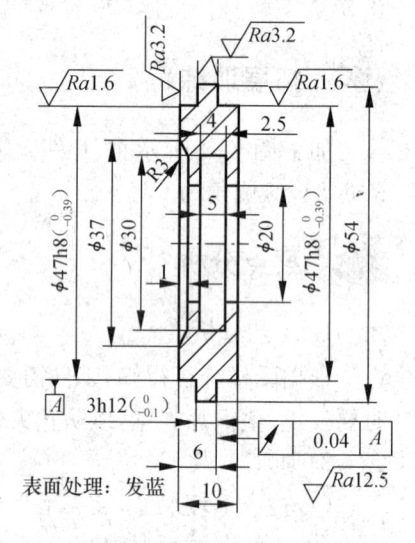

图 5-1 端盖

表 5-1 常用刀具材料的性能比较

刀具材料	切削速度	耐磨性	硬度	硬度随温度变化
高速钢	最低	最差	最低	最大
硬质合金	低	差	低	大
陶瓷刀片	中	中	中	中
金刚石	高	好	高	小

3)工件

不同的工件材料要采用与之适应的刀具材料、刀片类型,要注意到可切削性。可切削性良好的标志是,在高速切削下有效地形成切屑,同时具有较小的刀具磨损和较好的表面加工质量。较高的切削速度、较小的背吃刀量和进给量,可以获得较低的表面粗糙度。合理的恒切削速度、较小的背吃刀量和进给量可以得到较高的加工精度。

4)冷却液

冷却液同时具有冷却和润滑作用,可以带走切削过程产生的切削热,降低工件、刀具、夹具和机床的温升,减少刀具与工件的摩擦和磨损,提高刀具寿命和工件表面加工质量。使用冷却液后,通常可以提高切削用量。冷却液必须定期更换,以防因其老化而腐蚀机床导轨或其他零件,特别是水溶性冷却液。

2. 车床切削用量的选择

1)切削深度 a_p

在工艺系统刚性和机床功率允许的条件下,尽可能选取较大的切削深度,以减少进给次数。当工件的精度要求较高时,则应考虑留有精加工余量,一般为 0.1mm~0.5mm。

切削深度 a_p 计算公式:

$$a_p = (d_w - d_m)/2$$

式中　d_w——待加工表面外圆直径,单位 mm;

　　　d_m——已加工表面外圆直径,单位 mm。

2)切削速度 v_c

(1)车削光轴切削速度 v_c。光车切削速度由工件材料、刀具的材料及加工性质等因素所确定,表 5-2 为硬质合金外圆车刀切削速度参考表。

切削速度 v_c 计算公式:

$$v_c = \frac{\pi l n}{1000}$$

式中　d——工件或刀尖的回转直径,单位 mm;

　　　n——工件或刀具的转速,单位 r/min。

表 5-2　硬质合金外圆车刀切削速度参考表

工件材料	热处理状态	a_p=0.3mm~2mm f=0.08mm/r~0.3mm/r v_c/m·min^{-1}	a_p=2mm~6mm f=0.3mm/r~0.6mm/r v_c/m·min^{-1}	a_p=6mm~10mm f=0.6mm/r~1mm/r v_c/m·min^{-1}
低碳钢　易切钢	热轧	140~180	100~120	70~90
中碳钢	热轧	130~160	90~110	60~80
中碳钢	调质	100~130	70~90	50~70
合金工具钢	热轧	100~130	70~90	50~70
合金工具钢	调质	80~110	50~70	40~60
工具钢	退火	90~120	60~80	50~70
灰铸铁	HBS<190	90~120	60~80	50~70
灰铸铁	HBS=190~225	80~110	50~70	40~60
高锰钢			10~20	
铜及铜合金		200~250	120~180	90~120
铝及铝合金		300~600	200~400	150~200
铸铝合金		100~180	80~150	60~100

注:表中刀具材料为切削钢及灰铸铁时耐用度,约为 60min

(2)车削螺纹主轴转速 n。切削螺纹时,车床的主轴转速受加工工件的螺距(或导程)大小、驱动电动机升降特性及螺纹插补运算速度等多种因素影响,因此对于不同的数控系统,选择车削螺纹主轴转速 n 存在一定的差异。下列为一般数控车床车螺纹时主轴转速计算公式:

$$n \leqslant 1200/p - k$$

式中　p——工件螺纹的螺距或导程,单位 mm;

　　　k——保险系数,一般为 80。

3)进给速度

(1)进给速度是指单位时间内,刀具沿进给方向移动的距离,单位为 mm/min,也可表示为主轴旋转一周刀具的进给量,单位为 mm/r。

确定进给速度的原则:

①当工件的加工质量能得到保证时,为提高生产率可选择较高的进给速度。

②切断、车削深孔或精车时,选择较低的进给速度。

③刀具空行程尽量选用高的进给速度。

④进给速度应与主轴转速和切削深度相适应。

(2)进给速度 v_f 的计算

$$v_f = nf$$

式中　n——车床主轴的转速,单位 r/min。

　　　f——刀具的进给量,单位 mm/r。

表 5-3 为硬质合金车刀粗车外圆和端面进给量参考表,表 5-4 为按表面粗糙度选择进给量参考表。

表 5-3　硬质合金车刀粗车外圆及端面进给量参考表

工件材料	刀杆尺寸 B×H/mm²	工件直径 d/mm	切削深度 a_p/mm ≤3	>3~5	>5~8	>8~12	>12
			进给量 f/(mm/r)				
碳素结构钢 合金结构钢 耐热钢	16×25	20	0.3~0.4	—	—	—	—
		40	0.4~0.5	0.3~0.4	—	—	—
		60	0.5~0.7	0.4~0.6	0.3~0.5	—	—
		100	0.6~0.9	0.5~0.7	0.5~0.6	0.4~0.5	—
		400	0.8~1.2	0.7~1.0	0.6~0.8	0.5~0.6	—
	20×30	20	0.3~0.4	—	—	—	—
		40	0.4~0.5	0.3~0.4	—	—	—
		60	0.5~0.7	0.5~0.7	0.4~0.6	—	—
		100	0.8~1.0	0.7~0.9	0.5~0.7	0.4~0.7	—
		400	1.2~1.4	1.0~1.2	0.8~1.0	0.6~0.9	0.4~0.6
铸铁 铜合金	16×25	40	0.4~0.5	—	—	—	—
		60	0.5~0.8	0.5~0.8	0.4~0.6	—	—
		100	0.8~1.2	0.7~1.0	0.6~0.8	0.5~0.7	—
		400	1.0~1.4	1.0~1.2	0.8~1.0	0.6~0.8	—

(续)

工件材料	刀杆尺寸 B×H/mm²	工件直径 d/mm	切削深度 a_p/mm ≤3	>3~5	>5~8	>8~12	>12
			进给量 f/(mm/r)				
铸铁 铜合金	20×30 25×25	40	0.4~0.5	—	—	—	—
		60	0.5~0.9	0.5~0.8	0.4~0.7	—	—
		100	0.9~1.3	0.8~1.2	0.7~1.0	0.5~0.8	—
		400	1.2~1.8	1.2~1.6	1.0~1.3	0.9~1.1	0.7~0.9

注：(1) 断续加工和加工有冲击的工件，表内进给量应乘系数 $k=0.75\sim0.85$；
(2) 加工无外皮工件，表内进给量应乘系数 $k=1.1$；
(3) 加工耐热钢及其合金，进给量不大于 1mm/r；
(4) 加工淬硬钢，应减少进给量。当钢的硬度为 44HRC~56HRC，应乘系数 $k=0.8$；当钢的硬度为 57HRC~62HRC 时，应乘系数 $k=0.5$。

表5-4 按表面粗糙度选择进给量参考表

工件材料	表面粗糙度 Ra/μm	切削速度范围 v_c/(m/min)	刀尖圆弧半径 r_ε/mm 0.5	1.0	2.0
			进给量 f/(mm/r)		
铸铁 青铜 铝合金	>5~10	不限	0.25~0.40	0.40~0.50	0.50~0.60
	>2.5~5		0.15~0.25	0.25~0.40	0.40~0.60
	>1.25~2.5		0.10~0.15	0.15~0.20	0.20~0.35
碳钢 合金钢	>5~10	<50	0.30~0.50	0.45~0.60	0.55~0.70
		>50	0.40~0.55	0.55~0.65	0.65~0.70
	>2.5~5	<50	0.18~0.25	0.25~0.30	0.30~0.40
		>50	0.25~0.30	0.30~0.35	0.30~0.50
	>1.25~2.5	<50	0.10	0.11~0.15	0.15~0.22
		50~100	0.11~0.16	0.16~0.25	0.25~0.35
		>100	0.16~0.20	0.20~0.25	0.25~0.35

注：$r_\varepsilon=0.5$mm，一般选择刀杆截面为 12×12mm²；
$r_\varepsilon=1$mm，一般选择刀杆截面为 30×30mm²；
$r_\varepsilon=2$mm，一般选择刀杆截面为 30×45mm²。

知识点 2 端盖的加工

1. 工艺分析

1）选材与选毛坯

盘类零件一般需承受交变载荷，工作时处于复杂应力状态。其材料应具有良好的综合力学性能，因此常用 45 钢或 40Cr 钢先做成锻件，并进行调质处理，较少直接用圆钢做毛坯，但对于承受载荷较小圆盘类零件或主要用来传递运动的齿轮，也可以直接用铸件或采用圆钢、有色金属件和非金属件毛坯。

2）确定工序间的加工余量

盘类零件的毛坯加工余量在选毛坯时就已确定，但每一个工序的加工，需为下一工序留下加工余量。

3）定位基准与装夹方法

盘类零件内孔、端面的尺寸精度、形位精度、表面粗糙度，是盘类零件加工的主要技术要求和要解决的主要问题。

盘类零件加工时通常以内孔、端面定位或外圆、端面定位,使用专用心轴(一种带孔工件的夹具)或卡盘装夹工件。

2. 工艺过程特点

一般来说,车削加工通常以内孔、端面定位,插入心轴装夹工件,这符合基准重合、基准统一原则。

车内孔时,车削步骤的选择原则除了与车外圆有共同点之外,还有下列几点:

(1)为保证内外圆同轴,最好采用"一刀落"的方法,即粗车端面、粗车外圆、钻孔、粗镗孔、精镗孔、精车端面、精车外圆、倒角、切断、调头车另一端面和倒角。

如果零件尺寸较大,棒料不能插入主轴锥孔中,可以将棒料比要求尺寸放长10mm左右切断。在镗孔时不要镗穿,以增加刚性,车到需要尺寸以后再切断。

(2)对于精度要求较高的内孔,可按下列步骤进行车削,即钻孔、粗铰孔、精铰孔、精车端面、磨孔。但必须注意,在粗铰孔时应留铰孔或磨孔余量。

(3)内沟槽的车削,应在半精车以后、精车之前切削,但必须注意余量。

(4)车平底孔时,应先用钻头钻孔,再用平底钻把孔底钻平,最后用平底孔车刀精车一遍。

(5)如果工件以内孔定心车外圆,那么在精车内孔以后,对端面也精车一刀,以达到端面与内孔垂直。

任务实施

1. 分析图样

(1)端盖 ϕ47H8mm 外圆面为基准面,ϕ54mm 两端面对基准面的跳动度为 0.04mm。

(2)主要尺寸 ϕ47H8mm 外圆表面粗糙度值为 Ra31.6μm,端盖及 ϕ54mm 外圆两端面,表面粗糙度值均为 Ra3.2μm。

2. 工艺过程

粗车端面—精车端面—钻中心孔—钻孔—车外圆—车内孔—切断—调头车外圆—精车端面—磨外圆。

3. 加工步骤

车削加工端盖步骤如下:

1)在三爪自定心卡盘上夹住毛坯外圆

①粗车端面,毛坯车出即可。

②精车端面。

③钻中心孔,在尾架上安装 A3 中心钻。

④钻孔,在尾架上安装 ϕ17mm 麻花钻。

⑤车外圆尺寸至 ϕ55mm,车外圆 ϕ48mm,注意 ϕ48mm 外圆深度为 2.8mm。

⑥车内孔 ϕ37mm、ϕ20mm 及 ϕ30mm,ϕ20mm 内孔留铰削余量 0.08mm～0.12mm,内孔深度约 13mm,注意 ϕ30mm 内孔位置和深度以及 ϕ37mm 内孔位置、深度及圆角。

⑦用切断刀切断,长度尺寸为 11mm。

2)调头用心轴装夹 ϕ20mm 内孔

①精车端面至长度尺寸 10mm。

②车外圆 ϕ48mm,注意 ϕ48mm 外圆深度为 3.8mm。

3)在磨床上用芯轴装卡

①磨削两端 ϕ48mm 外圆至尺寸 ϕ47h8mm。注意满足长度尺寸 3h/12mm 及 6mm 的要求。

②锐角倒钝。

4. 精度检验

盘类零件的精度有下列几个项目：

1)圆柱孔的本身精度

孔径和长度尺寸精度。

2)孔的位置精度：

①同轴度(孔之间或孔与某些表面间的尺寸精度)、平行度、垂直度或角度精度等。

②形状精度(如椭圆度、锥度、鼓形度等)。

3)表面粗糙度

要达到哪一级表面粗糙度，一般按加工图纸上的规定。套类零件的表面粗糙度检验与轴类零件相同。

拓展训练

加工图 5-2 所示的轴承盖。试编制工艺准备和加工步骤。

零件各主要部分的技术要求如下：

零件端面倒角 1.5×45°。左视图反映均布有 3 个 ϕ5 孔,一般为装螺丝用。表面粗糙度值最高 Ra3.2,其余要求 Ra25,尺寸公差装轴承处 ϕ35f7。表面发蓝处理。

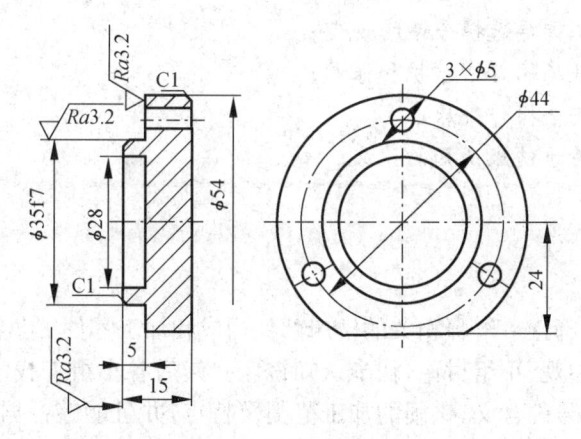

图 5-2 轴承盖零件图

要点分析

在加工盘类零件时,为了克服盘类零件的轮廓形状复杂、难于控制尺寸、带特殊螺纹和凹凸等,以致得不到理想的表面粗糙度和形状精度等特点,对零件结构工艺性分析、基准的选择、刀具的选择、工艺路线的确定、程序的编制等均有较高的要求。在制定零件加工工艺过程中,需要注意的是所要加工零件的结构特点、精度等技术要求,选用合理的加工工艺,在工件的加工过程中,将所学的理论知识和实际操作技能相结合,选用合理的加工基准。

项目 2　零件的铣削加工

通过铣床的种类、各部分名称、功用、操作方法的介绍，了解铣削加工工艺知识与加工方法。通过平面、键槽零件的铣削加工，将铣削加工相关知识融入其中，使学生掌握铣削加工过程中的基本方法、铣床的保养、铣刀的使用。重点熟悉铣床的结构特点和安全操作方法；初步掌握铣平面、铣槽、切断等方法；了解等分零件的铣削知识和方法。

任务 6　铣床的认知与操作

铣床是用铣刀对工件进行铣削加工的机床。铣床除能铣削平面、沟槽、轮齿、螺纹和花键轴外，还能加工比较复杂的型面，效率较刨床高，在机械制造和修理部门得到广泛应用。

> **学习目标**
> (1) 能现场辨识铣床的类型；
> (2) 能分析铣床型号的含义；
> (3) 能够说出铣削的加工范围及特点；
> (4) 能根据加工需要选择合适的铣刀；
> (5) 正确进行铣床的日常维护和保养；
> (6) 能够做到安全操作铣床；
> (7) 能够书写关于铣床认知的论文。

任务描述

在该任务中，教师逐一解释相关的铣床部件构成和加工零件工艺特点和适用条件，在此基础上通过车间参观、小组讨论，初步认知铣床。然后各小组查找学习资料，辨识铣床的类型，分析铣床型号的含义，铣削的加工范围及特点，并且能够根据材料选择合适的铣刀，正确进行铣床的维护和保养，能够做到安全操作铣床。

知识链接

知识点 1　认知铣床主要部件操纵机构的名称及作用

铣床生产率高，加工范围广，是目前机械制造业被广泛使用的工作母机之一。铣床的种类很多，铣床的主轴水平方向为卧式铣床，主轴铅垂方向为立式铣床。

立式铣床的主轴与工作台的台面垂直，这种铣床安装主轴的部分称为铣头，按结构可分为铣头与床身成一体和两部分组合而成两种。后者铣头可转动任意角度，即主轴与工作台面可倾斜任意角度,其他各部分构造与卧铣完全相同。立式铣床由于工人在操作时观察、检查和调整都比较方便,故一般工件的加工效率比卧式铣床高,因此在生产车间用得最广。本部分主要以卧式铣床为介绍对象,铣削加工方法及步骤以立式铣床为例介绍。

1. 铣床的型号

根据型号可知铣床的类别、结构特征、性能和主要的技术规格,型号由基本部分和辅助部分构成,两者中间用"/"隔开,以示区别。基本部分包括类别、通用特性、组、系、主参数、重大改进等,辅助部分包括其他特性代号和企业代号。

(1)类别代号位于型号的首位,用大写汉语拼音字母"X"表示,读"铣"。

(2)通用特性代号在类代号后面,用大写汉语拼音字母表示。普通型铣床无此代号。例如,在"X"后面加上"K",表示数字程序控制铣床;加"F"表示仿形铣床等,见表6-1。

表6-1 机床通用特性代号

通用特性	高精度	精密	自动	半自动	数控	加工中心(自动换刀)	仿型	轻型	加重型	简式或经济型	柔性加工单元	数显	高速
代号	G	M	Z	B	K	H	F	Q	C	J	R	X	S
读音	高	密	自	半	控	换	仿	轻	重	简	柔	显	速

(3)组、系代号。

铣床分为10组,组代号位于类或特性代号之后。每一组有10个系(系别),位于组代号之后,且各用一位阿拉伯数字表示。例如,第一位数字是"5",表示是立式铣床组;"6"表示卧式铣床组;"5"后面的"0",表示是立式升降台系等。部分铣床的组、系代号如表6-2所列。

表6-2 铣床组、系代号及主要参数

组	系	名 称	主 参 数	主参数的折算系数
2	3	龙门铣床	工作台面宽度	1/100
4	3	平面仿形铣床	最大铣削宽度	1/10
4	4	立式仿形铣床	最大铣削宽度	1/10
5	0	立式升降台铣床	工作台面宽度	1/10
6	0	卧式升降台铣床	工作台面宽度	1/10
6	1	万能升降台铣床	工作台面宽度	1/10
8	1	万能工具铣床	工作台面宽度	1/10

(4)主要参数代号将主要参数的实际数值折算后用阿拉伯数字表示,一般为机床主参数的1/10或1/100,位于组、系代号之后。各种升降台式铣床,一般以主参数的1/10表示,如X6132的"32"表示此铣床的工作台台面宽度为320mm;有些铣床,如龙门铣床等大型铣床按1/100折算。

(5)型号示例。

X6132表示:卧式万能升降台铣床,工作台面宽度320mm。

X5032表示:立式升降台铣床,工作台面宽度320mm。

2. 铣床主要部件操纵机构的名称及作用(见表6-3)

表6-3 铣床主要部件操纵机构的名称及作用

名称	部件图	主要作用
主轴及主轴变速机构		• 主轴是铣床的主要部件； • 主轴伸出部分装一带锥孔的空心轴； • 空心轴的锥度一般为7∶24； • 空心轴用于安装铣刀刀轴； • 主轴变速机构安装在床身内； • 主轴变速机构将主电动机的旋转运动通过齿轮啮合传递给主轴； • 通过外部的手柄和转盘等操纵机构，可得到各种不同的转速
铣床通电开关		• 按钮位置在床身上面； • 按钮功能见说明书
主轴启动操纵杆		• 按钮下方有一拉杆，主要控制机床主轴启动及停止
主轴转速的选择方法		• 根据加工零件材料和铣刀材料的不同，主轴应选择不同的转速，达到最佳切削效果； • 主轴转速主要通过床头侧面的三个手柄变换来实现； • 例如：选择转速300r/min的方法是将左边变速盘上带有300r/min的数值与右面箭头符号对齐； • 注意当变换转速时，必须将主轴停止
纵向工作台		• 纵向工作台是用来安装夹具和工件，并作纵向运动的； • 纵向工作台上有三条T形槽，用于安放T形螺钉，以固定夹具和工件； • T形槽上部是直角槽，通过键可对夹具和工件起定位作用； • 工作台前侧面上的一条T形槽用来安装自动挡块，以控制铣削长度； • 工作台的台面上，导轨和T形槽的精度要求很高，以保证工件、夹具的安装和加工的准确性

(续)

名称	部件图	主要作用
横向工作台		• 铣床的进给运动有工作台的纵向进给、横向进给和升降台的垂直进给； • 进给运动由进给变速箱传递； • 横向工作台在纵向工作台的下面，用来带动工作台作横向运动； • 下方的按钮为快速运动按钮
升降台		• 升降台安装在床身前侧垂直导轨上； • 借助升降丝杠可支撑工作台，并带动工作台作上下移动； • 机床进给系统中的电动机变速机构等都安装在升降台内； • 升降台的精度和刚度都要求较高，否则铣削时会产生很大振动，影响工件的加工精度
进给变速机构		• 进给变速机构安装在升降台内； • 电动机通过变速机构将运动传至工作台，并通过外部的手柄等操纵机构使工作台获得多种进给速度以适应铣削的需要； • 当进给速度变换盘变换速度时，进给电机打开

3. 铣床安全操作规范

(1)操作前应对所使用机床作如下检查。

①各手柄的原始位置是否正常。

②用手摇动各手柄，检查进给运动和方向是否正常。

③检查自动进给停止挡铁是否在限位柱范围内，是否紧牢。

④让主轴和工作台由低速到高速运动，检查运动和变速是否正常。

⑤开动机床使主轴回转，观察油窗是否甩油。

⑥上述各项检查完毕，若无异常，对机床各部分加注润滑油。

(2)不准戴手套操作机床、测量工件、更换刀具、擦拭机床。

(3)装卸工件、刀具，变换转速和进给量，测量工件，安装配换齿轮等，必须在停车状态下进行。

(4)操作机床时，严禁离开岗位，不准做与操作内容无关的其他事情。

(5)工作台自动进给时，应脱开手动进给离合器，以防手柄随轴旋转伤人。

(6)不准两个进给方向同时启动自动进给。自动进给时,不准突然变换进给速度。自动进给完毕,应先停止进给,再停止主轴(刀具)旋转。

(7)高速铣削或刃磨刀具时,必须戴防护眼镜。

(8)操作中出现异常现象应及时停车检查,出现故障、事故应立即切断电源,及时报告指导教师,请专业维修人员检修,未修复好的机床不得使用。

(9)机床不使用时,各手柄应置于空挡位置,各方向进给紧固手柄应松开,工作台应处于各方向进给的中间位置,导轨面应适当涂刷润滑油。

4. 铣床的日常维护和保养

铣床维护保养的优劣,对机床的使用寿命、精度保持性和生产效率的高低有十分密切关系。铣床的维护工作主要包括以下几个方面。

(1)操作前必须把机床各部分擦干净。

(2)对机床的润滑系统,应根据说明书的要求定期加油或换油,对每天要加油的地方都应按时加油。

(3)工作前应先检查机床各部分机构和运动部件是否完好,并检查各手柄,旋钮是否在合理位置。

(4)工作台和主轴部件不能用硬物敲击,工件和夹具要轻放。

(5)严格执行岗位责任制,操作时要集中精力,绝不能在机床运转时离开工作岗位。

(6)不能超负荷工作,工件和夹具的重量不能超过机床的载重量。

(7)及时排除机床故障,在工作过程中,如发现机床有异常现象和不规则响声,应立即停车,排除故障。

(8)精度较高的铣床,切削量不能太大。也不宜用大直径单齿或双齿刀盘做冲击性切削。

(9)工作完毕后,应把机床擦干净,应用软布和毛刷来清除切屑和油污,切忌用压缩空气吹,以免细小东西嵌入运动部分。

(10)做好机床交接工作。

知识点2　了解铣刀

1. 铣刀的分类

铣刀的种类很多,可以用来加工各种平面、沟槽、斜面和成形面。铣刀的分类方法很多,常用的分类方法如下。

1)按铣刀切削部分的材料分类

按铣刀切削部分的材料分类,可分为高速工具钢铣刀和硬质合金铣刀。

高速工具钢铣刀一般形状较复杂,有整体和镶齿两种;硬质合金铣刀大都不是整体的,硬质合金铣刀片以焊接或机械夹固的方式镶装在铣刀刀体上,如硬质合金端面铣刀等。

2)按铣刀的结构分类

按铣刀的结构分类,可分为整体铣刀、镶齿铣刀和机械夹固式铣刀等类型。

3)按铣刀用途分类

按铣刀用途分类可分为平面铣刀、沟槽铣刀、成形面铣刀等类型。平面铣刀主要有端铣刀、圆柱铣刀;沟槽铣刀主要有立铣刀、三面刃铣刀、槽铣刀和锯片铣刀、T形槽铣刀、燕尾槽铣刀和角度铣刀等;成形面铣刀是根据成形面的形状而专门设计的成形铣刀。

2. 铣刀主要部分的名称和角度

铣刀是多刃刀具，每一个刀齿相当于一把简单的刀具（切刀）。铣刀的刀齿担负切削工作，又称切削部分；铣刀的中间部分或后半部分是刀体，用来把铣刀安装在铣床主轴或刀杆上。

1）切刀各部分名称和角度

①如图6-1所示，当切刀的前面与工件垂直切削时，刀的切削阻力很大，切削条件不好；当切刀的前面与工件垂直方向倾斜一个角度时，切削就顺利了，这个倾斜的角度就是前角，用 γ_0 表示。

②当切刀的后面与工件表面平行时，则加工过的表面将被切刀的后面摩擦得很粗糙。为了减小表面粗糙度值和摩擦阻力，把切刀的后面做成与工件表面倾斜一个角度，这个角度就是后角，用 α_0 表示。

2）圆柱形铣刀各部分名称和角度

如图6-2所示，若把几把切刀分布在一个圆周上，组成圆柱形铣刀。圆柱形铣刀的前角和后角在铣削时的作用是和切刀的前角和后角相同的。

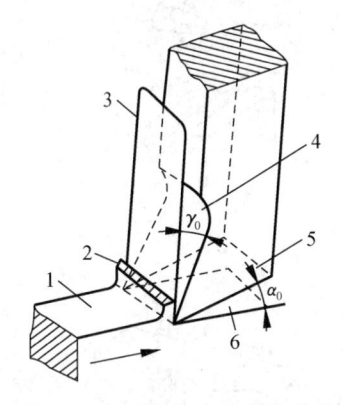

图6-1 切刀各部分名称及角度
1—待加工表面；2—切屑；3—基面；4—前刀面；
5—后刀面；6—已加工表面。

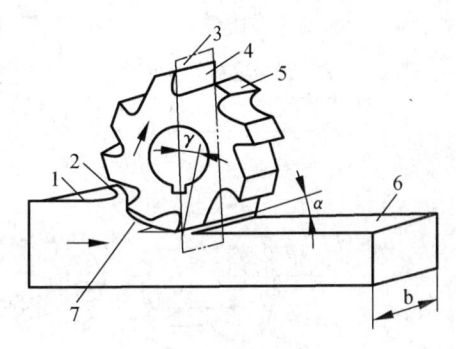

图6-2 圆柱形铣刀及其组成部分
1—待加工表面；2—切屑；3—基面；4—前面；
5—后面；6—切削平面；7—过渡表面。

知识点3 认知铣床的工作范围

1. 铣削的基本运动

铣床为了实现铣削加工，必须使铣刀和工件作相对运动。工作运动包括主运动和进给运动两种。

1）主运动

形成机床切削速度或消耗主要动力的运动。铣削时，铣刀的旋转运动是主运动。

2）进给运动

使工件的多余材料不断被去除的工作运动。包括断续进给和连续进给。分沿工作台面长度方向的纵向进给，沿工作台面宽度方向的横向进给、垂直进给等的进给运动。

2. 铣削的加工范围

铣床的用途很广泛，在铣床上可以加工平面（水平面、垂直面）、沟槽（键槽、T形槽、燕尾槽）、分齿零件（齿轮、链轮、棘轮、花键轴等）以及螺旋形表面（螺纹、螺旋槽）等各种曲面。此外，铣床还可用于对回转体表面、内孔加工等进行切断工作。铣床在工作时，工件装在工作台上或分度头等附件上,铣刀旋转为主运动,辅以工作台或铣头的进给运动,工件即可获得所需的加工表面。由于是多刃连续切削,因而铣床的生产率较高。铣床的经济加工精度一般为IT9~IT8级,表面粗糙度值Ra为$1.6\mu m$~$12.5\mu m$,精加工时可达IT5级,表面粗糙度值Ra可达$0.2\mu m$。因此,铣削加工在机器制造工业中具有重要的地位,其加工范围如图6-3所示。

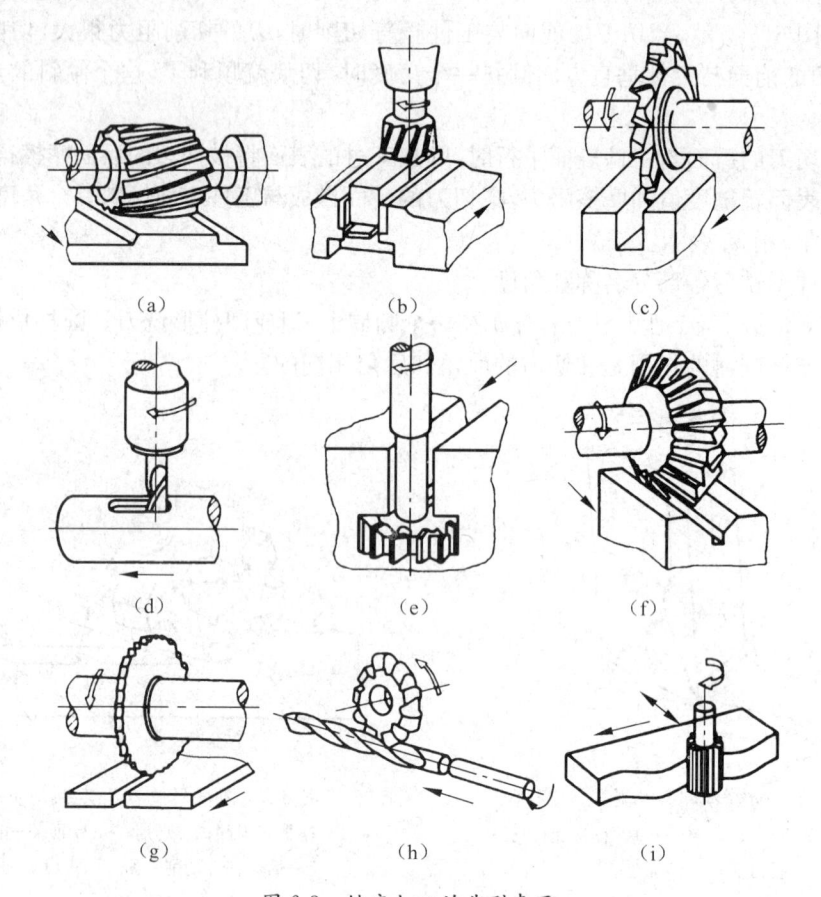

图6-3 铣床加工的典型表面

(a)圆柱形铣刀铣平面;(b)面铣刀铣平面;(c)铣矩形通槽;(d)铣键槽;
(e)铣T形槽;(f)铣V形槽;(g)切断;(h)铣螺旋槽;(i)铣曲面。

知识点4 切削用量的选择

1. 铣削用量的概念

在铣削过程中所选用的切削用量称为铣削用量。它包括铣削宽度、铣削深度、铣削速度和进给量。

1)铣削宽度(B)

指工件在一次进给中,铣刀切除工件表层的宽度,通常用符号B来表示。

2)铣削深度(a_p)

指工件在一次进给中,铣刀切除工件表层的厚度,通常用符号a_p来表示。

3)铣削速度(V_c)

指主运动的线速度,单位是m/min。铣削速度即铣刀切削刃上离中心最远点的圆周

速度,其计算公式为

$$V_c = \pi d_0 n / 1000$$

式中　d_0——铣刀外径,mm;

　　　n——铣刀转速,r/min。

4)进给量(f)

指工件相对于铣刀进给的速度,有以下三种表示方法:

每齿进给量(f_z)——铣刀每转过一齿工件相对于铣刀移动的距离,mm/z;

每转进给量(f_r)——铣刀每转过一转工件相对于铣刀移动的距离,mm/r;

每分进给量(f_{min})——每分钟内工件相对于铣刀移动的距离,mm/min。

每齿进给量是选择进给量的依据,而每分进给量则是调整铣床的实用数据。这三种进给量相互关联,关系式为

$$f_{min} = f_r \times n = f_z \times n \times z$$

式中　n——铣刀转速,r/min;

　　　z——铣刀齿数。

2. 选择铣削用量

选择铣削用量的依据是工件的加工精度、刀具耐用度和工艺系统的刚度。在保证产品质量的前提下,尽量提高生产效率和降低成本。

每齿进给量 f_z 的选用主要取决于工件材料和刀具材料的机械性能、工件表面粗糙度等因素。当工件材料的强度和硬度高,工件表面粗糙度的要求高,工件刚性差或刀具强度低,f_z 值取小值。硬质合金铣刀的每齿进给量高于同类高速钢铣刀的选用值,每齿进给量的选用参考表如表 6-4 所列。

表 6-4　铣刀每齿进给量 f_z 参考表

工件材料	每齿进给量 f_z/(mm/z)			
	粗　铣		精　铣	
	高速钢铣刀	硬质合金铣刀	高速钢铣刀	硬质合金铣刀
钢	0.10～0.15	0.10～0.25	0.02～0.05	0.10～0.15
铸铁	0.12～0.20	0.15～0.30		

铣削的切削速度与刀具耐用度 T、每齿进给量 f_z、铣削深度 a_p 及铣刀齿数 z 成反比,与铣刀直径 d_0 成正比。其原因是 f_z、a_p、z 增大时,使同时工作齿数增多,刀刃负荷和切削热增加,加快刀具磨损,因此刀具耐用度限制了切削速度的提高。如果加大铣刀直径则可以改善散热条件,相应提高切削速度。表 6-5 列出了铣削切削速度的参考值。

表 6-5　铣削时的切削速度参考表

工件材料	硬度(HBS)	切削速度 v_c/(m/min)	
		高速钢铣刀	硬质合金铣刀
钢	<225	18～42	66～150
	225～325	12～36	54～120
	325～425	6～21	36～75
铸铁	<190	21～36	66～150
	190～260	9～18	45～90
	160～320	4.5～10	21～30

粗铣时,工件的加工精度不高,选择铣削用量应主要考虑铣刀耐用度、铣床功率、工艺系统的刚度和生产效率。首先应选择较大的铣削深度和铣削宽度,当铣削铸件和锻件毛坯时,应使刀尖避开表面硬层。加工铣削宽度较小的工件时,可适当加大铣削深度。铣削宽度尽量一次铣出,然后再选用较大的每齿进给量和较低的铣削速度。

半精铣适用于工件表面粗糙度值 Ra 为 $6.3\mu m \sim 3.2\mu m$。精铣时,为了获得较高的尺寸精度和较小的表面粗糙度值,铣削深度应取小些,铣削速度可适当提高,每齿进给量宜取小值。

一般情况下,选择铣削用量的顺序是:先选大的铣削深度,再选每齿进给量,最后选择铣削速度。铣削宽度尽量等于工件加工面的宽度。

3. 选用切削液

切削液在使用中主要有以下几方面作用。

1)冷却作用

在铣削过程中,会产生大量的热量,致使刀尖附近的温度很高,而使切削刃磨损加快。充分浇注切削液能带走大量的热量和降低温度,有利于提高生产率、产品质量和延长铣刀寿命。

2)润滑作用

在铣削时,切削刃及其附近与工件被切削处发生强烈的摩擦。这种摩擦一方面会使切削刃磨损;另一方面会增大表面粗糙度值和降低表面质量。润滑性好的切削液,可以减少铣刀与工件之间的摩擦,提高加工面的质量和减慢刀齿磨损。

3)冲洗作用

在浇注切削液时,能把铣刀齿槽中和工件上的切屑冲去,尤其在铣削沟槽等切屑不易排出的地方,较大流量的切削液能把切屑冲出来。使铣刀不因切屑阻塞而受影响;也可避免细小的切屑在切削刃与加工表面之间挤压摩擦而影响表面质量。

4)切削液的选用

切削液应根据工件材料、刀具材料和加工工艺等条件来选用。

①粗加工时,由于切削量大,产生的热量多,温度高,而对表面质量的要求却不高,应采用以冷却为主的切削液,如苏打水、乳化液等。

②精加工时,对工件表面质量的要求较高,并希望铣刀寿命长,要求切削液具有良好的润滑作用。另外,精加工时切削量少,产生的热量也少,所以精加工时应选用以润滑作用为主的油类切削液。主要采用矿物油,少数采用动物油和植物油。

③铣削不锈钢和高强度材料时,粗加工用较稀的乳化液;精加工用含有添加剂的煤油、浓度高的乳化液和硫化油等。

④铣削铸铁和黄铜等脆性材料时,由于切屑呈细小颗粒状,和切削液混合后,容易堵塞冷却系统、机床导轨和丝杠、铣刀齿槽等。因此一般不用切削液。必要时可用煤油、乳化液和压缩空气。

⑤用硬质合金作高速切削时,由于刀齿的耐热性好,故一般不用切削液,必要时用乳化液。

任务实施

1. 实训地点

实训基地铣削加工车间。

2. 组织体系

在教师的指导下,针对铣削加工车间的铣床辨识其类型,分析型号的含义,了解其铣削的加工范围及特点,正确进行铣床的维护和保养,能够做到安全操作铣床。并且能够根据材料选择合适的铣刀并合理选择铣削用量。

每班班级分为三个组,分别任命各组组长,负责对本组进行出勤、学习态度的考核,进行铣床操作基本练习,同时掌握铣床的润滑和维护保养方法,并及时收集学生自评及互评资料。

3. 实训总结

在教师的指导下总结铣床操作要点。主要注意以下问题。

工作中认真做到:

(1)铣削不规则的工件及使用虎钳、分度头及专用夹具夹持工件时,不规则工件的重心及虎钳、分度头、专用夹具等应尽可能放在工作台的中间部位,避免工作台受力不匀,产生变形。

(2)在快速或自动进给铣削时,不准把工作台走到两极端,以免挤坏丝杆。

(3)对刀时不准使用机动对刀。

(4)工作台换向时,须先将换向手柄停在中间位置,然后再换向,不准直接换向。

(5)铣削键槽轴类或切割薄的工件时,严防铣坏分度头或工作台面。

(6)铣削平面时,必须使用有四个刀头以上的刀盘,选择合适的切削用量,防止机床在铣削中产生振动。

工作后将工作台停在中间位置,升降台落到最低的位置上。

拓展训练

了解铣床的发展历程,试对铣床铣削时的操作规则进行分析,并对铣床的保养及其维护内容进行了解。

要点分析

1. 铣床的发展历程

铣床最早是由美国人 E·惠特尼于 1818 年创制的卧式铣床。为了铣削麻花钻头的螺旋槽,美国人 J·R·布朗于 1862 年创制了第一台万能铣床,为升降台铣床的雏形。1884 年前后出现了龙门铣床。20 世纪 20 年代出现了半自动铣床,工作台利用挡块可完成"进给—快速"或"快速—进给"的自动转换。

1950 年以后,铣床在控制系统方面发展很快,数字控制的应用大大提高了铣床的自动化程度。尤其是 70 年代以后,微处理机的数字控制系统和自动换刀系统在铣床上得到应用,扩大了铣床的加工范围,提高了加工精度与效率。

随着机械化进程不断加剧,数控编程开始广泛应用于机床类操作,极大解放了劳动力。数控编程铣床将逐步取代现在的人工操作,对员工要求也会越来越高,当然带来的效率也会越来越高。

2. 铣床操作安全规则
(1)装卸工件,必须移开刀具,切削中头、手不得接近铣削面。
(2)使用铣床对刀时,必须慢进或手动摇进,不许快进,走刀时,不准停车。
(3)快速进退刀时注意铣床手柄是否会打人。
(4)进刀不许过快,不准突然变速,铣床限位挡块应调好。
(5)装卸及测量工件、调整刀具、紧固变速,均必须停止铣床。
(6)拆装立铣刀,工作台面应垫木板,拆平铣刀扳螺母,用力不得过猛。
(7)严禁手摸或用棉纱擦转动部位及刀具,禁止用手去托刀盘。
3. 铣床的维护保养
1)铣床例保作业范围
(1)床身及部件的清洁工作,清扫铁屑及周边环境卫生
(2)检查各油平面,不得低于油标以下,加注各部位润滑油;
(3)清洁工、夹、量具。
2)铣床一保作业范围
(1)清洗调整工作台、丝杆手柄及柱上镶条;
(2)检查、调整离合器;
(3)清洗三向导轨及油毛毡,电动机、机床内外部及附件清洁;
(4)检查油路,加注各部润滑油;
(5)紧固各部螺丝。
3)铣床例保作业范围
(1)床身及部件的清洁工作,清扫铁屑及周边环境卫生,清洁工、夹、量具;
(2)检查各油平面,不得低于油标以下,加注各部位润滑油。
4)铣床周末保养作业范围
(1)清洁。
①拆卸清洗各部油毛毡垫;
②擦拭各滑动面和导轨面,擦拭工作台及横向、升降丝杆,擦拭走刀传动机构及刀架;
③擦拭各部死角。
(2)润滑。
①各油孔应清洁畅通并加注润滑油;
②各导轨面和滑动面及各丝杆应加注润滑油;
③检查传动机构油箱体油面,并加油至标高位置。
(3)扭紧。
①检查并紧固压板及镶条螺丝;
②检查并扭紧滑块固定螺丝以及走刀传动机构、手轮、工作台支架螺丝、叉顶丝;
③检查扭紧其他部分松动螺丝。
(4)调整。
①检查和调整皮带、压板及镶条松紧适宜;
②检查和调整滑块及丝杆。
(5)防腐。

①除去各部锈蚀,保护喷漆面,勿碰撞;
②停用、备用设备导轨面、滑动丝杆手轮及其他暴露在外易生锈的部位应涂油防腐。

任务7　螺塞的加工

分度头是将工件夹持在卡盘上或两顶尖间,并使其旋转、分度和定位的机床附件。主要用于铣床,也常用于钻床和平面磨床,还可放置在平台上供钳工划线用,常用于有相应位置或角度要求的平面加工。

许多机械零件(如花键轴、牙嵌离合器、齿轮等)在铣削时,需要利用分度头进行圆周分度才能铣出等分的齿槽。

学习目标

(1)能够阅读、分析零件图;
(2)能够参阅机床、设备的中英文说明书,查阅工具书、手册,获得零件加工相关资讯;
(3)能够对螺塞进行工艺分析,选择毛坯,选择工艺装备,识读工艺文件;
(4)能够选择合适的切削用量及分度头装夹方法;
(5)能够选择适用的刀具并装夹;
(6)能够正确使用分度头装夹零件;能够正确使用刀口尺、游标卡尺和千分尺进行工件检验;
(7)能够维护机床及工艺装备;
(8)能够操作铣床加工六角螺母,注重环境保护的相关规定及内容;
(9)能够独立学习和操作,并有团队精神和职业道德。

任务描述

根据如图 7-1 所示螺塞的图纸及技术要求,编写铣削加工相关平面工序卡,熟练操作铣床,控制好螺塞加工的尺寸。掌握万能分度头的使用方法,熟悉刀口直尺等量具的应用。

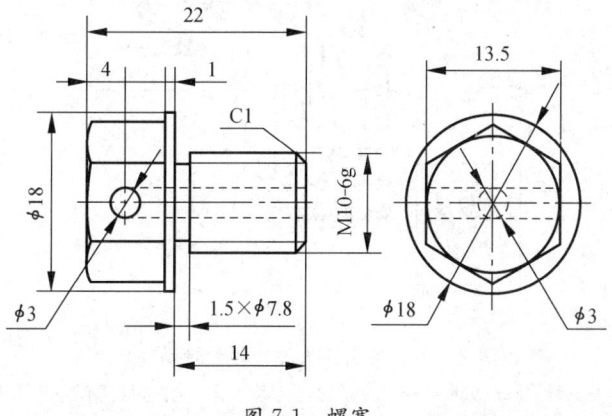

图 7-1　螺塞

知识链接

知识点 1　等分零件的分度

分度头有万能分度头、半万能分度头和等分分度头三种。下面介绍使用最广泛的万能分度头的使用方法。

1. 万能分度头的用途和结构

1) 分度头的用途

目前常用的万能分度头型号有 FWl25、FW250 等,其中 FW250 型万能分度头("F"、"W"分别为万能分度头的"分"和"万"汉语拼音的首字母,250 为能夹持工件的最大直径毫米数)在铣床上较常使用,它的主要功用如下。

(1) 使工件绕分度头主轴轴线回转一定角度,以完成等分或不等分的分度工作。用于加工方头、六角头、花键、齿轮以及多齿刀具等。

(2) 通过分度头使工件的旋转与工作台丝杠的纵向进给保持一定运动关系,用于加工螺旋槽、螺旋齿轮及阿基米德螺旋线凸轮等。

(3) 用卡盘夹持工件,使工件轴线相对于铣床工作台倾斜一定角度,以加工与工件轴线相交成一定角度的平面、沟槽及直齿锥齿轮等。

2) 分度头结构

FW250 型万能分度头的外形和传动系统,如图 7-2 所示。分度头主轴 9 是空心的,

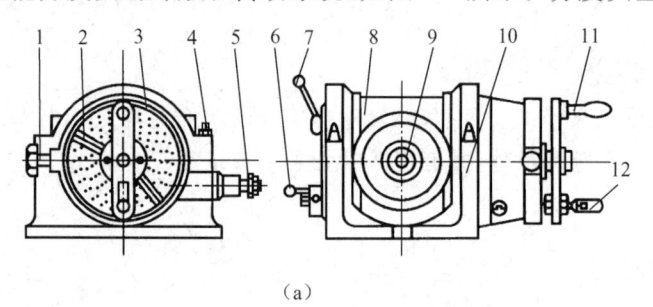

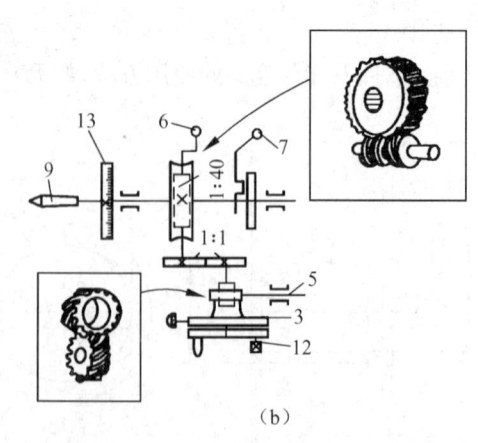

图 7-2　万能分度头的外形和传动系统

1—分度盘紧固螺钉;2—分度叉;3—分度盘;4—螺母;5—交换齿轮轴;6—螺杆脱落手柄;
7—主轴锁紧手柄;8—回转壳体;9—主轴;10—基座;11—分度手柄 K;12—分度定位销 J;13—刻度盘。

两端均为莫氏4号内锥孔,前端锥孔用来安装顶尖或锥柄心轴,后端锥孔用来装交换齿轮心轴,作为差动分度及加工螺旋槽时安装交换齿轮之用。主轴的前端外部有一段定位锥体,用于与三爪自定心卡盘的连接盘(法兰盘)配合。

装有分度蜗轮的主轴安装在回转壳体8内,可在分度头基座10的环形导轨内转动。因此,主轴除安装成水平位置外,还可在-6°~90°范围内任意倾斜,调整角度前应松开基座上部靠主轴后端的两个螺母4,调整之后再予以紧固。主轴的前端固定着刻度盘13,可与主轴一起转动。刻度盘上有0°~360°的刻度线,可作分度之用。

分度盘(又称孔盘)3上有数圈在圆周上均布的定位孔,在分度盘的左侧有一分度盘紧固螺钉1,用以紧固分度盘,或微量调整分度盘。在分度头的左侧有两个手柄:一个是主轴锁紧手柄7,在分度时应先松开,分度完毕后再锁紧;另一个是蜗杆脱落手柄6,它可使蜗杆和蜗轮脱开或啮合。蜗杆和蜗轮的啮合间隙可用偏心套调整。

在分度头右侧有一个分度手柄11,转动分度手柄时,通过一对传动比为1:1的直齿圆柱齿轮及一对传动比为1:40的蜗杆副使主轴旋转。此外,分度盘右侧还有一根安装交换齿轮用的交换齿轮轴5,它通过一对速比为1:1的交错轴斜齿轮副和空套在分度手柄轴上的分度盘相联系。

分度头基座10下面的槽里装有两块定位键。可与铣床工作台面的T形槽相配合,以便在安装分度头时,使主轴轴线准确地平行于工作台的纵向进给方向。

3)万能分度头的附件

(1)分度盘:FW250型万能分度头备有两块分度盘,正、反面都有数圈均布的孔圈,常用分度盘的孔圈如表7-1所列。

表7-1 分度盘的孔圈数

盘块面	盘的孔圈数	盘块面	盘的孔圈数
第一块盘	正面:24、25、28、30、34、37 反面:38、39、41、42、43	第二块盘	正面:46、47、49、51、53、54 反面:57、58、59、62、66

用分度盘解决不是整转数的分度,进行一般分度工作。

(2)分度叉:在分度时,为了避免每分度一次都要数孔数,可利用分度叉来计数,见图7-2。松开分度叉紧固螺钉,可任意调整两叉之间的孔数,为了防止摇动分度手柄11时带动分度叉转动,用弹簧片将它压紧在分度盘上。分度叉两叉夹角之间的实际孔数,应比所需要孔距数多一个孔,因为第一孔是做起始点而不计数的。

2. 分度方法

1)单式分度法

由万能分度头的传动系统传动比可知,工件等分数与分度手柄转数之间的关系为$n=40/z$,配合以上分度孔盘,通过简单计算,可以求出分度盘手柄转过的圈数。

例:铣一槽数$z=33$的工件,求每铣一条槽后分度手柄应转过的转数。

解:根据公式$n=40/z$可得

$$n=\frac{40}{z}=a+\frac{p}{q}=\frac{40}{33}=1+\frac{7}{33}$$

FW125型万能分度盘共有三块分度盘,其孔数分别为:第一块16,24,30,36,41,47,

57,59；第二块 23,25,28,33,39,43,51,61；第三块 22,27,29,31,37,49,53,63。

本例可选择第二块分度盘的 33 孔圈,使手柄转过 1 圈又 7 个孔距。为使分度正确,分度叉 2 可事先调整至在所选孔圈 33 上包含所需孔距数 7,即包含 7+1=8 个孔。分度开始时,定位销紧靠其左叉,然后转动手柄一整转,再继续转动手柄,使定位销正好靠紧其右叉,插入即可。最后,顺时针转动分度叉,使其左叉紧靠定位销,为下次分度做好准备。

2) 角度分度法

角度分度法是单式分度法的另一种形式。它是以工件所需分度的角度为依据来进行分度的。已知分度手柄转 40r,主轴转 1r(360°),若分度手柄转 1r,则主轴只转过 9°,由此可得

$$n = \theta/9°$$

式中　θ——工件所需转过的角度。

例：工件上需要铣夹角为 125°的槽,试问铣好一条槽后,分度手柄应转过的转数。

解：根据公式 $n=\theta/9°$ 可得

$$n = \frac{125°}{9°} = 13\frac{8}{9} = 13\frac{48}{54}$$

答：铣好一条槽后,分度手柄在 54 孔盘上先旋转 13r,再转过 48 个孔距,再铣第二条槽。

知识点 2　平面的加工

1. 铣平面

铣平面可以选用圆柱铣刀,也可以选用端面铣刀。铣削方法和步骤如下：

1) 用圆柱铣刀铣平面

(1) 选择铣刀。圆柱铣刀的长度应大于工件加工面的宽度。粗铣时,铣刀的直径,按铣削层深度的大小而定,铣削层深度大,铣刀的直径也相应选得大一些；精铣时,可取较大直径铣刀加工,以减小表面粗糙度值。铣刀的齿数,粗铣时用粗齿；精铣时用细齿。

(2) 装夹工件。在卧式铣床上用圆柱形铣刀铣削中小型工件的平面,一般都采用机用虎钳装夹,当工件的两面平行度较差时,应在钳口和工件之间垫较厚的铜片或厚纸,可借助铜皮的变形而使接触面增大,使工件装夹得较稳固。

(3) 确定铣削用量。粗铣时,若加工余量不大,则可一次切除；精铣时的铣削层深度以 0.5mm～1mm 为宜。铣削层宽度一般等于工件加工表面的宽度。每齿进给量,一般取 $f_z=0.02$mm/z～0.3mm/z。粗铣时可取得大些,精铣时,则应采用较小的进给量。铣削速度,在用高速工具钢铣刀铣削时,一般取 $V_c=16$m/min～35m/min。粗铣时应取较小值,精铣时应取较大值。

2) 用端面铣刀铣平面

用端面铣刀铣平面有很多优点,尤其对较大的平面,目前大都用端铣刀加工。

用高速工具钢端铣刀铣削平面的方法与步骤,与圆柱铣刀加工基本相同。只是端铣刀的直径应按铣削层宽度来选择,一般铣刀直径 D 应等于铣削层宽度 B 的 1.2 倍～1.5 倍。

在生产中,为了提高生产效率和减小表面粗糙度值,往往采用硬质合金端铣刀进行高速铣削。铣削时,一般取 $V_c=80$m/min～120m/min。

2. 铣平行平面

铣平行平面就要求铣出的平面与基准面平行。

若工件尺寸较小,用周边铣削加工平行面,一般都在卧式铣床上用机用虎钳装夹进行铣削。装夹时主要使基准面与工作台面平行,因此在基准面与虎钳导轨面之间垫两块厚度相等的平行垫铁。即使对较厚的工件,也最好垫上两条厚度相等的薄铜皮,以便检查基准面是否与虎钳导轨平行。

用这种装夹方法加工,产生平行度超差的原因有以下三个:

(1)基准面与虎钳导轨面不平行,造成此现象的因素有:平行垫铁的厚度不相等(该垫铁应在平面磨床上同时磨出);平行垫铁的上下表面与工件和导轨之间有杂物;工件贴住固定钳口的平面与基准面不垂直等。

(2)机用虎钳的底面与工作台面不平行,造成这种现象一般是由于机用虎钳的底面与工作台面之间有毛刺或杂物。

(3)铣刀的圆柱度不精确。

铣平行面时,一般是铣削—测量—铣削。当尺寸精度的要求较高时,需要在粗铣后再做一次半精铣,半精铣余量以 0.5mm 左右为宜。由余量决定工作台上升的距离,可用百分表控制移动量,从而控制尺寸精度。

3. 铣垂直面

铣垂直面就要求铣出与基准面垂直的平面。

工件上只有一个基准面时,使用机用虎钳装夹时应使基准面与固定钳口贴合,此时铣削出的平面(顶面)即是垂直于基准面的平面。当固定钳口与工作台面不垂直时,易使加工的工件垂直度误差增大,此时可采用在工件基准面和固定钳口之间垫纸或铜片的方法予以纠正。在钳口上面或下面垫纸或铜片,视固定钳口与工作台面的夹角而定。

工件基准面宽而长,且加工面又比较狭窄时,可用角铁装夹工件。装夹时让基面与角铁的一面贴合,角铁的另一面直接固定在工作台面上。此时,用圆柱铣刀周铣狭长的平面,即可获得精度较高的垂直平面。

4. 铣斜面

斜面是指要加工的平面与基准面倾斜一定的角度。斜面的铣削一般有以下几种方法。

1)转动工件

先按图样要求在工件上划出斜面的轮廓线,并打上样冲眼,尺寸不大的工件可以用机用虎钳装夹,并用划盘找正,然后再夹紧,如图 7-3 所示。如果尺寸大的工件,可以直接装在工作台上找正夹紧。

用机用虎钳装夹工件,夹正工件后,固定钳座,将钳身转动至需要的角度,用端铣刀进行铣削即可获得所需倾斜平面,如图 7-4 所示。

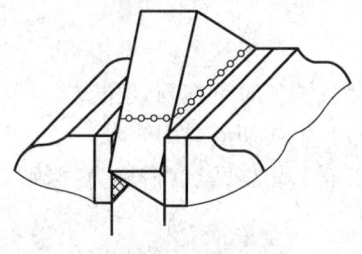

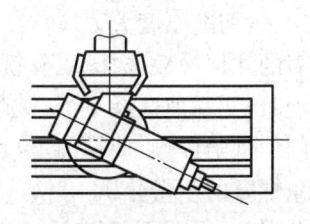

图 7-3　按划线铣斜面　　　　图 7-4　转动钳口铣斜面

使用该方法铣削斜面时,先切去大部分余量,在最后精铣时,应用划针再校验一次,如工件在加工过程中有松动,应重新找正、夹紧。该加工方法划线找正比较麻烦,只适宜单件小批量生产。

用斜垫铁或专用夹具装夹工件,也可铣削倾斜平面。用斜垫铁铣削倾斜平面如图 7-5 所示,这种方法装夹方便,铣削深度也不需要重新调整,适合于批量生产。若大批量生产时,最好采用专用夹具来装夹工件,铣削倾斜平面。

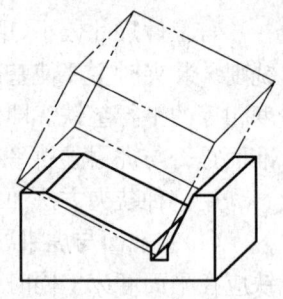

图 7-5 用斜垫铁铣斜面

2) 转动铣刀

转动铣床立铣头从而带动铣刀旋转来铣削倾斜平面,如图 7-6 所示。

这种方法铣削时,工作台必须横向进给,且因受工作台横向行程的限制,铣削斜面的尺寸不能过长。若斜面尺寸过长,可利用万能铣头来进行铣削,因为工作台可以作纵向进给了。

3) 角度铣刀

直接用带角度的铣刀来铣削斜面。由于受到角度铣刀尺寸的限制,这种方法只适用于铣削较窄小的斜面,如图 7-7 所示。

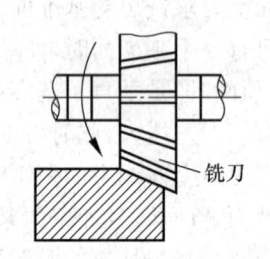

图 7-6 转动铣刀铣斜面　　　图 7-7 用角度铣刀铣斜面

知识点 3　工件的检验

1. 平面铣削的质量分析

1) 影响平面度的因素

①圆周铣削时圆柱形铣刀的圆柱度误差;端铣时铣床主轴轴线与进给方向的垂直度;

②工件在夹紧力和铣削力作用下的变形;工件存在内应力,使铣削后零件变形;铣削热引起工件的热变形。

③铣床工作台进给运动的直线度误差;铣床主轴轴承的轴向和径向间隙大。

④铣削时,圆柱铣刀的宽度或面铣刀的直径小于被加工面的宽度而接刀,产生接刀痕。

2) 影响表面粗糙度的因素

①铣刀磨损,刀具刃口变钝。

②进给量、切削厚度太大。

③铣刀的几何参数选择不当;铣削时振动过大;铣削时有拖刀现象。

④铣削时,切削液选择不当;铣削时有积屑瘤产生或切屑黏刀现象。

⑤铣削中进给停顿,使铣刀下沉,在工件加工面上切出凹坑(俗称为"深啃")。

3) 六角螺塞的质量分析

①等分误差:看图不仔细,分度头调整不当,孔圈选错,分度算错或分度头使用不当;

未消除分度头间隙等。

②尺寸误差:背吃刀量过大或过小;工件侧母线与进给方向不平行;工件装夹不牢,在加工过程中工件转动等。

③表面粗糙度超差:铣刀变钝,进给量太大;工件装夹不牢固,铣刀心轴摆动;在工件离开铣刀的情况下铣刀退回等。

2. 工件的检验方法

工件全部铣削完后,应作全面检验。对第一个工件来说,每铣好一个面后,就应该进行检验,合格后再继续下面几个工件。

1)检验表面粗糙度

表面粗糙度一般采用标准样板来比较。标准样板是按照加工方法分组的,由于加工方法不同,切出的刀纹形状也不同,所以要用相同的刀纹样板来比较。

2)检验平面度

对于铣工,用刀口形直尺来检验平面的平面度最为普遍,检验方法如图 7-8 所示。

3)检验垂直度

两个平面相互之间的垂直度,一般用 90°角尺来检验,检验方法如图 7-9 所示。

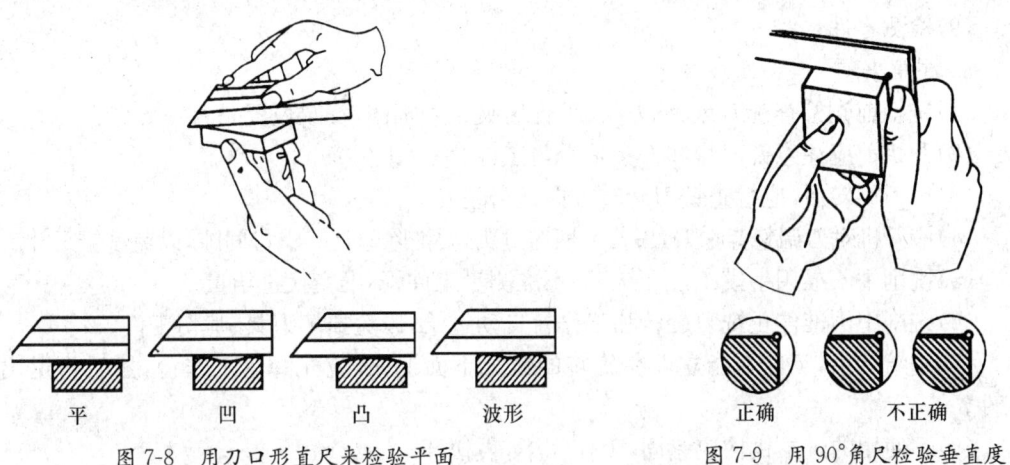

图 7-8 用刀口形直尺来检验平面

图 7-9 用 90°角尺检验垂直度

4)检验平行度和尺寸精度

加工好的工件,应对尺寸精度和平行度同时进行检验。检验时用千分尺或游标卡尺测量工件的四角及中部,观察各部分尺寸的差值,这个差值就是平行度误差。另外检查所有的尺寸是否都在图样所规定的尺寸范围以内。在成批生产中,可用百分表同时检验零件的尺寸精度和平面度。

任务实施

1. 分析图样

螺塞的六角螺母所在 6 个平面对应面距离为 13.5mm,有一定的位置精度要求。在铣床上可以用分度尺来保证角度关系。

2. 铣螺塞的六角螺母加工步骤

(1)读懂零件图,检查工件尺寸。

(2)工件的装夹。由于此工件短且要求不高,可直接用三爪夹紧。

(3)计算圈数。$n=40/z=40/6=6+44/66$ 圈。铣好一面后,分度手柄应在66孔圈上转过6圈又44个孔距。所以选择有66孔数的分度盘。调整分度叉,使分度叉内的孔距数为44。

(4)选择铣刀并安装。根据工件尺寸选 $\phi35mm$ 硬质合金立铣刀,在立式铣床上装夹工件。

(5)确定铣削用量 $n=175r/min$,$v_f=37.5mm/min$。

(6)检查工件、分度头、铣刀安装和铣削速度手柄及进给量手柄的位置。

(7)调整背吃刀量或侧吃刀量。让铣刀旋转,并上升工作台,使工件上面靠近铣刀端面,直到铣刀端面轻轻擦到工件上表面为止。移动横向工作台,再摇动上升手柄,使工作台上升 4.5mm,并紧固升降手柄。

(8)进行铣削。启动机床使工作台作横向进给进行铣削,一面铣完后,关掉机床。铣另一面时,铣削层深度不变。松开分度头主轴锁紧手柄,拔出分度定位销,将分度手柄旋转6圈又44个孔距使分度定孔位销插入第45个孔,然后拨动分度叉使一侧紧靠定位销即可,锁紧主轴锁紧手柄,再铣第二面。用同样方法铣完其余各面。

(9)检测零件。

3. 注意事项

(1)铣削前先检查铣刀盘、铣刀头、工件装夹是否牢固,安装位置是否正确。

(2)开机前应注意铣刀盘和刀头是否与工件、平口钳相撞。

(3)铣刀旋转后,应检查铣刀旋转方向是否正确。

(4)应开机对刀调整背吃刀量;若手柄摇过头,要消除丝杠和螺母间隙,以免铣错尺寸。

(5)铣削中不准用手摸工件和铣刀,不准测量工件,不准变换进给量。

(6)铣削中不准停止铣刀旋转和工作台自动进给,以免损坏刀具、啃伤工件。

(7)进给结束,工件不能立即在旋转的铣刀下面退回,应先降落工作台,然后再退出工件。

(8)不使用的进给机构应紧固,工作完毕,再松开。

(9)平口钳装夹工件时,平口钳扳手取下后再自动进给铣削工件。

(10)切屑应飞向床身一侧,以免烫伤操作者。

(11)对刀试切,调整安装铣刀头时,注意不要损伤刀片刃口。

(12)如采用四把铣刀头,可将刀头安装成台阶状切削工件。

4. 精度检验

(1)用千分尺测量六角螺母对边尺寸。

(2)用游标卡尺测量六角螺母长度尺寸。

(3)用百分表测量六角螺母对称度误差。对称度的检验一般在铣削完毕后直接在机床上进行,操作方法与测量轴上键槽基本相同。检验时,用带座的百分表测头与工件上表面接触,并将百分表的指针示值调整至零位。移动表座,使测头脱离工件上表面,工件通过分度头准确转过 180°,使六角螺母对应面处于上方测量位置,用百分表测量该面。

(4)检验六角螺母侧面角度。采用角度样尺测量。

(5)检验表面粗糙度。通过目测类比法或使用刀口形直尺来进行检验。

5. 误差分析

铣削六角螺母常见问题及产生原因如表7-2所列。

表 7-2　铣削六角螺母常见问题及产生原因

常见问题	产生原因
对边和长度尺寸超差	①操作过程计算错误,刻度盘转过格数差错; ②移动工作台未消除传动结构间隙; ③对刀时未考虑外接圆直径的实际尺寸,对刀微量切痕未计入切除量; ④铣削时分度头主轴未锁紧等
六角螺母对称度超差	①工件与分度头主轴同轴度差; ②铣削时各面铣削余量不相等
六角螺母对应面不平行	①分度失误; ②工件上素线与工作台面不平行等
相邻面角度超差	①分度计算错误,分度手柄转数操作失误; ②测量与加工分时未消除分度机构传动间隙等
六角螺母阶梯面未接平	工件的侧素线与纵向进给方向不平行

拓展训练

铣削如图 7-10 所示带有平面、垂直面、阶台面及斜面的镶块零件。

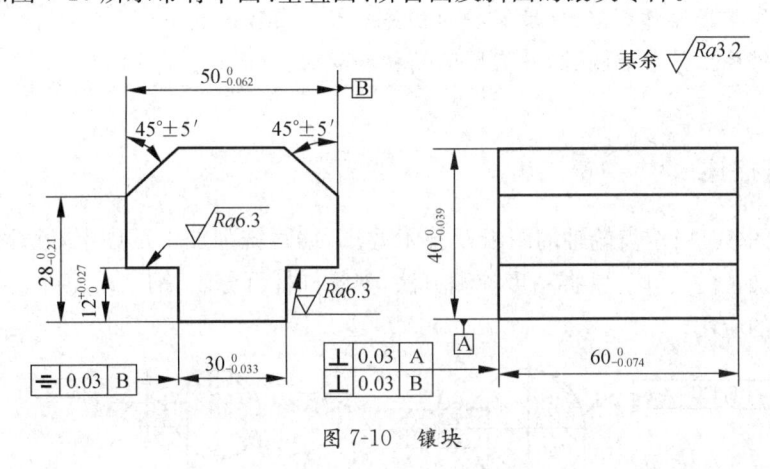

图 7-10　镶块

要点分析

1. 铣削步骤如下:
(1)安装找正平口钳,装夹工件,用端铣刀铣六面体至图样尺寸,保证垂直度要求。
(2)用三面刃铣刀或立铣刀铣阶台面至图样尺寸,保证对称度要求。
(3)用倾斜铣刀或用角度铣刀铣斜面,保证 45°±5′和图样尺寸要求。
2. 注意事项
(1)开车前应先检查铣刀及工件装夹是否牢固,安装位置是否正确。
(2)开车后应检查铣刀旋转方向是否正确,对刀和调整吃刀深度应在开车时进行。
(3)加工时可采取先粗铣后精铣的方法,以提高工件的加工精度和表面质量。
(4)切削力应压向平口钳的固定钳口,人应避开切屑飞出的方向。

(5)铣削时应采用逆铣,注意进给方向,以免顺铣造成打刀或损坏工件。

任务8　台阶轴键槽的加工

在轴上或孔内加工出一条与键相配的槽,用来安装键,以传递扭矩,这种槽就叫键槽。轴上的键槽加工通常可以采用磨削、插削、铣削等,孔内的键槽加工,一般采用插床或线切割进行加工。

> **学习目标**
> (1)能够阅读、分析零件图;
> (2)能够参阅机床、设备的中英文说明书,查阅工具书、手册,获得零件加工相关资讯;
> (3)能够对台阶轴进行工艺分析,选择毛坯,选择工艺装备,识读工艺文件,确定切削用量和工时定额;
> (4)能够选择合适刀具及正确的工件装夹方法;
> (5)能够使用铣床进行台阶轴的键槽加工;
> (6)能够正确使用游标卡尺和千分尺进行工件检验;
> (7)能够维护机床及工艺装备;
> (8)能够掌握操作规范、环境保护的相关规定及内容;
> (9)能够独立学习和操作,并有团队精神和职业道德。

任务描述

根据如图 8-1 所示齿轮轴的图纸及技术要求,编写铣削加工工序卡,熟练操作铣床,控制好键槽加工的尺寸。掌握精度检测方法,熟悉杠杆百分表、钢直尺、游标卡尺、外径千分尺等量具的应用。

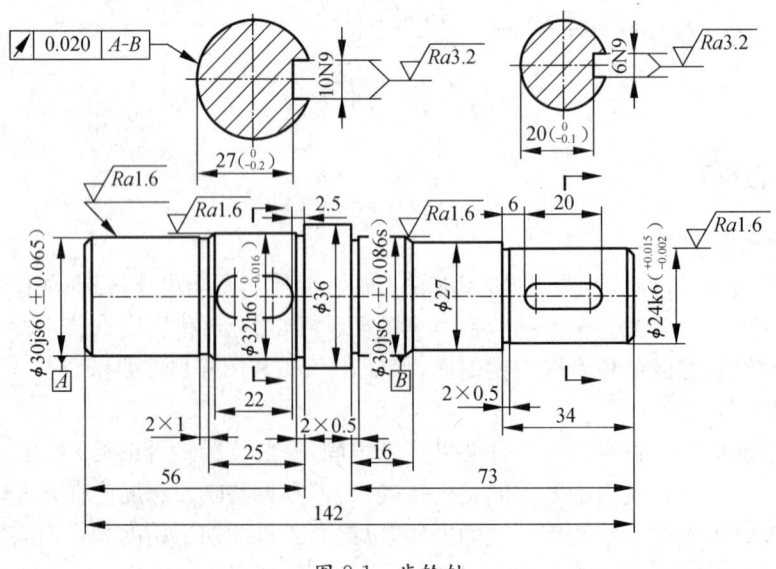

图 8-1　齿轮轴

知识链接

知识点1 铣刀的装夹

1. 选择铣刀

铣平面用的铣刀有圆柱铣刀和端铣刀两种,由于圆柱铣刀刃磨要求高,加工效率低,通常都采用端铣刀加工平面。铣刀的直径一般要大于工件宽度,尽量在一次进给中铣出整个加工表面。

2. 安装铣刀

在铣床上加工任何一个工件,都必须把铣刀正确地安装在铣床的主轴上。安装的方法和步骤,根据铣刀结构的不同而略有区别。一般情况下,铣刀装在刀轴上,刀轴上的圆锥体与铣床的主轴锥孔配合(见表8-1)。

表8-1 安装铣刀的方法和步骤

铣刀安装的种类	作业图	说明
带孔铣刀的安装	(拉杆、主轴、端面键、套筒、铣刀刀杆、悬梁挂架、螺母)	·带孔铣刀一般安装在铣刀轴上; ·安装铣刀时,应尽量靠近主轴前端,以减少加工时刀轴的变形和振动,提高加工质量
带柄铣刀的安装	(拉杆、变锥套、夹头体、螺母、弹簧套)	·直径为3mm～20mm的直柄立铣刀可装在主轴上专用的弹性夹头中; ·锥柄铣刀可通过变锥套安装在主轴锥度为7:24的锥孔中
面铣刀的安装	(键、螺钉、垫套、铣刀)	·将面铣刀安装在刀轴上; ·将刀轴与面铣刀一起装在铣床主轴上,并用拉杆拉紧

3. 快速更换铣刀的安装方法(见表8-2)。

4. 铣刀装卸中的注意事项

(1)安装圆柱形铣刀或其他带孔铣刀时,应先紧固挂架,后紧固铣刀。拆卸时应先松开铣刀,再松开挂架。

(2)装卸铣刀时,圆柱形铣刀用手持两端面;装卸立铣刀时手上垫上棉纱握住圆周。

(3)安装铣刀时应擦净各接触表面,以防止接触面上附有脏物而影响安装精度。

表 8-2 快速更换铣刀的安装方法

安装方法	作业图	操作步骤及说明	相关知识及要点
面铣刀的安装		1. 面铣刀的安装 清洁安装部,使本体的槽和刀轴的凸起部对准向上推刀轴,安装刀具,左手固定住刀环和扳手圆弧部,右手转动钩头扳手,旋紧紧固轴环	• 使用棉纱或摸布擦干净铣刀的内孔、端面、键槽和刀轴; • 检查刀夹的刻度; • 看清刀夹的槽; • 使安装圆锥面向上,不要直接握住切削刃部位; • 使用钩头扳手; • 用食指压住轴环部,大拇指压住圆弧部
		2. 铣刀安装后的检查 3. 圆柱柄铣刀的拆下 检查刻度值,拆下钩头扳手,拆下铣刀	• 检查螺母是否紧固; • 检查铣刀旋转方向是否正确; • 检查铣刀的径向跳动和端面跳动量是否符合要求
圆柱铣刀的安装		安装刀杆和铣刀	
		套上套筒拧上螺母	
		安装挂架	
		拧紧螺母	

(4)拉紧螺杆上的螺纹长度应与铣刀杆或铣刀上的螺孔有足够的旋合长度。
(5)挂架轴承孔与铣刀杆支承轴颈应保持足够的配合长度。
(6)铣刀安装后应检查安装情况是否正确。

知识点2 工件的装夹

为保证带键槽的轴槽对称度,常用的装夹方法如表 8-3 所列。

表 8-3 工件的装夹

装夹方法	图例	说明
平口钳装夹		用平口钳装夹铣轴槽,加工精度较低,一般适用于单件生产
V形块装夹		用V形块装夹铣轴槽,是铣削轴上键槽的常用装夹方法。加工后,轴槽的对称度较高
		对直径在20mm～60mm的长轴,可用工作台的T形槽定位,压板压紧铣削
		安装V形块时,用量棒校正上素线、侧素线与工作台面和进给方向的平行度
用分度头装夹		用分度头主轴和尾座的顶尖或用三爪自定心卡盘和尾座顶尖的一夹一顶方法装夹工件,其轴槽的对称度容易保证。 安装分度头和尾座时,应用标准量棒在两顶尖间或一夹一顶装夹,用百分表校正轴上的素线与工作台台面平行度,素线与工作台纵向进给方向平行度。在成批生产中,采用一次调整、定距铣削轴上键槽

上述三种装夹方法对轴槽误差的影响如表 8-4 所列。

表 8-4 装夹方法对轴槽误差的影响

装夹方法	平口钳装夹	V形块装夹	分度头、尾座装夹
工件轴线位置	上下、左右变动	上下变动、左右不变	不变动
轴槽深度最大误差	Δd	$0.707\Delta d$	$0.5\Delta d$
轴槽对称度最大误差	Δd	0	0

知识点 3 键槽的加工

键连接中平键连接应用广泛。平键是标准件,它的两侧面是工作面,用以传递转矩。连接时平键置于轴和轴上零件的键槽内。轴上的键槽简称轴槽,用铣床加工;轮类零件的键槽简称轮毂槽，用拉床加工。

1. 轴槽的主要技术要求

轴槽是直角沟槽，其技术要求与直角沟槽的技术要求基本一致。但轴槽的两侧面与平键两侧面相配合，是主要工作面，其表面粗糙度值 $Ra3.2\mu m$，宽度尺寸公差等级 IT9。对轴槽的深度、长度、槽底面表面粗糙度要求并不高。

2. 轴上键槽的铣削方法

轴上键槽有三种，如图 8-2 所示。通槽和圆弧形的半通槽，一般选用盘形槽铣刀铣削，轴槽的宽度由铣刀宽度保证，半通槽一端的槽底圆弧半径由铣刀半径保证。轴上的封闭槽和槽底一端是直角的半通槽，用键槽铣刀铣削，并按轴槽的宽度尺寸来确定键槽铣刀的直径。

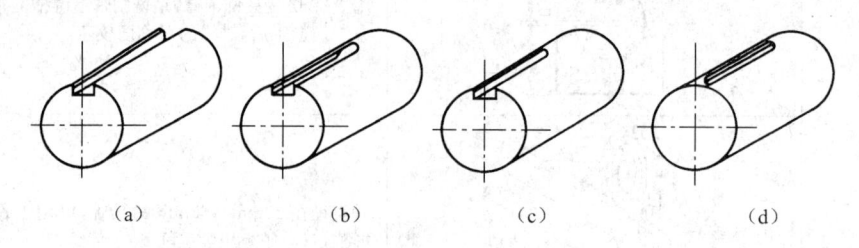

图 8-2 轴槽的种类

(a)通槽；(b)圆弧形半通槽；(c)半通槽；(d)封闭槽。

3. 铣刀切削位置的调整（称对中心又称对刀）

为保证轴槽的对称度，必须调整铣刀的位置，使键槽铣刀的轴线或盘形槽铣刀的对称平面通过工件的轴线。常用的调整方法如表 8-5 所列。

表 8-5 铣刀切削位置的调整

调整方法		图 例	说 明
按切痕对刀	盘形槽铣刀切痕对刀方法		按切痕对刀法对中精度不高，但使用简便，是常用的一种对中方法。盘形槽铣刀切痕对刀方法就是把工件大致调整到盘形槽铣刀的对称中心位置上，开动机床，在工件表面上铣出一个接近铣刀宽度的椭圆形切痕，然后移动工作台，使铣刀宽度落在椭圆的中间位置；若切出的椭圆不对称，则需调整再试切
	键槽铣刀切痕对刀方法		键槽铣刀切痕对刀方法与盘形槽铣刀切痕对刀法基本相同，要使立铣刀处在小平面的中间位置，若试切出的小平面两边不对称则需调整后再试切

(续)

调整方法	图例	说明
擦侧面调整对中		擦侧面调整对中对中精度较高,适用于盘形槽铣刀直径较大或键槽铣刀较长的场合
用杠杆百分表调整对中		用杠杆百分表调整对中对中精度高,适合在立式铣床上采用,用分度头装夹的工件、平口钳装夹的工件、V形块的对中心调整。 调整时,将百分表固定在立铣头主轴上,用手微量转动主轴,观察百分表在工件两侧、钳口两侧及V形块两侧的读数。横向移动工作台使两侧读数相同

4. 轴上键槽的铣削方法

1) 铣轴上通槽

轴槽为通槽或一端为圆弧形半通槽,一般都采用盘形槽铣刀来铣削。若零件较长且外圆已经磨削准确,则可采用平口钳装夹进行铣削。为避免因工件伸出钳口过长而产生振动和弯曲,可在伸出端用千斤顶支承,如图8-3所示。若工件直径只经过粗加工,则采用三爪自定心卡盘和尾座顶尖来装夹,且中间需用千斤顶支承。工件装夹完毕并调整对中心,调整侧吃刀量 a_e(即铣削层深度)。

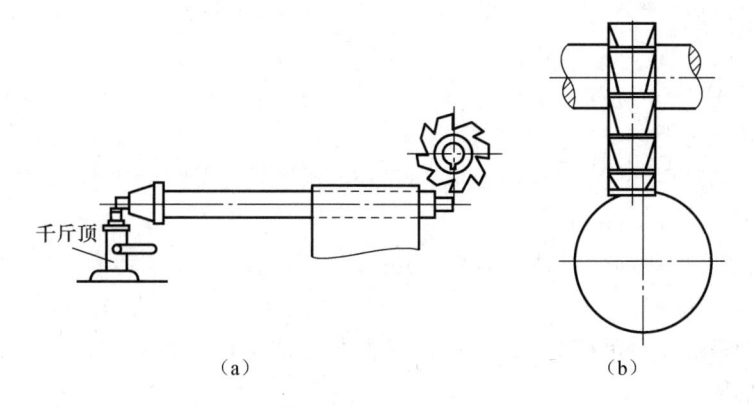

（a）　　　　　　（b）

图 8-3　铣轴上通槽

(a)平口钳装夹铣轴槽;(b)调整对中心。

调整时先使回转的铣刀切削刃和工件圆柱面(上素线)接触,然后退出工件,再将工作

台上升 a_e 到轴槽的深度,即可开始铣削。当铣刀开始切到工件时,应手动缓慢移动工作台,并仔细观察。在背吃刀量 a_p(即铣削层宽度)接近铣刀宽度时,若轴的一侧出现台阶现象(见图 8-3(b)),说明铣刀还未对准工件中心,应将工件有台阶一侧向铣刀一侧横向移动,调整到中心。工件采用 V 形块或工作台中央 T 形槽压板装夹时,可先将压板压在工件端部,由工件端部向里铣出一段槽长,然后停车,将压板移到工件端部,垫上铜皮重新压紧工件,观察确认铣刀不会碰到压板后,再启动主轴,铣削全长。

2)铣轴上封闭键槽

用键槽铣刀铣削轴上封闭槽,常用的方法如表 8-6 所列。

表 8-6 铣轴上封闭键槽

铣削方法	图例	说明
分层铣削法		用符合键槽宽度尺寸的铣刀分层铣削。 分层铣削法在铣刀用钝后,只需刃磨端面,铣刀直径不受影响,也不会产生明显的"让刀"现象。 但在普通铣床上加工时,生产效率低。 分层铣削法主要适用于轴槽长度尺寸较短、单件或小批量轴槽的铣削
扩刀铣削法		先用直径小于槽宽度 1mm 左右的键槽铣刀进行分层粗铣至槽深,槽两端各留余量 0.2mm~0.5mm,然后用尺寸精确的键槽铣刀精铣

任务实施

1. 分析图样

1)加工精度分析

(1)键槽的宽度尺寸为 10N9mm 及 6N9mm,深度尺寸标注槽底至工件外圆的尺寸分别为 $27_{-0.2}$mm 及 $27_{-0.1}$mm。

(2)键槽所在圆表面的跳动度为 0.02mm。

2)分析表面粗糙度

键槽侧面表面粗糙度值为 $Ra3.2\mu m$,铣削加工能达到要求。

3)分析形体

预制件为阶梯轴类零件,便于装夹。

2. 工艺过程

下料—车端面—车外圆—倒角—检验—铣键槽—检验。

3. 加工步骤

1)对刀

(1)垂向槽深对刀时,调整工作台,使铣刀处于铣削位置上方。开动机床,使铣刀圆周刃齿恰好擦到工件外圆最高点,在垂向刻度盘上作记号,作为槽深尺寸调整起点刻度。

(2)横向对中对刀时,往复移动工作台横向,在工件表面铣削出略大于铣刀宽度的椭圆形刀痕。通过目测使铣刀处于切痕中间,垂向再微量升高,使铣刀铣出浅痕。停车后目测浅痕与椭圆刀痕两边的距离是否相等,若有偏差,则再调整工作台横向。调整结束后,注意锁紧工作台横向。

(3)纵向槽长对刀时,垂向退刀,移动纵向,使铣刀中心大致处于槽长划线的上方,垂向上升,在工件表面切出刀痕。停机后目测划线是否在切痕中间,若有偏差,再调整工作台纵向位置,调整完毕,在纵向刻度盘上做好铣削终点的刻度记号。此时,应注意工作台的移动方向应与铣削进给方向一致,还应调整好自动停止挡铁,调整的要求是在工作台进给停止后,刻度盘位置至终点刻度记号还应留有1mm左右的距离,以便通过手动进给较准确地控制键槽有效长度尺寸。

(4)纵向退刀后,垂向按对刀记号上升 $H=25\text{mm}-21\text{mm}=4\text{mm}$。

2)铣削键槽

铣削时,应先采用手动进给使铣刀缓缓切入工件,当感觉铣削平稳后再采用机动进给。在铣削至纵向刻度盘记号之前,机动进给自动停止,改用手动进给铣削至刻度盘终点记号位置。

4. 精度检验

轴上键槽的检测方法如表8-7所列。

表 8-7 轴上键槽的检测方法

检测内容	图例	说明
轴槽宽度的检测		常用塞规或塞块检测
轴槽的长度和深度的检测		常用游标卡尺、千分尺测量槽深
轴槽中心平面对轴线对称度误差的检测		将工件置于V形架内,选择一块与轴槽宽度尺寸相同的量块放入轴槽内,并使量块的平面处于水平位置,用百分表检测量块的 A 面与平板平面并读数,然后将工件转动180°,用百分表测量量块 B 面与平板基准面并读数,两次读数之差值的一半,就是轴上键槽的对称度误差

5. 轴上键槽的质量分析

(1)轴槽宽度尺寸不合格的影响因素:铣刀尺寸不合适;铣刀摆动大;铣削时,背吃刀量过大,进给量过大,产生"让刀"现象等。

(2)轴槽两侧与工件轴线不对称度的影响因素:铣刀对中不准;铣刀让刀量大;成批生产时,工件外圆尺寸公差过大;轴槽两侧扩铣余量不一致等。

(3)轴槽两侧与工件轴线不平行的影响因素:工件外圆直径不一致,有大小头;用平口钳或V形块装夹工件时,没有校正好平口钳或V形块。

(4)轴槽槽底与工件轴线不平行的影响因素:工件的上素线未找准水平或选用的垫铁不平行、两V形块不等高。

拓展训练

铣削如图8-4所示带有键槽的传动轴。

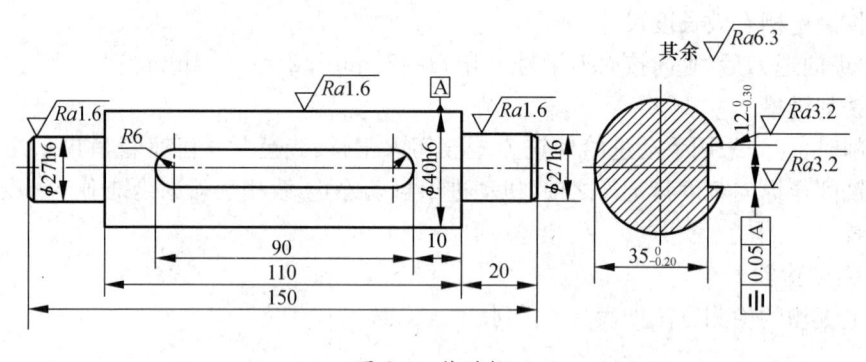

图8-4 传动轴

要点分析

铣削步骤如下:
(1)安装找正平口钳;
(2)选择ϕ12mm键槽铣刀并安装铣夹头;
(3)选择铣削用量,$n=475$r/min,$a_p=0.2$mm~0.3mm,手动进给铣削;
(4)试铣检查铣刀尺寸;
(5)划出键槽位置线;
(6)安装找正工件;
(7)对刀、铣削;
(8)检查测量,卸下工件。

任务9 箱体的加工

平面铣削通常是把工件表面加工到某一高度并达到一定表面质量要求的加工。

> **学习目标**
>
> (1)能够阅读、分析零件图;
> (2)能够参阅机床、设备的中英文说明书,查阅工具书、手册,获得零件加工相关资讯;
> (3)能够对工件的平面加工进行工艺分析,选择工艺装备,识读工艺文件,确定切削用量和工时定额;
> (4)能够选择合适刀具及正确的工件装夹方法;
> (5)能够使用铣床进行工件的平面加工;
> (6)能够正确使用相关量具进行工件检验;
> (7)能够维护机床及工艺装备;
> (8)能够掌握操作规范、环境保护的相关规定及内容;
> (9)能够独立学习和操作,并有团队精神和职业道德。

任务描述

根据如图 9-1 所示工件的图样及技术要求,熟练操作铣床进行加工,注意控制好平面加工的尺寸。掌握平面的检测方法,熟悉相关量具的应用。

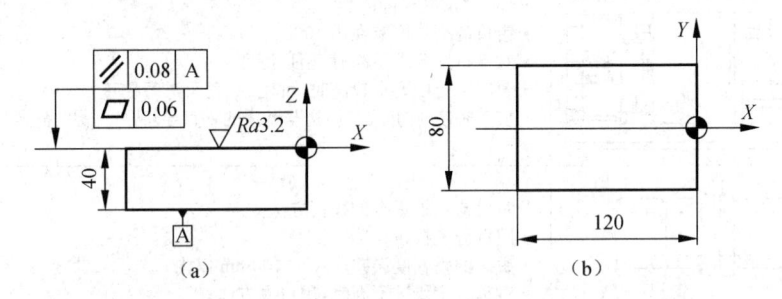

图 9-1 工件图样

知识链接

知识点 1 工件的装夹

在铣床上加工中小型工件时,一般都采用机用虎钳来装夹;对中型和大型工件,则采用压板来装夹。在成批大量生产时,采用专用夹具来装夹,还有利用分度头和回转工作台来装夹等。不论采用哪一种夹具和方法,其目的是使工件装夹稳固;不产生工件变形和损坏已加工好的表面。因此安装好工件是铣削的一项重要工作(见表 9-1)。

机床用平口虎钳装夹工件时应注意以下要点:

(1)必须将零件的基准面紧贴固定钳口或虎钳导轨上表面,尽量以固定钳口承受铣削力。

(2)工件加工表面余量层必须稍高出钳口,工件应装夹在钳口中间部位,以使夹紧稳固、可靠。

表 9-1　安装工件

图　例	相关知识及要点
	1. 机用虎钳的结构。 • 机用虎钳体1和固定钳口2是一体的； • 机用虎钳体的底座上有4个缺口，可利用T形螺钉把它固定在铣床的工作台上； • 机用虎钳体后部的支座是阻止丝杆6轴向移动的； • 活动钳口5可沿导轨8滑动； • 压板9是阻止活动钳口向上动的； • 钳口护片3和4是用淬火工具钢做成的，使钳口不易磨损； • 丝杆末端7是套手柄或扳手转动丝杠用的
	• 回转式机用虎钳的结构与机用虎钳基本相同，只是下面多了一个转盘，可使钳口在水平面内转到任意需要的位置； • 回转式机用虎钳在使用时虽较方便，但由于多了一层结构，其刚度较差； • 一般在不需要转盘时，可把转盘拆掉。 2. 安装机用虎钳。 • 把机用虎钳装在卧式铣床工作台上时，钳口与主轴的位置应根据工件的长短来决定，对于长工件，钳口应与主轴垂直；对于短工件，钳口与进给方向垂直比较好； • 在立式铣床上应与进给方向一致； • 在粗铣和半精铣时，希望使铣削力指向固定钳口，因为固定钳口比较牢固
	3. 虎钳安装的校正方法。 1) 钳口与主轴平行的校正方法。 • 用90°角尺校正； • 钳口的平行度应在1/100mm以内； • 对平行度要求不高时，用目测即可； • 若对平行度要求较高时，可用90°角尺进行校正； • 校正时使90°角尺的一边与铣床的垂直导轨贴牢，另一边与固定钳口密合
	2) 钳口与主轴垂直的校正方法。 • 用百分表校正； • 钳口的垂直度误差应在1/100mm以内； • 对垂直度要求不高时，用目测方法； • 对垂直度要求较高时，使用百分表测量； • 将磁性底座装在导轨滑动面上； • 使百分表的测量头接触固定钳口
	4. 机用虎钳安装工件。 • 把毛坯装到机用虎钳上时，必须注意毛坯表面的情况，若粗糙不平或有硬皮的表面，必须在两钳口上垫铜皮； • 为了便于加工要选择适当厚度的垫铁，垫在工件的下面，使工件的加工面高出钳口，高出的尺寸，以能把工件的加工余量全部切削完而不致于切到钳口为宜； • 把工件放入钳口内以后，用手柄转动丝杆夹紧工件，夹紧后必须用铜锤轻轻敲打，使它紧贴在垫铁上
	5. 斜面工件在机用虎钳内的安装。 • 对斜面的工件或两个面很不平的工件，若用普通机用虎钳直接夹紧，必定会产生夹紧大端，而小端根本就没夹牢。为了避免这种现象，可在机用虎钳内加一对弧形垫铁

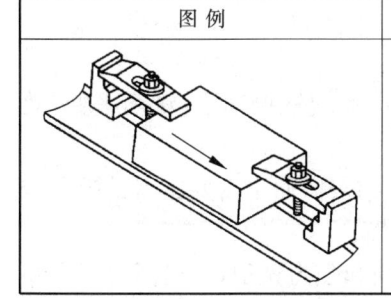

(续)

图例	相关知识及要点
	6. 用压板安装工件。 • 对中型、大型和形状比较复杂的工件,一般都利用压板把工件直接夹固在铣床工作台面上; • 对不太大的工件,如用面铣刀在卧式铣床上加工时,也往往利用压板来安装; • 使用压板时要注意压板的位置要安排妥当,压板螺栓必须尽量靠近工件,并且要使螺栓到工件的距离应小于螺栓到垫铁的距离; • 压板应压在工作台坚固的地方,不能有悬空

(3)装夹毛坯工件时,应在毛坯面与钳口之间垫上铜皮等物,并应检查钳口与夹持表面间的接触情况,若接触不好,应垫实借正。

知识点 2　工件平面的铣削加工

铣削平面是铣工基本的工作内容,也是进一步掌握其他各种复杂表面的基础。在立式铣床上铣削平面一般采用面铣刀或立铣刀。铣平面的技术要求,主要有平面度和表面粗糙度。

1. 平面的铣削加工方法

在铣床上铣削平面的方法有两种,即周边铣削(圆周)和端面铣削(端铣)。

1)周边铣削

周边铣削一般采用圆柱铣刀,用铣刀周边齿刃进行铣削。铣削平面时是利用分布在铣刀圆柱面上的切削刃来铣削并形成平面的,如图 6-3(a)所示。因铣削刀刃较多,加工平面有微小的波纹,要想获得较小的表面粗糙度值,工件的进给速度要慢,而铣刀的旋转速度应快。

用圆周铣铣出的平面,其平面度误差的大小,主要取决于铣刀的圆柱度。精铣时,要求铣刀的圆柱度误差比工件的平面度公差要小。

2)端面铣削

端面铣削一般采用面铣刀(也叫端铣刀),利用分布在铣刀端面上的切削刃来铣削并形成平面,如图 6-3(b)所示。用面铣刀在立式铣床上进行端铣,铣出的平面与铣床工作台台面平行。端铣也可以在卧式铣床上进行,铣出的平面与铣床工作台台面垂直。

用端铣方法铣出的平面,也有一条条刀纹,刀纹的粗细(影响表面粗糙度值的大小)同样与工件进给速度的快慢和铣刀转速的高低等诸因素有关。

用端铣方法铣出的平面,其平面度误差的大小,主要决定于铣床主轴轴线与进给方向的垂直度。若垂直,铣出表面分布网状的刀纹,如图 9-2 所示。若不垂直,铣出的平面呈凹面并有弧形刀纹,如图 9-3 所示。如果铣削时进给方向是从刀尖高的一端移向刀尖低

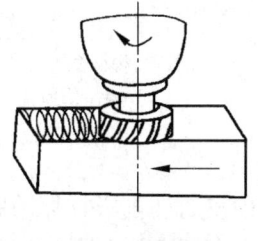

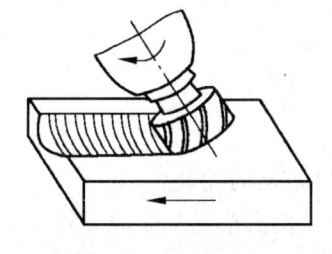

图 9-2　网状刀纹　　　　　　图 9-3　表面呈凹面

的一端,还会产生"拖刀"现象。因此,端铣平面时,应校正铣床主轴轴线与进给方向的垂直度。

3)圆周铣与端铣的比较

①面铣刀的刀杆短,刚性好,参与切削的刀齿数多,因此端铣振动小,铣削平稳,效率高。

②面铣刀的直径可以做得很大,端铣能一次铣出较宽的表面而不需要接刀。圆周铣时,工件加工表面的宽度受圆柱形铣刀宽度的限制不能太宽。

③面铣刀的刀片装夹方便、刚性好,适宜进行高速铣削和强力铣削,可提高生产率和减小表面粗糙度值。

④面铣刀每个刀齿所切下的切削厚度变化较小,因此端铣时铣削力变化小。

⑤在铣削层宽度、深度和每齿进给量相同的条件下,面铣刀不采用修光刃和高速铣削等措施,就能进行铣削,但端铣比圆周铣加工出的表面粗糙度值大。

⑥圆周铣削能一次切除较大的侧吃刀量 a_e。

端铣平面有较多优点,铣床用圆柱铣刀铣平面在许多场合被面铣刀铣平面所取代。

2. 顺铣与逆铣

1)铣削方式

铣削有顺铣和逆铣两种铣削方式,如图 9-4 所示。顺铣时,铣刀对工件的作用力在进给方向上的分力与工件进给方向相同。逆铣时则方向相反。

2)圆周铣顺铣的优缺点

顺铣时,铣刀对工件作用力 F_c 的分力压紧零件,铣削较平稳,适于不易夹紧的工件及细长的薄板零件铣削;切削刃切入工件时的切削厚度最大,并逐渐减小到零,这样切削刃切入容易,且切削刃与已加工表面的挤压、摩擦小,加工表面质量较高;消耗功率较小。但是,顺铣时,切削刃切入工件时,工件表面的硬皮和杂质易加速刀具磨损和损坏;铣削分力 F_f 与工件进给方向相同,当工作台进给丝杠与螺母的间隙较大及轴承的轴向间隙较大时,工作台会产生间断性窜动,导致刀齿损坏、刀杆弯曲以及工件与夹具产生位移,如图 9-5(a)所示。

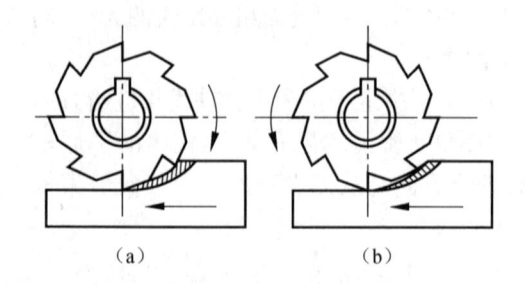

图 9-4 圆周铣时的顺铣和逆铣
(a)顺铣;(b)逆铣。

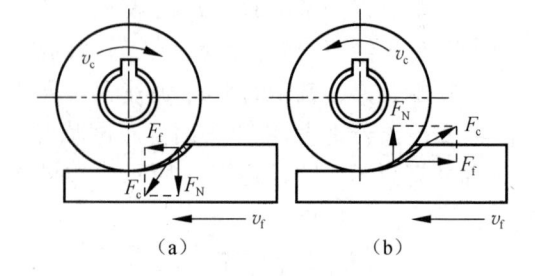

图 9-5 圆周铣时的切削力及其分力
(a)顺铣;(b)逆铣。

3)圆周铣逆铣的优缺点

逆铣时,切削刃沿已加工表面切入工件,零件表面硬皮对切削刃损坏的影响小;F_f 与工件进给方向相反而不会出现工作台窜动现象;但 F_N 始终向上(见图 9-4(b)),需要更大的夹紧力;在铣刀中心进入工件端面后,切削刃切入工件时的切屑厚度为零,并逐渐增到最大,切削刃与工件表面的挤压、摩擦严重,加速切削刃磨损,降低铣刀寿命,工件加工表面产生硬化层,降低工件表面的加工质量;消耗在进给运动方面的功率较大。

在铣床上进行圆周铣时,一般采用逆铣。当丝杠、螺母传动副的轴向间隙为0.03mm~0.05mm时,F_f小于工作台导轨间的摩擦力时,铣削不易夹牢和薄而细长的工件时,也可选用顺铣。

4)端铣时的顺铣与逆铣

端铣时,根据铣刀与工件之间的相对位置不同,分为对称铣削与非对称铣削两种。端铣同样存在着顺铣和逆铣。

①对称铣削。端铣时,工件的中心处于铣刀中心。对称铣时,一半为逆铣,一半为顺铣。对称铣削在侧吃刀量 a_e 接近铣刀直径时采用。

②非对称铣削。按切入边和切出边所占侧吃刀量的比例分为非对称顺铣和非对称逆铣,如图9-6所示。非对称顺铣的顺铣部分占的比例较大,端铣时一般不采用此法;在铣削塑性和韧性好、加工硬化严重的材料时,如不锈钢、耐热合金钢等,采用该法;非对称逆铣的逆铣部分占的比例较大,端铣时一般采用该法。

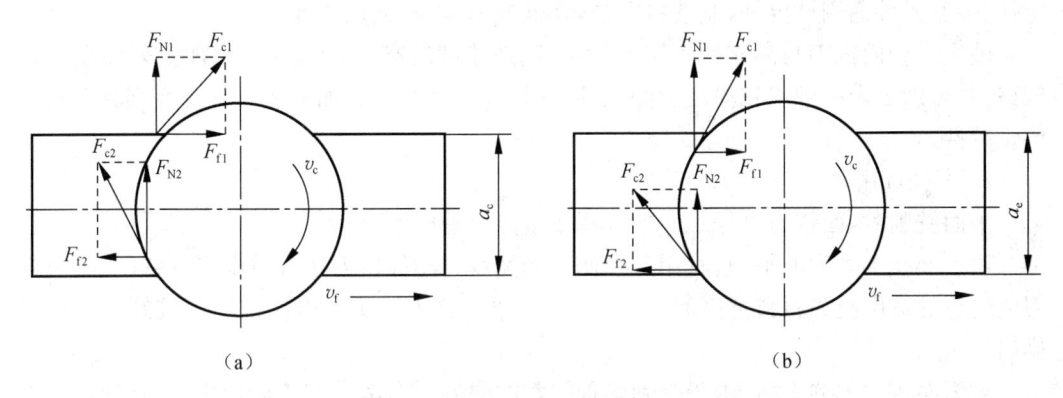

图 9-6 端铣非对称铣削
(a)非对称顺铣;(b)非对称逆铣。

由于顺铣时切削力在进给方向上的分力与进给方向相同,加之目前普通铣床的间隙消除机构不能有效地消除进给丝杠轴向间隙,因此为避免顺铣时产生"拉刀",实际操作中通常采用逆铣。只有在铣削力很小的精铣时,为提高加工表面质量,才采用顺铣。

知识点3 面铣刀及选用

面铣刀的圆周表面和端面上都有切削刃,端部切削刃为副切削刃。由于面铣刀的直径一般较大,为 $\phi50mm\sim\phi500mm$,故常制成套式镶齿结构,即将刀齿和刀体分开,刀体采用40Cr制作,可长期使用。硬质合金面铣刀与高速钢面铣刀相比,铣削速度较高、加工效率高、加工表面质量也较好,并可加工带有硬皮和淬硬层的工件,在数控面铣削时得到广泛应用。

1. 硬质合金可转位式面铣刀

硬质合金可转位式面铣刀(可转位式端铣刀),如图9-7所示。这种结构成本低,制作方便,刀刃用钝后,可直接在机床上转换刀刃和更换刀片。

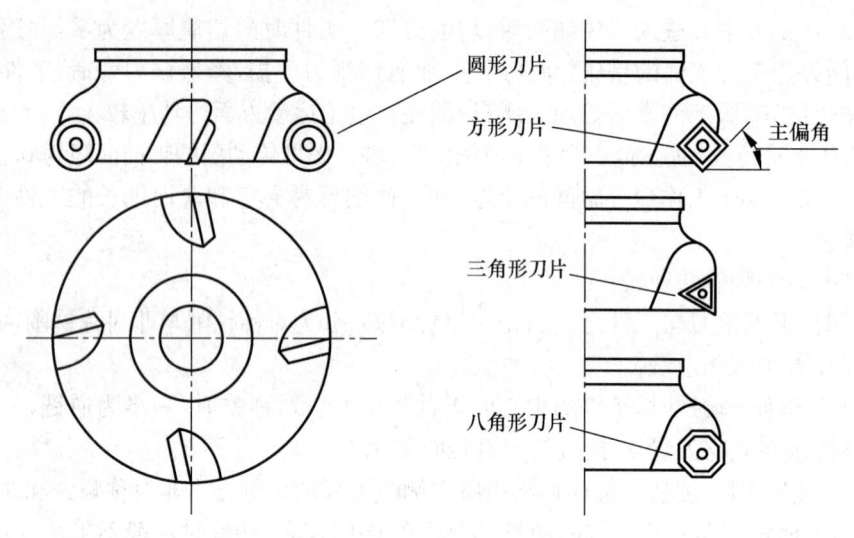

图 9-7 可转位面铣刀

可转位式面铣刀要求刀片定位精度高、夹紧可靠、排屑容易、更换刀片迅速等,同时各定位、夹紧元件通用性要好,制造更方便,降低成本,操作使用方便。

硬质合金面铣刀与高速钢面铣刀相比,铣削速度较高、加工效率高、加工表面质量也较好,并可加工带有硬皮和淬硬层的工件,在提高产品质量和加工效率等方面都具有明显的优越性。

2. 直径选用

平面铣削时,面铣刀直径尺寸的选择是重点考虑问题之一。

对于面积不太大的平面,宜用直径比平面宽度大的面铣刀实现单次平面铣削,平面铣刀最理想的宽度应为材料宽度的1.3倍~1.6倍。这种比例可以保证切屑较好地形成和排出。

对于面积太大的平面,由于受到多种因素的限制,如,考虑到机床功率、刀具和可转位刀片几何尺寸、安装刚度、每次切削的深度和宽度以及其他加工因素,面铣刀刀具直径不可能比加工平面宽度更大时,宜选用直径大小适当的面铣刀分多次走刀铣削平面。特别是平面粗加工时,切深大、余量不均匀,考虑到机床功率和工艺系统的受力,铣刀直径 D 不宜过大。

工件分散的、较小面积平面,可选用直径较小的立铣刀铣削。

面铣时,应尽量避免面铣刀刀具的全部刀齿参与铣削,即应该避免对宽度等于或稍微大于刀具直径的工件进行平面铣削。面铣刀整个宽度全部参与铣削(全齿铣削)会迅速磨损镶刀片的切削刃,并容易使切屑黏结在刀齿上。此外工件表面质量也会受到影响,严重时会造成镶刀片过早报废,从而增加加工的成本。

3. 面铣刀刀齿选用

面铣刀齿数对铣削生产率和加工质量有直接影响,齿数越多,同时参与切削的齿数也多,生产率高,铣削过程平稳,加工质量好,但要考虑到其负面的影响:刀齿越密,容屑空间小,排屑不畅,因此只有在精加工余量小和切屑少的场合用齿数相对多的铣刀。

可转位面铣刀的齿数根据直径不同可分为粗齿、细齿、密齿三种。粗齿铣刀主要用于粗加工；细齿铣刀用于平稳条件下的铣削加工；密齿铣刀的每齿进给量较小，主要用于薄壁铸铁的加工。

面铣刀主要以端齿为主加工各种平面。刀齿主偏角一般为 45°、60°、75°、90°，主偏角为 90°的面铣刀还能同时加工出与平面垂直的直角面，这个面的高度受到刀片长度的限制。

任务实施

1. 分析图样

分析平面铣削加工时应考虑：加工平面区域大小、加工面相对基准面的位置、加工平面的表面粗糙度要求，以及加工面相对基准面的定位尺寸精度、垂直度等要求。

如图 9-1 所示工件的上表面区域大小为 80mm×120mm 矩形，距基准面 40mm 高度位置，并要求相对基准面 A 有 0.08mm 的平行度，形状公差 0.04mm 平面度，Ra3.2 表面粗糙度。

2. 工艺过程

设面铣刀分两次铣削到指定的高度，粗铣切深 4mm，留有 1mm 的精加工余量，工序尺寸 41mm，精加工保证 40mm±0.02mm。

粗铣时，因面铣刀有 8 个刀齿（z=8），为刀齿中等密度铣刀，选 f_z=0.12，则 f=8×0.12≈1；参考 V=55m/min～105m/min，综合其他因素选 V=62.5m/min，则主轴转速 S=318×62.5/125≈150r/min，计算进给速度 $F=f_z×z×S=f×S$=1×150=150mm/min。

精铣时，为保证表面粗糙度值 Ra3.2，选 f=0.6，参考 V=55m/min～105m/min，综合切深小，进给量小，切削力小的因素，选 V=100m/min，则主轴转速 S=318×100/125≈300r/min，计算进给速度 F=f×S=0.6×300=180mm/min。

3. 加工步骤

铣削平面和控制尺寸的步骤如表 9-2 所列。

表 9-2　铣销平面和控制尺寸

作业图	操作步骤及说明	相关知识及要点
	1. 安装端铣刀。选择端铣刀直径时，若工件不太宽，应考虑在宽度上一次切除，否则影响表面粗糙度值	• 可靠地进行快换安装操作； • 铣削较大平面一般选择端铣刀； • 端铣刀的直径按铣削层宽度选择； • 铣刀直径等于铣削层宽度 B 的 1.2 倍～1.5 倍
	2. 选择夹具和安装工件。一般尺寸不大，形状简单的毛坯，采用机用虎钳装夹工件。 3. 选择切削用量。用查表法或计算法。 4. 进行试铣削	• 安装夹紧时，以使面积大的表面向上； • V=62.5m/min； • f_z=0.12mm/刃； • n=150r/min
	5. 粗铣。 6. 设定切削条件。 7. 铣削基准面（半精铣）。 8. 拆下工件	• V=100m/min； • f_z=0.12mm/刃； • 背吃刀量 0.6mm； • 检查加工面

(续)

作 业 图	操作步骤及说明	相关知识及要点
⌰ 0.08 A ▱ 0.06　√Ra3.2 40　A	9. 重新装夹工件。 10. 进行精铣 11. 测量厚度	• 使基准面向下； • 背吃刀量为0.6mm； • 仅铣削能够进行测量的长度； • 使用千分尺测量

4. 精度检验

对于平面铣削加工的精度检验，主要有以下项目。

1)测量尺寸精度和平行度

一般用千分尺测量平行面之间的尺寸，使其在要求范围内，但因平行度公差为0.08mm，因此用千分尺测得的尺寸最大偏差应在0.08mm以内。

2)测量平面度

(1)用刀口形直尺测量平面度。各个方向的平面度均应在0.06mm范围内，必要时可用0.06mm的塞尺检查刀口形直尺与被测平面之间缝隙的大小。

(2)用百分表检测平面度。将工件放在平板上，用三个千斤顶支撑(千斤顶开距尽量大些)，在高度游标尺上安装百分表，测量千斤顶三个顶尖附近平面的高度，通过调节千斤顶，使三点高度相等，然后以此高度为准测量工件上平面各点，百分表上的读数差即为平面度误差值。

3)测量垂直度

用90°角度尺测量相邻面垂直度时，应找出基准面，并注意在平面的两端测量，以测得最大实际误差值，分析并找出垂直度误差产生的原因。

4)测量表面粗糙度

通过目测类比法进行表面粗糙度的检验比较方便。

5. 误差分析

铣削零件平面常见问题及产生原因如表9-3所列。

表9-3 铣削零件平面常见问题及产生原因

常见问题	产生原因
平面度超差	①铣床工作台导轨的间隙过大，进给时工作台面上下波动或摆动等。 ②立铣头与工作台面不垂直
平行度较差	①工件装夹时定位面未与平行垫块紧贴。 ②圆柱铣刀有锥度。 ③平行垫块精度差、机用虎钳安装时底面与工作台面之间有脏物或毛刺等
垂直度较差	①立铣头轴线与工作台面不垂直。 ②虎钳安装精度差，钳口铁安装精度差或形状精度差，工件装夹时没有使用圆棒，工件基准面与定钳口之间有毛刺或脏物，衬垫铜片或纸片的厚度与位置不正确，虎钳夹紧时固定钳口外倾等
平行面之间尺寸超差	①铣削过程预检尺寸误差大。 ②工作台垂直向上升的吃刀量数据计算或操作错误。 ③量具的精度差，测量值读错等

(续)

常见问题	产生原因
表面粗糙度达不到要求	①铣削位置调整不当采用了不对称顺铣。 ②铣刀刃磨质量差和过早磨损,刀杆精度差引起铣刀端面跳动。 ③铣床进给有爬行,工件材料有硬点等

拓展训练

完成图 9-8 所示零件(V 形块)的铣削加工。材料 45 钢,毛坯尺寸 100mm×80mm×60mm。

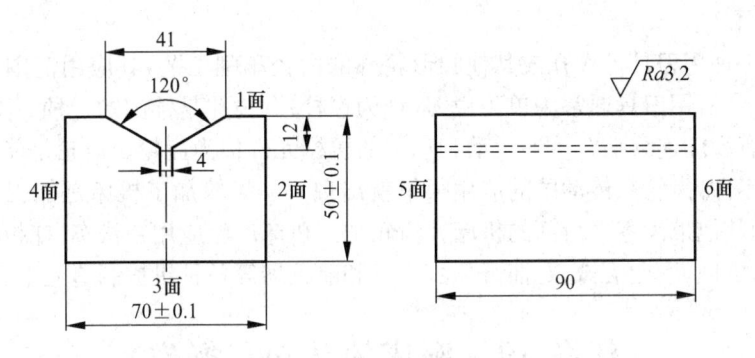

图 9-8 V 形块工件

要点分析

1. 任务分析

工件为 V 形块,由图样可知零件为六面体圆柱体、斜面、直槽组成的平面类零件,六面体尺寸为 90×70±0.1×50±0.1mm,斜面互成 120°对称分布,开口尺寸 41mm,直槽宽 4mm,深 12mm,零件表面粗糙度值 $Ra3.2\mu m$。由工件分析可知,工件加工在机床上完成,工作场地在金工车间。

2. V 形块铣削顺序

在立式铣床上,用 $\phi110mm$ 硬质合金镶齿端铣刀加工 6 个平面:

(1)将 3 面紧靠在平口虎钳导轨面上的平行垫铁上,即以 3 面为基准,零件在两钳口间被夹紧,立式铣床铣平面 1,使 1、3 面间尺寸至 52mm。

(2)以 1 面为基准,紧贴固定钳口,在零件与活动钳口间垫圆棒,夹紧后铣平面 2,使 2、4 面间尺寸至 72mm。

(3)以 1 面为基准,紧贴固定钳口,翻转 180°,使面 2 朝下,紧贴平形垫铁,铣平面 4,使 2、4 面间尺寸至 70mm。

(4)以 1 面为基准,铣平面 3,使 1、3 面间尺寸至 50mm。

(5)铣 5、6 两面,使 5、6 面间尺寸至 90mm,在卧式铣床上,用切槽刀、角度铣刀加工直槽和斜面。

(6)用平口虎钳装夹按划线找正,铣直槽,槽宽 4mm,深为 12mm。

(7)用平口虎钳装夹铣 V 形槽至尺寸 41mm。

项目 3　零件的磨削、镗削及齿轮加工

磨削加工在机械制造行业中是应用较为广泛的切削加工方法之一。是用磨料和磨具切除工件(一般为经热处理淬火的碳素工具钢和渗碳淬火钢零件)上多余材料的加工方法。常用于加工各种工件的内外圆柱面、圆锥面和平面,以及螺纹、齿轮和花键等特殊、复杂的成形表面。

镗削是一种用刀具扩大孔或其他圆形轮廓的内径车削工艺,其应用范围一般从半粗加工到精加工,所用刀具通常为单刃镗刀(称为镗杆)。镗孔是镗削的一种。

轮缘上有齿能连续啮合传递运动和动力的机械元件称为齿轮。齿轮是能互相啮合的有齿的机械零件,齿轮在传动中的应用很早就出现了。齿轮加工机床是加工各种圆柱齿轮、锥齿轮和其他带齿零件齿部的机床。齿轮加工机床广泛应用在汽车、拖拉机、机床、工程机械、矿山机械、冶金机械、石油、仪表、飞机和航天器等各种机械制造业中。

任务 10　磨床的认知与操作

磨床是利用磨具对工件表面进行磨削加工的机床。大多数的磨床是使用高速旋转的砂轮进行磨削加工,少数的是使用油石、砂带等其他磨具和游离磨料进行加工,如珩磨机、超精加工机床、砂带磨床、研磨机和抛光机等。磨床能加工硬度较高的材料,如淬硬钢、硬质合金等;也能加工脆性材料,如玻璃、花岗石。磨床能进行高精度和表面粗糙度很小的磨削,也能进行高效率的磨削,如强力磨削等。磨削加工的工艺范围非常广泛,能完成各种零件的精加工。主要有外圆磨削、内圆磨削、平面磨削、螺纹磨削、刀具刃磨,还有齿轮磨削、曲轴磨削、成形面磨削、工具磨削等。

> **学习目标**
>
> (1)能现场辨识磨床的类型,分析磨床型号的含义;
> (2)能了解相关磨削的加工范围及特点;
> (3)能根据材料选择合适的砂轮;
> (4)能够正确进行砂轮的安装与拆卸;
> (5)能够做到安全操作磨床;
> (6)正确进行磨床的维护和保养。

任务描述

在该任务中,教师逐一解释相关的磨床部件构成和加工零件工艺特点和适用条件,在此基础上指导学生辨识磨床的类型,分析磨床型号的含义,并且能根据工件材料选择合适

的砂轮,能够正确进行砂轮的安装与拆卸,正确进行磨床的维护和保养,能够做到安全操作磨床。

知识链接

知识点1 磨床的认知

磨床的种类很多,常用的有外圆磨床、内圆磨床和平面磨床等。

1. 磨床型号

按国家标准 GB/T15375—1994《金属切削机床型号编制方法》的规定,下述型号的意义:

M1432A 即最大磨削直径为 320mm,系经一次重大改进后的万能外圆磨床。

M7120 即工作台面宽度为 200mm 的卧式矩形工作台平面磨床。

2. 万能外圆磨床结构及工作分析

万能外圆磨床可以磨削外圆柱和外圆锥面。M1432A 型万能外圆磨床是应用最普遍的外圆磨床,主要用于磨削内外圆柱面、内外圆锥面,还可磨削阶梯轴轴肩及端面和简单的成形回转体表面等。下面以 M1432A 型万能外圆磨床为例进行分析。

1)万能外圆磨床的主要组成部件

M1432A 型万能外圆磨床主要由床身、工作台、头架、尾座、砂轮架、内圆磨具等部件组成,如图 10-1 所示。

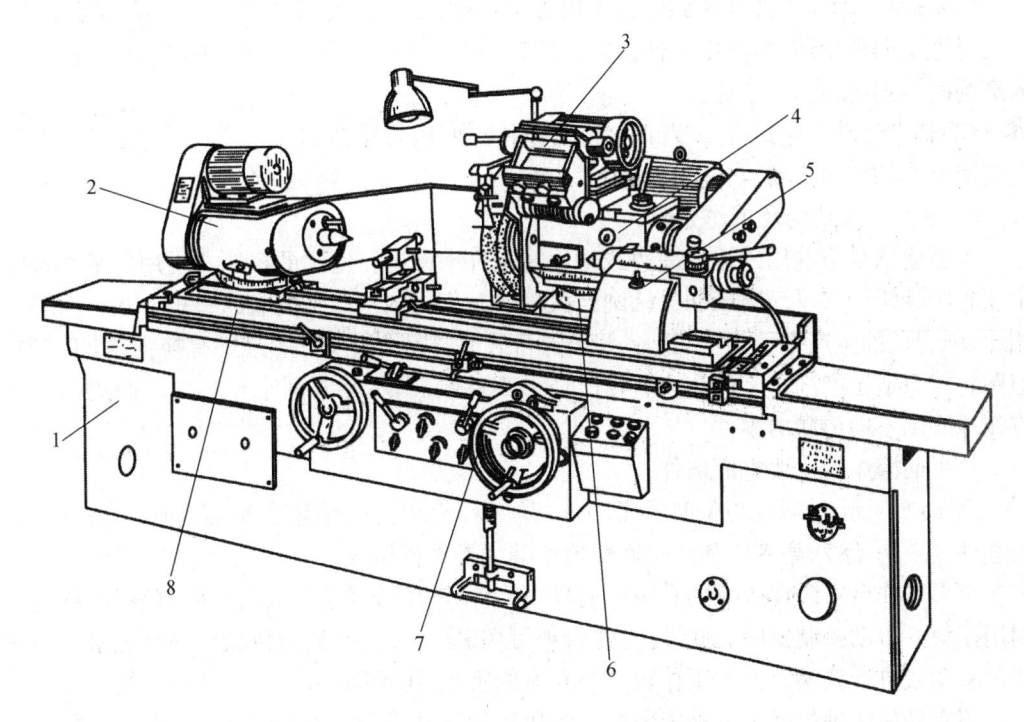

图 10-1 M1432A 型万能外圆磨床
1—床身;2—头架;3—内圆磨具;4—砂轮架;5—尾座;6—滑鞍;7—横向进给手轮;8—工作台。

床身 1 用来安装磨床的各个部件,床身内有液压系统,床身上有纵向和横向导轨。

头架 2 上装有主轴,主轴端部安装顶尖、拨盘、活卡盘,用于装夹工件。主轴由单独电动机驱动,通过皮带轮,使工件获得多种旋转速度。头架可在水平面内逆时针偏转 90°。

内圆磨具 3 由单独的电机驱动,带动磨内圆的砂轮主轴旋转。磨削内孔时,应将内圆磨具翻下。

砂轮架 4 用来安装砂轮,由单独电动机通过皮带传动,带动砂轮高速旋转。砂轮架可沿床身上的横向导轨通过液压传动,做横向快速进退和自动周期进给运动,横向移动也可手动获得。砂轮架还可在水平面内回转±30°角。

尾座 5 装有顶尖,和头架的前顶尖一起支承工件。它在工作台上的位置,可根据工件长度调整。尾架套筒的后端装有弹簧,依靠弹簧的推力夹紧工件。磨削长工件时,可避免工件因受切削热无法伸长所造成的弯曲变形,也便于工件的装卸。

转动横向进给手轮 7,可以使滑鞍 6 及砂轮架 4 作横向进给运动。

工作台 8 由上下两层组成,上工作台可绕下工作台在水平方向转动±10°,以便磨出小锥角的较长锥体。工作台由液压传动沿床身纵向导轨做直线往复运动,实现纵向进给。在工作台前侧的 T 型槽里,装有两个换向挡铁,用以控制工作台自动换向,工作台的纵向移动也可通过手轮手动操作。

2)万能外圆磨床的运动分析

(1)主运动　磨外圆时以砂轮的旋转运动为主运动,磨内圆表面时以内圆磨具的旋转运动为主运动,单位为 r/min。

(2)进给运动　工件高速旋转为圆周进给运动;工件往复移动为纵向进给运动;砂轮磨削时做横向进给运动,其中工件往复纵向进给时,砂轮作周期性横向间歇进给,砂轮切入磨削时为连续性横向进给。

(3)辅助运动　包括为了装卸和测量工件方便,砂轮所作的横向快速回退运动以及尾架套筒所作的伸缩移动。

3. 平面磨床结构及工作分析

平面磨床是指利用砂轮的周边或端面对工件平面进行磨削的机床。常用的平面磨床主要有卧轴矩台式平面磨床和立轴圆台式平面磨床。圆台式平面磨床和矩台式平面磨床相比,圆台式的生产率稍高些,这是由于圆台式是连续进给,而矩台式有换向时间损失。但圆台式只适于磨削小零件和大直径的环形零件端面,不能磨削窄长零件。而矩台式可方便地磨削不同形状的零件。

1)平面磨床的主要组成部件

图 10-2 所示为 M7120A 型平面磨床,是一种常用的卧轴矩台平面磨床。它由床身 9、立柱 5、工作台 7、磨头 1 和砂轮修整器 4 等主要部件组成。

矩形工作台安装在床身的水平纵向导轨上,由液压传动系统实现纵向直线往复运动,利用撞块 6 自动控制换向。此外,工作台也可用纵向手轮 10 通过机械传动系统手动操纵往复移动或进行调整工作。工作台上装有电磁吸盘,用于固定、装夹工件或夹具。

装有砂轮主轴的磨头可沿床鞍 2 上的燕尾导轨移动,磨削时的横向步进进给和调整时的横向连续移动,由液压传动系统实现,也可用横向手轮 3 手动操纵。

磨头的高低位置调整或垂直进给运动,由升降手轮 8 操纵,通过床鞍沿立柱的垂直导轨移动来实现。

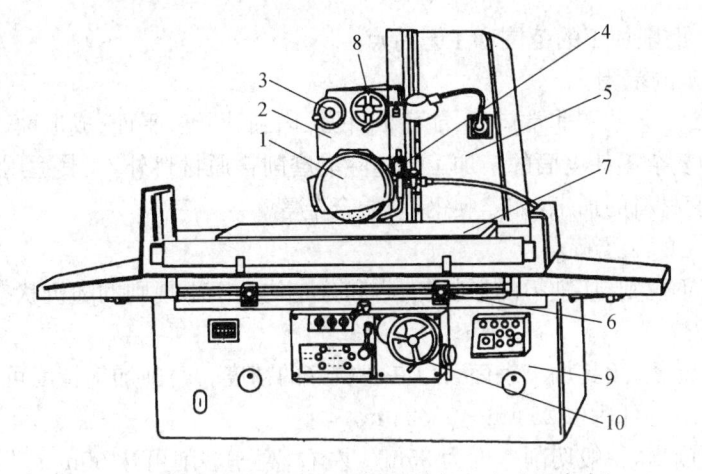

图 10-2　M7120A型平面磨床(卧轴矩台平面磨床)
1—磨头；2—床鞍；3—横向手轮；4—砂轮修整器；5—立柱；6—撞块；7—工作台；
8—升降手轮；9—床身；10—纵向手轮。

2)平面磨床的运动分析

平面磨削的方式通常有周磨和端磨两种。

周磨是用砂轮的轮缘面磨削平面，磨削时主运动是砂轮的高速旋转，纵向进给运动是工件的纵向往复运动或圆周运动，横向进给运动是砂轮周期性横向移动，垂直进给运动是砂轮对工件作定期垂直移动，如图 10-3(a)、(b)所示。

端磨是用砂轮的端面进行磨削，磨削时主运动是砂轮的高速旋转，工作台作纵向往复进给或圆周进给。砂轮轴向垂直进给如图 10-3(c)、(d)所示。

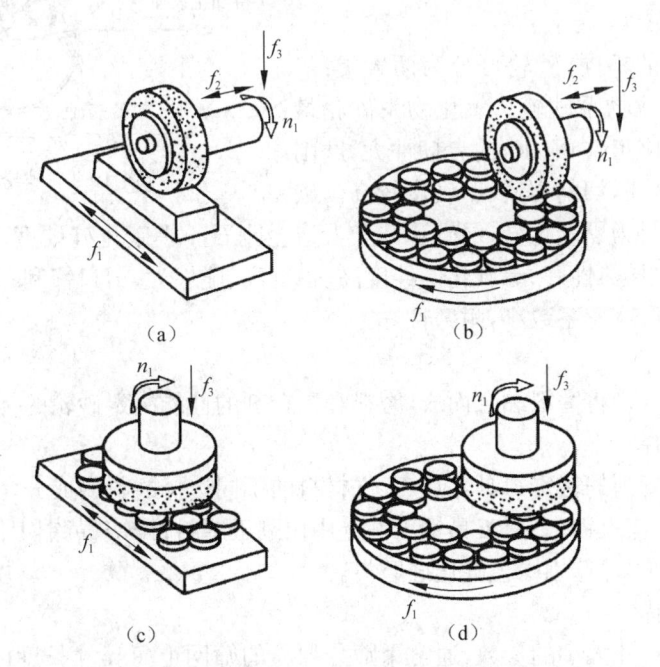

图 10-3　平面磨床加工运动分析
(a)卧轴矩台；(b)卧轴圆台；(c)立轴矩台；(d)立轴圆台。

103

知识点2　磨削加工的范围和工艺特点

1. 磨削加工的范围

磨削加工的工艺范围非常广泛,能完成外圆、内圆、圆锥、平面、成形面、螺纹、曲轴、齿轮、刀具等各种复杂零件表面的精加工。它除能磨削普通材料外,尤其适用于一般刀具难以切削的高硬度材料的加工,如淬硬钢、硬质合金等。

2. 磨削加工的工艺特点

(1)切削刃不规则,切削刃的形状、大小和分布均处于不规则的随机状态,通常切削时为很大的负前角。

(2)切削厚度薄,故其加工表面可以获得较好的精度。磨削加工精度可达IT6～IT4,表面粗糙度Ra。值可达$1.25\mu m\sim 0.02\mu m$。

(3)切削速度高,一般切削速度为35m/s左右,高速磨削可达60m/s,但切削过程中,砂轮对工件有强烈的挤压和摩擦作用,导致大量的热量产生,在磨削区域瞬间温度可达1000℃左右,因此,磨削时必须加注大量的切削液。

(4)加工材料种类范围广,适应性强。

(5)砂轮在磨削过程中有自锐性。

知识点3　认知砂轮

1. 砂轮的组成、分类

砂轮是由磨粒、结合剂和空隙三部分组成的。磨粒以其裸露在表面部分的棱角作为切削刃;结合剂将磨粒黏结在一起,经加压与焙烧使之具有一定的形状和强度;空隙则在磨削过程中起容纳切屑、切削液和散逸磨削热的作用。其结构示意如图10-4所示。

按磨料种类的不同,砂轮可分为两大类:氧化物系砂轮和碳化物系砂轮。氧化物系砂轮最常用的磨料为棕刚玉、白刚玉,前者韧性大,磨削性能好,后者纯度高,切削刃锐利,硬度较高。碳化物系常用的磨料为黑碳化硅、绿碳化硅和人造金刚石。黑碳化硅硬度高、韧性小,磨粒切削刃锐利,导电导热性好;绿碳化硅纯度高、强度高、脆性大、刃口锋利;人造金刚石硬度高,颗粒棱角锋利,摩擦系数小,耐磨性好。

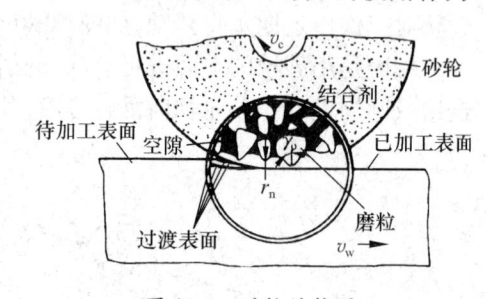

图10-4　砂轮结构图

2. 选择砂轮

砂轮是用黏合剂将磨料黏合而成,磨料和黏合剂的性能决定砂轮的韧性。

1)磨料的选择

磨料是砂轮切削的特殊刃具,应按工件材料的不同选择磨料的成分,一般碳素钢工件选用棕刚玉磨料;淬火钢、高速工具钢工件选用白刚玉磨料;铸铁、黄铜工件选用黑色碳化硅磨料;硬质合金工件选用绿色碳化硅磨料。

2)粒度的选择

粒度是磨粒尺寸大小的参数,通常用筛分颗粒的筛网上每英寸长度内的筛孔数量来表示,因此粒度号较大则磨粒尺寸较小。常用的粒度号是46号～80号。粗磨时应选用粒度号较小即磨粒较粗大的砂轮,以提高生产效率;精磨时应选用粒度号较大即磨粒较细小的砂轮以减小加工表面粗糙度。

3)硬度的选择

砂轮的硬度是指黏合剂黏结磨粒的牢固程度,砂轮硬表示磨粒难以脱落;砂轮软则磨粒较易脱落。常用的硬度等级是软2、软3、中软1、中软2、中1和中2。磨削较硬材料时,磨粒容易钝化,应选用较软的砂轮,以使磨钝的磨粒及时脱落,露出锋锐的新磨粒,保持砂轮的自锐性;磨削较软材料时,应选用较硬的砂轮,防止磨粒过早脱落,充分发挥切削作用。

4)形状和尺寸的选择

砂轮的形状有平形、薄片形、筒形等,如图10-5所示。平形砂轮用于磨削外圆、内圆、平面等;薄片形砂轮用于切断与切槽;筒形砂轮用于端磨平面;单面凹形(杯形)砂轮用于磨削内圆与平面。砂轮的形状和尺寸都已标准化,可按机床的规格和加工要求来选择。

平行　单面凹形　薄片形　筒形　碗形　碟形　双斜边形

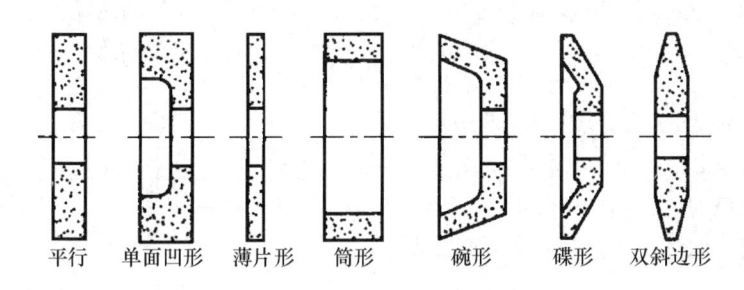

图10-5　砂轮的形状

3. 安装、修整砂轮

1)砂轮裂纹的鉴别

安装砂轮时,先检查砂轮。检验时,一手托住砂轮,用木锤轻敲听其声音。无裂纹的砂轮声音清脆,有裂纹的砂轮声音则嘶哑(严禁使用)。禁止用坚硬的物件敲击砂轮。

2)砂轮的安装

砂轮的安装方法如图10-6所示。较大的砂轮用带台阶的法兰盘装夹,如图10-6(a)所示。砂轮用法兰盘直接装在砂轮轴上的安装步骤:擦净法兰盘,在法兰盘底座上放一衬垫,并将法兰座垂直放置;装入砂轮;安放衬垫和法兰盖;用圆螺母扳手逆时针方向将螺母旋紧,如图10-6(b)所示。小砂轮用螺母紧固在砂轮轴上,如图10-6(c)所示。更小的砂轮可用胶黏剂粘固在轴颈上,如图10-6(d)所示。较大砂轮安装好以后要进行静平衡。

3)砂轮的平衡

(1)平衡工具

①平衡块。平衡块安装在法兰盖的环形槽内,形状如图10-7所示。其作用是改变砂轮不平衡的状况。数量将根据平衡需要确定。

②平衡架主要由支架和轴轨组成。平衡架可通过三个螺钉支承在地基上(见图10-8)。

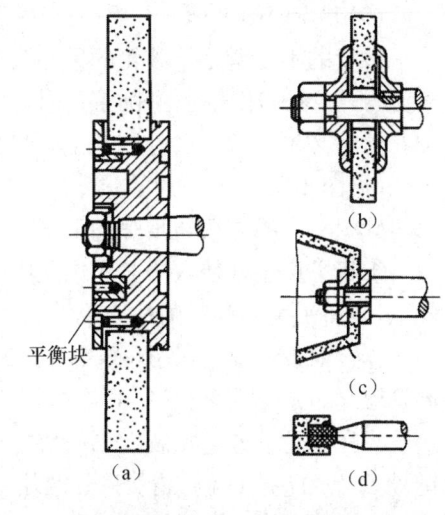

图10-6　安装砂轮方法

图 10-7 平衡块

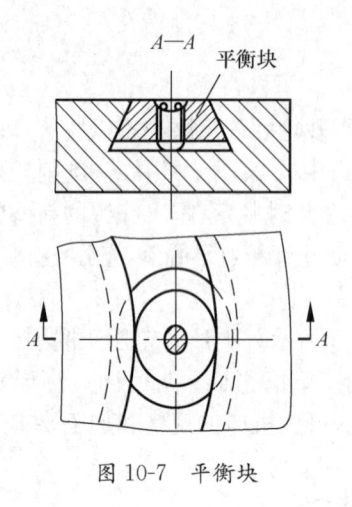

图 10-8 平衡架
1—轴轨；2—螺钉；3—支架。

③平衡心轴。心轴要求两端圆柱部分等直径，并且与外锥面同轴，外锥面与法兰座内锥面配合要求良好，如图 10-9 所示。

④水平仪。水平仪用来测量平衡架导轨水平位置。

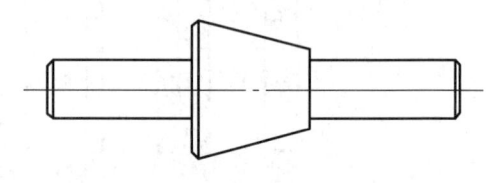

图 10-9 平衡心轴

(2)平衡架的调整方法与步骤。

①在平衡架圆柱导轨上安放两块等高的平板。

②将水平仪放在平板上，方向与圆柱导轨垂直，调整平衡架的支承螺钉，使水平仪气泡处于中间位置。

③再将水平仪转 90°，方向与圆柱导轨平行，调整平衡架螺钉使水平仪气泡处于中间位置(见图 10-8)。

④用②和③的方法反复检查和调整，直至圆柱导轨在纵向和横向都处于水平位置，允许误差在 0.02mm/1000mm 以内。

(3)砂轮的静平衡。

砂轮的不平衡是指砂轮的重心与回转轴线不重合。砂轮高速旋转时，将产生较大的离心力，导致机床振动，磨削工件时产生振痕、机床轴承磨损加剧等，严重时会造成砂轮碎裂。砂轮必须经过两次静平衡后，才能使用。砂轮直径大于 250mm 时应采用三点平衡方法(见图 10-10)。

砂轮平衡的方法与步骤如下：

①将平衡心轴装入法兰座锥孔中，并用螺母锁紧。然后将砂轮轻放在平衡架圆柱导轨上，并使平衡心轴与圆柱导轨轴线垂直。

②转动砂轮，若不平衡，砂轮会在最轻、最重连线的垂直方向来回摆动，当摆动停止时，砂轮较重部分在砂轮下方。可在砂轮上方作一记号，如图 10-10(a)中的 A 点(A 轻点)。

③在砂轮下方重点装上第一块平衡块 1，并使记号 A 停留在原位不变，然后在对称于记号 A 点的左右两侧，装上另外两块平衡块 2 和 3，如图 10-10(b)所示，同样应保持 A 点位置不变，如有改变可上下同时移动两个平衡块 2 与 3，直到轻点恢复到最初位置为止。

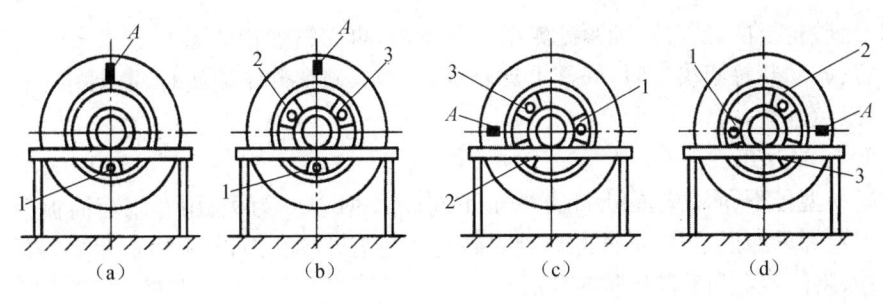

图 10-10 砂轮的静平衡
1,2,3—平衡块。

④将砂轮转 90°,使 A 点处于水平位置,如图 10-10(c)所示。若不平衡,可同时移动两边平衡块 2 和 3,若 A 点较轻,则两平衡块同时向 A 靠拢,若 A 点较重,则两平衡块同时分开远离 A 点,直到轻点和重点左右平衡为止。

⑤然后将砂轮转 180°使 A 点处于图 10-10(d)所示的位置,检查砂轮平衡状况,若不平衡用④的方法移动平衡块 2 和 3。

⑥将④、⑤结合起来反复调整,直至平衡。如果砂轮在其他任何位置都能静止,说明砂轮已平衡好。一般新安装的砂轮必须进行两次静平衡。第一次静平衡砂轮要达到 6 对应点平衡。第二次静平衡必须达到 8 对应点以上。砂轮平衡后,平衡块应紧固。

注意:随时注意平衡心轴与平衡架圆柱导轨垂直;平衡时防止平衡架水平位置发生变化。移动平衡块时,移动量不能大,以防止重心发生变化。

4)砂轮端面的修整

为了磨削工件的端面,需要将砂轮一侧端面修成凹斜面(图 10-11(a))或凹平面(图 10-11(b)),并使端面留出 2mm 的切削刃参加工作,砂轮端面的其他部分应低于外端面。

(1)首先修整砂轮左端面,松开砂轮架底座的锁紧螺母,逆时针转动砂轮架(1°~2°),如图 10-11(a)所示。

(2)修整砂轮端面,应戴好眼镜,以防止砂粒飞入眼睛。

(3)安装砂轮修整器,摇动纵向手轮,使金刚刀对准砂轮端面(图 10-12),当砂轮与金刚刀尖接触,摇动横向手轮使金刚刀在砂轮端面上前后移动,经几次进给修整,将砂轮端面修成凹斜面,金刚刀轴线与砂轮端面倾斜,如图 10-11(a)所示;或采用砂轮架横向移动,金刚刀轴线与砂轮端面垂直,保证 $H \approx 2mm$ 宽度的环形凹平面,如图 10-11(b)所示。

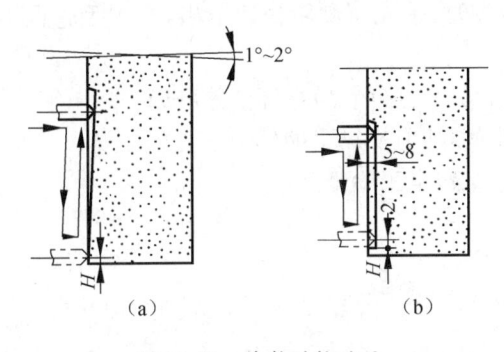

图 10-11 修整砂轮端面
(a)修凹斜面;(b)修凹平面。

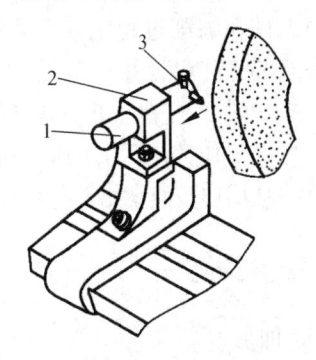

图 10-12 砂轮修整器
1—圆杆;2—支架;3—修整工具。

(4)让砂轮架恢复零位,锁紧砂轮架底座螺母,再修整砂轮外圆。

注意:起动砂轮架快进时,修整工具要避开砂轮;修整砂轮端面时,控制好工作台纵向进给量,以免碰撞。

4. 砂轮的拆卸

磨床的型号不同,砂轮的拆卸方法也不同。以 M6020 为例,用专用套筒扳手将主轴端部的固定螺母卸下,再将拆卸螺母旋入砂轮法兰盘螺纹孔内,然后用扳手旋转拆卸螺母上的螺杆,将法兰盘与砂轮一同卸下。

知识点 4　磨床的维护和保养

1. 维护和保养

(1)禁止在磨床头架、工作台和尾座上放置工具、量具、工件及其他物件。

(2)装拆大直径或重量较重的工件,应在工作台台面上放置木板,以免损坏磨床。

(3)移动头架和尾座时,应先擦干净工作台台面和前侧面,并涂一层润滑油,以减少移动头架或尾座时工作台的磨损。

(4)启动砂轮前应检查砂轮架主轴箱内的润滑油是否达到规定要求。启动时应先点动,在判断无异常后,才可启动砂轮旋转。

(5)启动工作台前,应认真检查床身导轨面的清洁及润滑状况。

(6)磨床工作时禁止离开,否则必须关停机床。

(7)每班工作前应对尾座上的 3 个油孔注润滑油。

(8)每班工作完毕后,应清除磨屑,擦净切削液使磨床保持清洁,并在工作台台面、顶尖及尾座套筒上涂润滑油。

2. 安全操作技术

(1)必须正确安装和紧固砂轮,安装好砂轮防护罩;新砂轮要用木棒敲击检查是否有裂纹。

(2)磨削前应使砂轮空运转两分钟,在确定运转正常后才能开始磨削。砂轮运转时,操作人员应站立在砂轮侧面。

(3)开车前必须调整好行程挡铁的位置并将其紧固。要防止砂轮与工件轴肩或卡盘、尾座撞击。

(4)工件要装夹牢固。使用顶尖装夹时,尾座套筒压力要适当;平面磨削工件时工件不能太高,确保磁性吸盘电路正常。

(5)工件在磨削过程中需要测量或加工结束时,须先将砂轮快速退出,再用手轮退出些,在头架和工作台停止运动后再测量。

(6)操作时必须精力集中,随时注意加工情况,一遇问题应立即关停磨床。

(7)每日工作完毕后,工作台应停在机床中间,所有操纵手柄处于"空挡"位置。

(8)注意用电安全,发生电器故障应及时请维修电工检修。

任务实施

1. 实训地点

实训基地磨削加工车间。

2. 组织体系

在教师的指导下,对磨床某些部分进行拆装,观察机床内部结构,熟悉磨床各部分的功用及设计、使用要求。通过网络查找相关类型磨床的资料,并查找主流生产厂商磨床产品的技术参数和介绍。

每班班级分为三个组,分别任命各组组长,负责对本组进行出勤、学习态度的考核,能根据工件材料选择合适的砂轮,正确进行砂轮的安装与拆卸,同时掌握磨床的润滑和维护保养方法,并及时收集学生自评及互评资料。

3. 实训总结

在教师的指导下总结磨床各组成部分的功用,并对磨床的主要部件结构的工作原理进行分析。通过砂轮的安装与拆卸操作练习,掌握其磨床的基本安全操作要领,理解并能对磨床进行日常润滑和维护保养。

拓展训练

了解磨床的发展历程,试对无心磨床磨削时易发生的故障及其原因进行分析。

要点分析

磨床能加工硬度较高的材料,如淬硬钢、硬质合金等;也能加工脆性材料,如玻璃、花岗石。磨床能作高精度和表面粗糙度很小的磨削,也能进行高效率的磨削,如强力磨削等。

1. 磨床的发展历程

18世纪30年代,为了适应钟表、自行车、缝纫机和枪械等零件淬硬后的加工,英国、德国和美国分别研制出使用天然磨料砂轮的磨床。这些磨床是在当时现成的机床如车床、刨床等上面加装磨头改制而成的,它们结构简单,刚度低,磨削时易产生振动,要求操作工人要有很高的技艺才能磨出精密的工件。

1876年在巴黎博览会展出的美国布朗—夏普公司制造的万能外圆磨床,是首次具有现代磨床基本特征的机械。它的工件头架和尾座安装在往复移动的工作台上,箱形床身提高了机床刚度,并带有内圆磨削附件。1883年,这家公司制成磨头装在立柱上、工作台作往复移动的平面磨床。

1900年前后,人造磨料的发展和液压传动的应用,对磨床的发展有很大的推动作用。随着近代工业特别是汽车工业的发展,各种不同类型的磨床相继问世。例如20世纪初,先后研制出加工气缸体的行星内圆磨床、曲轴磨床、凸轮轴磨床和带电磁吸盘的活塞环磨床等。

自动测量装置于1908年开始应用到磨床上。到了1920年前后,无心磨床、双端面磨床、轧辊磨床、导轨磨床,珩磨机和超精加工机床等相继制成使用;20世纪50年代又出现了可作镜面磨削的高精度外圆磨床;60年代末又出现了砂轮线速度达60m/s～80m/s的高速磨床和大切深、缓进给磨削平面磨床;70年代,采用微处理机的数字控制和适应控制等技术在磨床上得到了广泛的应用。

2. 无心磨床磨削时易发生的故障及其原因

1) 零件不圆(见表10-1)

表10-1 零件不圆的产生原因及消除方法

序号	产生原因	消除方法
1	导轮没有修圆	重修导轮,待导轮修圆为止(通常修到无断续声为止)
2	磨削次数少或上道工序椭圆度过大	适当增加磨削次数
3	砂轮磨钝	重修砂轮
4	磨量过大或走刀量过大	减少磨量和重刀速度

2) 零件有棱边形(多边形,见表10-2)

表10-2 零件有棱边形、多边形的产生原因及消除方法

序号	产生原因	消除方法
1	零件中心提高不够	准确提高零件中心度
2	零件轴向推力过大,使零件紧压挡销而不能均匀的旋转	减少导轮倾角到 0.5°或 0.25°,如果还不能够解决时,便要检查支座的平衡度
3	砂轮不平衡	平衡砂轮
4	零件中心过高	适当降低零件中心高度

3) 零件表面的振动痕迹(即零件表面呈现鱼斑点及直线白色线条,见表10-3)

表10-3 振动痕迹的产生原因及消除方法

序号	产生原因	消除方法
1	砂轮不平衡面引起的机床振动	仔细平衡砂轮
2	零件中心提高使零件跳动	适当降低零件中心
3	砂轮磨钝或砂轮表面修得太光	重修砂轮或适当增加砂轮修整速度
4	导轮旋转速度太快	适当降低导轮转速

4) 零件有锥度(见表10-4)

表10-4 零件有锥度的产生原因及消除方法

序号	产生原因	消除方法
1	由于前导板比导轮母线低得过多或前导板向导轮方向倾斜面引起零件前部小	适当移进前导板及调整前导板与导轮母线平行
2	由于后导板表面与导轮母线低或后导板向导轮方面倾斜而引起零件后部小	调整后导板的导向表面与导轮母线平行,并且在一条线上
3	砂轮由修整不正确,零件前部或后部产生锥度	根据零件锥度的方向,调整砂轮修正中的角度重修砂轮
4	砂轮与导轮表面已磨损,零件前部或后部产生锥度	重修砂轮与导轮

5) 零件中间大两头小(见表10-5)

表10-5 零件中间大两头小的产生原因及消除方法

序号	产生原因	消除方法
1	前后导板均匀向砂轮一边倾斜	调正前后导板
2	砂轮修整成腰鼓形	修正砂轮,每次修正余量不要过大

任务 11　轴的磨削加工

轴的高精度加工和硬表面加工，主要是进行外圆磨削，在外圆磨床上进行，用以磨削轴类工件的外圆柱、外圆锥和轴肩端面。磨削时，工件低速旋转，如果工件同时作纵向往复移动并在纵向移动的每次单行程或双行程后砂轮相对工件作横向进给，称为纵向磨削法。如果砂轮宽度大于被磨削表面的长度，则工件在磨削过程中不作纵向移动，而是砂轮相对工件连续进行横向进给，称为切入磨削法。一般切入磨削法效率高于纵向磨削法。如果将砂轮修整成成形面，切入磨削法可加工成形的外表面。

学习目标

(1) 能够阅读、分析零件图；
(2) 能够参阅机床、设备的中英文说明书，查阅工具书、手册，获得零件加工相关资讯；
(3) 能够对车削完毕的轴进行工艺分析，识读工艺文件，确定切削用量和工时定额以进行磨削加工；
(4) 能够操作磨床进行加工；
(5) 能够掌握磨床上工件的装夹方式；
(6) 能够利用量具进行工件检验；
(7) 能够维护机床及工艺装备；
(8) 能够掌握操作规范、环境保护的相关规定及内容；
(9) 能够独立学习和操作，并有团队精神和职业道德。

任务描述

根据如图 11-1 所示轴的图纸及技术要求，以工艺过程及工艺装备的选择为重点编写加工工序卡，熟练操作磨床，控制好轴的加工尺寸。掌握磨削用量的选择原则，磨削外圆及平面的加工方法，并能够对其加工质量进行检验。

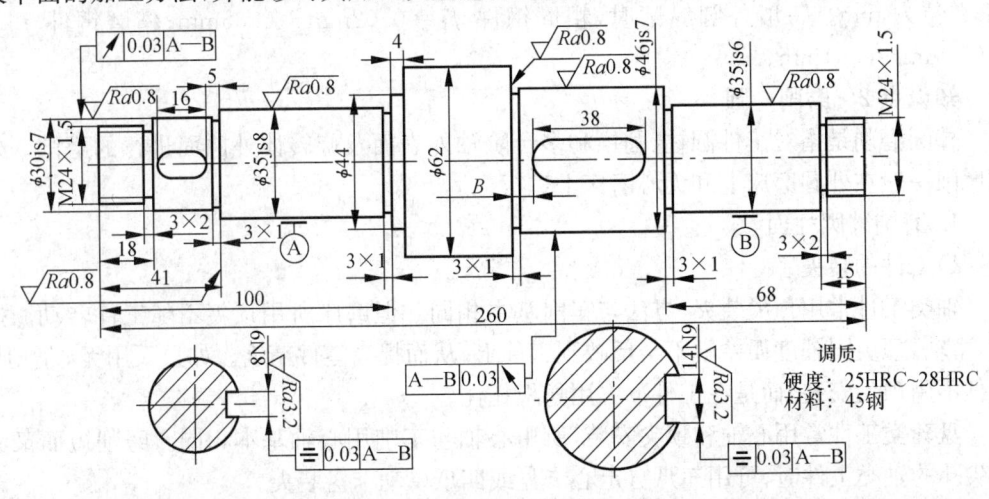

图 11-1　轴

知识链接

知识点1 磨削用量的选择

磨削用量是磨削过程中磨削速度和进给量的总称。以外圆磨削为例,磨削用量包括:磨削速度 v_s、工件速度 v_w、工件纵向进给量 f_a、磨削深度 f_r 四个参数。合理选择磨削用量对磨削加工的质量和生产效率都有很大影响。

1. 磨削速度 v_s

磨削速度是指砂轮外圆处的最大线速度,其物理量单位为 m/s。其计算公式为

$$v_s = \pi d_s n_s / (1000 \times 60)$$

式中 d_s——砂轮直径,mm;

n_s——砂轮转速,r/min。

砂轮的磨削速度很高,一般磨外圆和平面的磨削速度为 30m/s~35m/s,高速磨外圆磨削速度则在 50m/s 以上;磨内圆的磨削速度为 20m/s~30m/s。

2. 工件速度 v_w

工件速度是指工件外圆处的最大线速度,其物理量单位为 mm/min。计算公式为

$$v_w = \pi d_w n_w / (1000 \times 60)$$

式中 d_w——工件直径,mm;

n_w——工件转速,r/min。

工件速度与砂轮速度有关,其速比 $q = v_s / v_w$,对加工精度和磨削能力有很大影响。一般外圆磨取 $q=60\sim150$;内圆磨取 $q=40\sim80$。

3. 工件纵向进给量 f_a

工件纵向进给量是指工件每转一转相对砂轮在纵向进给运动方向所移动的距离,其单位为 mm/r。一般粗磨钢件 $f_a=(0.3\sim0.7)b_s$(b_s 为砂轮宽度);粗磨铸铁件 $f_a=(0.7\sim0.8)b_s$;精磨取 $f_a=(0.1\sim0.3)b_s$。

4. 磨削深度 f_r

磨削深度是指工作台每次纵向往复行程以后,砂轮在横向进给运动方向所移动的距离,单位为 mm。一般外圆纵磨时,粗磨钢件 $f_r=0.02\text{mm}\sim0.05\text{mm}$;精磨钢件 $f_a=0.005\text{mm}\sim0.01\text{mm}$。

知识点2 磨削外圆

外圆磨削是指对工件圆柱、圆锥和多台阶轴外表面及旋转体外曲面进行的磨削。外圆磨削一般在外圆磨床上和无心磨床上进行。

1. 磨削外圆柱面

1)工件的装夹

轴类工件常用顶尖装夹,方法与车削基本相同。但磨床所用顶尖不随工件转动。这样,主轴、顶尖同轴度误差就不会反映到工件上,从而提高零件精度。如果采用无心磨削,工件不用顶尖安装,而是在工件下方用托板托住。

盘套类工件常用心轴和顶尖安装,所用心轴与车削用心轴基本相同。磨削短而又无顶尖孔的轴类工件时,可用三爪自定心卡盘或四爪单动卡盘装夹。

2)磨削用量

磨削速度 v_s、工件速度 v_w、工件纵向进给量 f_a 及磨削深度 f_r 四个参数根据原则选取。

3)磨削方法

磨削外圆表面常用的方法有纵向磨削法、切入磨削法、分段磨削法和深度磨削法等，磨削时可根据工件的形状、尺寸、磨削余量和加工要求等来进行选择(见表 11-1)。

表 11-1 磨削方法的选择

磨削方法	作业图	说明
纵向磨削法		磨削时,砂轮高速旋转起切削作用,工件转动(圆周进给)并和工作台一起纵向往复运动(纵向进给)。每次往复行程终了时,砂轮按规定的背吃刀量作一次横向进给。 纵向磨削法的特点是背吃刀量很小,因而磨削力小,磨削热少,散热条件好,加上最后几次无横向进给的光磨行程,直到火花消失为止,所以工件表面质量好。该法生产效率较低,广泛适用于单件、小批生产及精磨,特别适用于细长轴的磨削
切入磨削法		切入磨削法又称横磨法。磨削时,工件无纵向进给运动,而砂轮以很慢的速度作连续的横向进给运动。 切入磨削法生产率高,质量稳定,适用于成批及大量生产或成形表面的磨削。但由于砂轮与工件的接触面积大,磨削力大,发热量多,磨削温度高,工件易发生变形和烧伤,故此法仅适用于磨削短而粗、刚性较好的工件,磨削时应注意施加充足的切削液
分段磨削法		分段磨削法又称为综合磨削法。它是切入法和纵向磨削法的综合运用。 磨削时,先用切入法将工件分段进行粗磨,相邻两段间有 5mm～15mm 重叠量,然后用纵向磨削法精磨至尺寸。这种方法适用于磨削余量大和刚性好的工件
深度磨削法		深度磨削法采用较大的磨削吃刀量(0.2mm～0.6mm),以较小的纵向进给量(1mm/r～2mm/r)在一次走刀中磨去全部余量。 深度磨削法生产效率较高,用于磨削刚度大的短轴
无心磨削法		磨削时工件放在两砂轮之间,不用顶尖装夹(故称无心磨),工件下面用托板支承。两个砂轮中较小的称导轮,导轮是用橡胶结合剂做的磨粒较粗的砂轮。导轮转速很低,靠摩擦力带动工件旋转,为了使工件作轴向进给,导轮轴线应倾斜一角度(一般为 1°～5°)。另一砂轮是用来磨削工件的,称磨削砂轮。 无心磨削不能磨带有长键槽、平面等的圆柱面,因为这时导轮无法带动工件连续转动

2. 磨削外圆锥面

磨削外圆锥面方法主要有以下几种：

磨削方法	作业图	说　明
转动工作台磨削外圆锥面		磨削时工件安装在两顶尖之间，逆时针将工作台转动一个工件圆锥半角 $\alpha/2$，采用纵磨法。先试磨并测量工件锥度，根据测量（用套规）结果精细调整工作台直至锥度正确为止，然后用套规测量工件余量，将工件磨至图样要求。此磨削方法只能磨削圆锥角小于 $12°$ 的外圆锥面
转动头架磨削外圆锥面		磨削时工件安装在卡盘上，逆时针将头架转动一个工件圆锥半角 $\alpha/2$，采用纵向磨削法。先试磨并用套规测量锥度并调整工作台。工作台调整完毕后用套规测量磨削余量，随后将工件磨至图样要求
转动砂轮架磨削外圆锥面		工件用两顶尖安装，逆时针将砂轮架转动一个工件圆锥半角 $\alpha/2$，采用横磨法磨削

知识点 3　磨削平面

1. 磁性工作台的使用与安装零件

磨平面时钢铁工件直接放在磁性工作台上，被工作台下磁性线圈通电时产生的磁力牢牢吸住，无需其他夹具。但在安装工件时应注意下列两点：

（1）装夹工件前必须擦干净电磁吸盘和工件，若有毛刺应用油石去除。

（2）安装工件时，工件定位表面盖住绝磁层条数应尽可能多。小而薄的工件应放在绝磁层中间，并在工件左右放挡板。装夹高度较高而定位要求较小的工件时，应在工件四周放置面积较大高度略低于工件高度的挡板。

2. 磨削平面方法

本书以卧轴矩台磨床为例介绍磨削平面方法（见表 11-2）。

表 11-2　磨削平面方法

磨削方法	作业图	说　明
横向磨削法		横向磨削法是当工作台一个往复行程终了时，磨头作一次横向进给。当第一层磨完后，调整磨削深度，再磨第二层，依次类推，直至达到尺寸要求。对垂直进给量和横向进给量，粗磨时，均可取较大值，而精磨时，则均应取较小值。横向磨削法应用普遍，它主要适用于宽而长的工件磨削，加工质量好，但生产效率较低

(续)

磨削方法	作业图	说明
缓进深切磨削法		缓进深切磨削又称深槽磨削或蠕动磨削,属高效率磨削。它是以较大的磨削深度和很低的工作台进给速度(30mm/min～300mm/min)磨削工件,经一次或数次磨削即可达到所要求的尺寸和精度。适用于磨削高强度和高韧性材料,如高速工具钢、不锈钢和耐热合金等
阶台磨削法		阶台磨削法是根据工件磨削余量的大小,将砂轮修整成台阶形,采用较小的横向进给量,使其在一次垂直进给中磨去全部余量 由于磨削用量较均匀地分配在各段轮面上,各段轮面磨粒受力均匀,能充分发挥砂轮的磨削性能,生产效率高,但砂轮的修整较麻烦

缓进深切磨削的特点:

(1)生产效率比普通平面磨削高3倍～5倍。因为砂轮与工件接触弧面大,同时参加切削的磨粒数大大增加,并且节省工作台频繁往返中制动、换向和越程的时间。

(2)能较长时间保持砂轮的轮廓精度。

(3)磨削力很大,磨削温度很高,工件表面容易烧伤。磨削中常采取浇注大量的切削液冷却,选用粒度号小、组织号大或大气孔且很软的砂轮等措施。

3. 装夹工件的注意事项:

在磨床上工作时,要特别注意工件的装夹。工件装夹得是否准确、可靠,直接影响工件的加工精度和表面粗糙度。在有些情况下,装夹不正确还会造成事故。

1)在外圆磨床上装夹工件常用的方法

(1)用前、后顶尖装夹。这是外圆磨床上最常见的一种装夹方法。其特点是装夹迅速方便,加工精度高。装夹前,工件的中心孔均要进行修研,以提高其几何形状精度和降低表面粗糙度值。

(2)用心轴装夹磨削套类零件外圆时,常以内孔作定位基准,把零件套在心轴上,心轴再装夹在磨床的前、后顶尖上。

(3)用卡盘装夹磨削端面上不能打中心孔的短工件(如套筒等)时,可用三爪自定心卡盘或四爪单动卡盘装夹。

(4)用卡盘和顶尖装夹较长工件,一端能打中心孔,另一端不能打中心孔时,可一端用顶尖,另一端用卡盘装夹工件。

2)在平面磨床上装夹

在平面磨床上装夹钢、铸铁等磁性材料工件时,工件一般都用电磁吸盘(又称电磁工作台)装夹。

任务实施

1. 分析图样

轴的工艺性分析主要是对图样进行分析,其目的是确定主要的加工表面及对应的加工方法。有尺寸精度、几何精度和相互位置精度要求的表面一般为重要的加工表面。此外,表面粗糙度低的表面也是重要的加工表面。

1)尺寸精度

$\phi30js7$、$\phi35js6$、$\phi46js7$ 的外圆轴表面有尺寸精度要求,因此要分粗加工、半精加工和精加工阶段;粗加工和半精加工在普通外圆车床上加工,精加工选择磨床。

2)表面粗糙度

$\phi30js7$、$\phi35js6$、$\phi46js7$ 的外圆轴表面及相应的轴肩的表面粗糙度值为 0.8μm,这些表面的表面粗糙度值很小,经济加工方法是磨削加工,在外圆磨床上进行。

3)形位精度

圆跳动公差 $\phi0.03$mm、键槽的对称度公差 0.03mm。

2. 工艺过程

下料→车端面钻中心孔→粗车→调质处理→钳→半精车→车螺纹→铣键槽→磨外圆→检验→入库。

3. 加工步骤

加工轴的具体步骤如下:

1)下料

选择在带锯床上切断,保证长度 264mm±1mm。在轴的两端留加工余量的原因是锯床切割后,两端面不平整,通常情况下每端留大约 2mm。

2)车端面钻中心孔

三爪卡盘夹持工件,车端面见平,钻中心孔。进给量可以选取约 0.7mm/r。

3)粗车

粗车 3 个台阶,直径、长度的加工余量分别均留 2mm。调头三爪卡盘夹持工件另一端,车端面,保证总长 262mm,钻中心孔,用尾架顶尖顶住,粗车另外 4 个台阶,同样直径、长度的加工余量均留 2mm。

4)钳

修研两端中心孔。调质处理和工件转运过程中,有可能使得中心孔热变形或者磕碰变形。诸如变速箱内等高速旋转的轴,在热处理之后最好修研一下中心孔,对于低速或者不重要的轴,也可以省去这道工序。

5)半精车

采用双顶尖装夹车削台阶,可以使后面的磨外圆工序的切削余量沿直径方向均匀分布,有利于保证加工精度。

先半精车 3 个台阶,螺纹大径 $\phi24$mm,其余两个台阶直径上留余量 0.5mm,车槽,倒角。调头,双顶尖装夹,半精车其余台阶,$\phi44$ 及 $\phi52$ 台阶车到图纸尺寸,螺纹大径 $\phi24$mm,其余两个台阶直径上留余量 0.5mm,车槽,倒角。双顶尖装夹,车一端螺纹到尺寸,螺纹部分的直径公差取负偏差。调头,双顶车另一端螺纹到尺寸。

6)铣键槽

铣两个键槽,铣削深度比图纸减少 0.25mm,以作为磨削余量。

键槽的深度尺寸,可以通过计算工艺尺寸链的方式确定。图 11-2 所示为该工序的键槽深度工艺尺寸链图,封闭环尺寸 $A_0=41.5_{-0.20}$,键槽的深度尺寸为 A_1。由工艺尺寸链可以

计算得到 $A_1 = 41.75_{-0.206}^{-0.0185}$。选铣削用量每齿进给量约 0.03mm/r,铣削速度约 20m/min。

7) 磨外圆

磨右边 ϕ35js6、ϕ46js7,靠磨 ϕ46js7 右端面,靠磨 ϕ62mm 右端面,调头,磨另一边 ϕ35js6、ϕ36js7,靠磨 ϕ35js6 左端面。

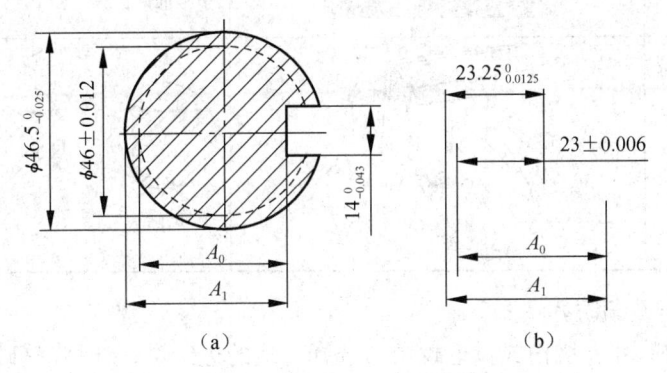

图 11-2 键槽工艺尺寸链图

该工序主要涉及砂轮型号和磨削用量的选择。选择磨料为刚玉,粒度为 F60～F100,硬度为 L～N 的砂轮。

8) 检验

检验每一个尺寸,尤其要重点检验有尺寸精度和形位公差要求的项目,均满足图纸要求时,合格。

4. 工件的质量检测项目(见表11-3)

表 11-3 工件的质量检测项目

检测项目	测量方法	作业图	说 明
平行度的检测	千分尺测量法		用千分尺在工件上多点测量其厚度,测量点相隔一定的距离;测点厚度最大差值即为工件的平行度误差。 测量点的数量,根据精度要求确定
	打表法		用杠杆式百分表在平板上测量工件的平行度,将工件和杠杆表架放在测量平板上,调整表杆,使杠杆表的表头接触工件平面(约压缩 0.3mm);然后移动表架,使百分表的表头在工件平面上均匀地通过,则百分表的读数变动量就是工件的平行度误差。 测量小型工件时,采用表架不动,工件移动的方法
平面度的检测	透光法		平 凹 凸 波形

(续)

检测项目	测量方法	作业图	说 明
平面度的检测	着色法		在被测平面上涂一层很薄的红丹粉显示剂在平板上摩擦,看摩擦痕迹分布情况,确定平面度误差
垂直度的检测	直角尺测量法		正确　　　不正确

5. 质量分析及预防办法

(1)表面粗糙,并有烧伤或拉毛现象。选择合适的进给量;及时修整砂轮,并加注充足的切削液。

(2)表面有波纹。重新平衡砂轮,选择较软砂轮并及时修整砂轮,减小工作台换向冲击力,及时排出液压系统的空气,调整主轴轴承、楔铁间隙。

(3)工件边缘塌角。合理选择砂轮换向时间,控制砂轮越出工件的距离(1/3~1/2)B。

(4)平面度误差。减小工件变形;合理选择磨削用量,适当延长无横向进给的光磨时间;及时修整砂轮。保持充分冷却,减少热变形。

(5)平行度误差。装夹工件时做好清洁、修毛刺工作,做好工件定位面的精度检查;及时修整砂轮。

(6)垂直度误差。正确选择定位面;正确装夹并准确校正;正确、合理选择和使用测量方法,减少测量误差。

(7)尺寸误差。正确控制进给量并经常测量;工件冷却后进行测量;及时修整砂轮。

拓展训练

练习1:结合生产实际,在外圆磨床上进行如图11-3所示工件的外圆表面磨削练习。

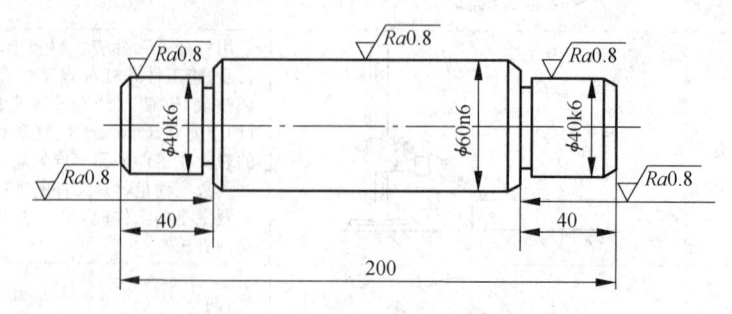

图11-3 磨削外圆表面工件图

要点分析

磨削步骤如下:

(1)磨削 ϕ60 外圆;
(2)磨削右端 ϕ40 外圆;
(3)磨削右端轴肩;
(4)磨削左端 ϕ40 外圆;
(5)磨削左端轴肩。

练习 2:结合生产实际,在外圆磨床上进行如图 11-4 所示工件的平面磨削练习。

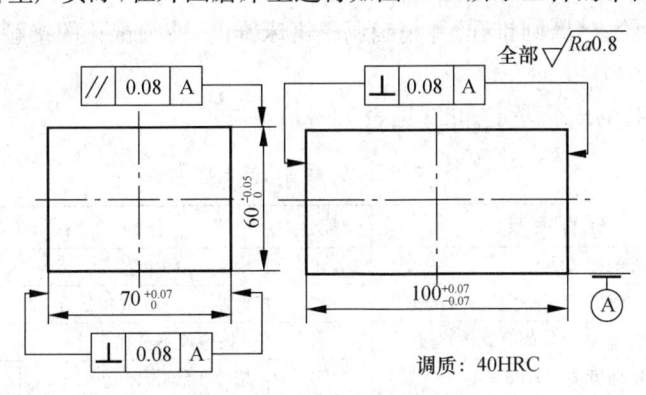

图 11-4 磨削平面工件图

要点分析

磨削步骤如下:
(1)正确操纵机床,注意磨头垂直进给手轮的进退方向,以防弄错,使工件报废。
(2)要充分使用磨削液,以防工件表面被烧伤而影响加工质量。
(3)为防止平板磨削后产生弯曲变形,可采用上下表面多次互为定位基准进行磨削。
(4)装夹时,为防止磁盘吸力不足,工件两端可加挡铁。
(5)粗略测量厚度时用高度尺,精确测量时用千分尺。测量后的精加工切削余量,利用磨头的垂直升降手轮上的刻度控制磨削吃刀量。

练习 3:结合生产实际,在磨床上进行如图 11-5 所示工件的圆锥孔磨削练习。

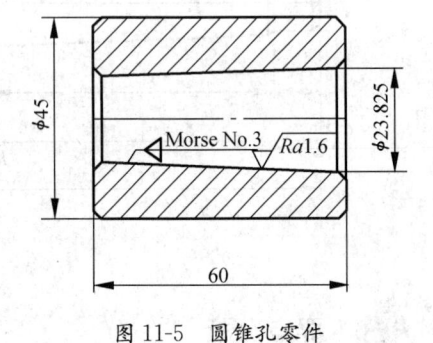

图 11-5 圆锥孔零件

要点分析

1. 分析工件的形状和技术要求

磨削莫氏锥度 3 号圆锥孔,大端尺寸 ϕ23.825mm,长度 60mm,表面粗糙度值 Ra1.6μm,接触面积>70%。

2. 磨削方法与步骤

(1)用三爪自定心卡盘夹持工件,并找正。
(2)选外径 ϕ8mm 的砂轮,长 65mm 的接长轴,装在磨床上,校正工件与砂轮轴等高。

(3) 转动工作台 $\alpha/2=1°26'16''$，即 $C=1:19.922$。

(4) 调整工作台行程挡块距离；修整砂轮。在圆锥孔两端对刀试磨，再根据误差调整机床工作台。

(5) 采用纵磨法磨削圆锥孔，磨出 2/3 以上，然后用莫氏锥度 3 号圆锥塞规涂色进行锥度检验，并根据接触误差调整工作台。

(6) 磨去粗磨余量，留精磨余量 0.05mm。

(7) 精修整砂轮；精磨圆锥孔，并精确调整机床锥度，使圆锥孔的接触面及表面粗糙度符合图样要求。

3. 圆锥孔的磨削成绩评定标准（见表 11-4）

表 11-4　圆锥孔的磨削成绩评定标准

序号	检测项目	配分	评分标准	实测结果	得分
1	检测锥度接触面 70%	40	少 5%扣 20 分		
2	检测直线度误差(不得大于 0.01mm)	15	超差 0.005mm 扣 5 分		
3	检测圆度误差，3 等分都有摩擦痕迹	15	1 条擦痕不全扣 5 分		
4	检测表面粗糙度值 $Ra1.6\mu m$	20	超差 1 级扣 10 分		
5	安全文明生产	10	良好得 5 分，优秀得 10 分		

练习 4：结合生产实际，在磨床上进行如图 11-6 所示工件的磨削综合练习。

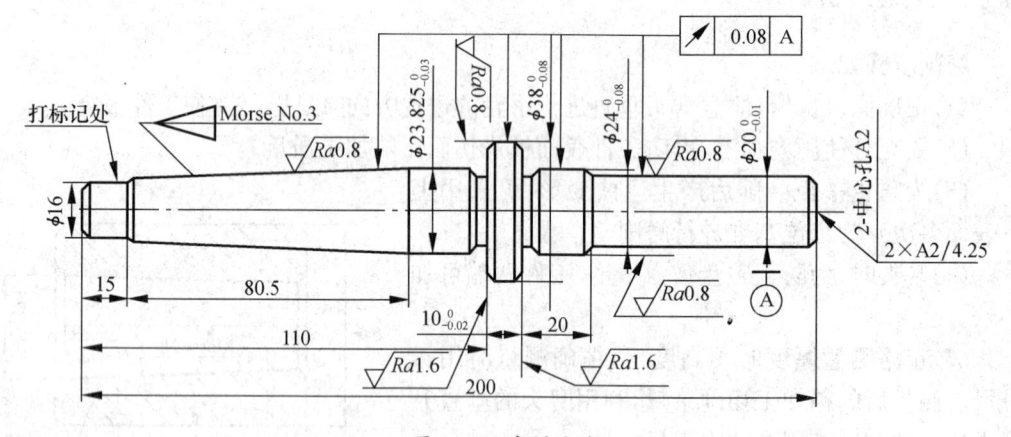

图 11-6　磨削试件

要点分析

磨削步骤如下：

1. 研中心孔

修整砂轮外圆及左端面。

2. 前后顶尖装夹（夹头夹在 $\phi16mm$ 端）

(1) 磨 $\phi20_{-0.01}^{\ 0}$ mm 至尺寸，保证径向圆跳动误差不大于 0.008mm，表面粗糙度值 $Ra0.8\mu m$。

(2) 磨 $\phi38_{-0.008}^{\ 0}$ mm 至尺寸，保证径向圆跳动误差不大于 0.008mm，表面粗糙度值

$Ra0.8\mu m$。

(3)磨$\phi24_{-0.008}$mm至尺寸,保证径向圆跳动误差不大于0.008mm,表面粗糙度值$Ra0.8\mu m$。

(4)横向退出0.20mm,靠$\phi38$mm右端面见光,保证表面粗糙度值$Ra1.6\mu m$。

3. 前后顶尖装夹(掉头垫铜皮夹$\phi20$mm一端)

(1)磨$\phi23.825_{-0.03}$mm至尺寸。

(2)横向退出0.20mm,靠$\phi38$mm左端面$10_{-0.02}$mm至尺寸,保证表面粗糙度值$Ra1.6\mu m$。

(3)转动工作台磨莫氏锥度3号外锥至尺寸,保证径向圆跳动误差不大于0.008mm、表面粗糙度值$Ra0.8\mu m$、锥体接触面应大于80%,并靠近大端(涂色检验)。

4. 工件的磨削成绩评定标准(见表11-5)

表11-5 工件的磨削成绩评定标准

序号	检测项目	配分	评分标准	实测结果	得分
1	检测尺寸$\phi20_{-0.01}$mm	10	超差0.002mm扣2分		
2	检查表面粗糙度值$Ra0.8\mu m$	5	超差不得分		
3	检测尺寸$\phi24_{-0.008}$mm	10	超差0.005mm扣5分		
4	检查表面粗糙度值$Ra0.8\mu m$	5	超差不得分		
5	检测尺寸$\phi38_{-0.008}$mm	10	超差0.005mm扣5分		
6	检查表面粗糙度值$Ra0.8\mu m$	5	超差不得分		
7	检测尺寸$\phi23.825_{-0.03}$mm	10	超差0.005mm扣5分		
8	检查表面粗糙度值$Ra1.6\mu m$	5	超差不得分		
9	检测长度$10_{-0.02}$mm	10	超差不得分		
10	检查表面粗糙度值$Ra1.6\mu m$	5	超差不得分		
11	检测莫氏锥度3号锥体接触面80%以上	10	少5%扣5分,少10%扣10分		
12	检查表面粗糙度值$Ra0.8\mu m$($\phi42$两端处)	5	一处超差扣2.5分		
13	锥体的尺寸合格	2	超差不得分		
14	检测圆跳动(不大于0.008mm)(4处)	8	超差一处扣2分		
15	安全文明生产		酌情扣分		

任务12 镗床的认知与操作

镗床是一种主要用镗刀在工件上加工孔的机床。镗床的种类很多,根据用途,镗床可分为卧式铣镗床、坐标镗床、精镗床、金刚镗床、落地镗床以及数控镗铣床等。镗床的主要功能是镗削工件上各种孔和孔系,特别适合于多孔的箱体类零件的加工。此外,还能加工平面、沟槽等。

> 学习目标
>
> (1)能现场辨识镗床的类型,分析镗床型号的含义;
> (2)能了解相关镗削的加工范围及特点;
> (3)正确进行镗床的维护和保养。

任务描述

在该任务中,教师逐一解释相关的镗床部件构成和加工零件工艺特点和适用条件,在此基础上指导学生辨识镗床的类型,分析镗床型号的含义,并且能分析其加工范围及特点,正确进行镗床的维护和保养。

知识链接

知识点1 认识镗床

1. 镗床型号

按国家标准 GB/T15375—1994《金属切削机床型号编制方法》的规定,下述型号的意义是:

T4163A 即工作台面宽度为 630mm,经第一次重大改进后的单柱坐标镗床。
THM6350/JCS 即北京机床研究所生产的精密卧式加工中心。

2. 镗床结构及工作分析

1)卧式镗铣床

卧式镗铣床的外形结构如图 12-1 所示,其主轴水平布置并可轴向进给,主轴箱可沿前立柱导轨垂直移动,主轴箱前端有一个大转盘,转盘上装有刀架,它可在转盘导轨上作径向进给;工件装在工作台上,工作台可旋转并可实现纵向或横向进给;镗刀装在主轴或镗杆上,较长镗杆的尾部可由能在后立柱上作上下调整的后支承来支持。

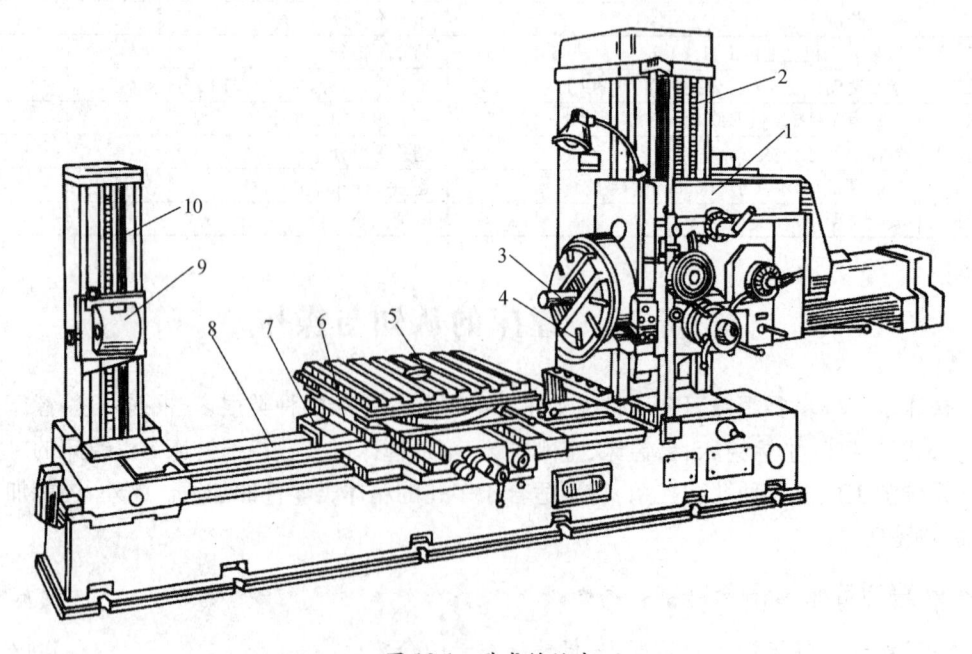

图 12-1 卧式镗铣床
1—主轴箱;2—前立柱;3—镗轴;4—平旋盘;5—工作台;6—上滑座;7—下滑座;
8—床身;9—后支承;10—后立柱。

2）坐标镗床

坐标镗床用于孔本身精度及位置精度要求都很高的孔系加工，如钻模、镗模和量具等零件上的精密孔加工，也能钻孔、扩孔、铰孔、锪端面、切槽等。坐标镗床主要零部件的制造和装配精度都很高，具有良好的刚度和抗振性，并配备有坐标位置的精密测量装置，除进行孔系的精密加工外，还能进行精密刻度、样板的精密划线、孔间距及直线尺寸的精密测量等。坐标镗床按其布局形式不同，可分为立式单柱、立式双柱、卧式坐标镗床，分别如图12-2、图12-3、图12-4所示。

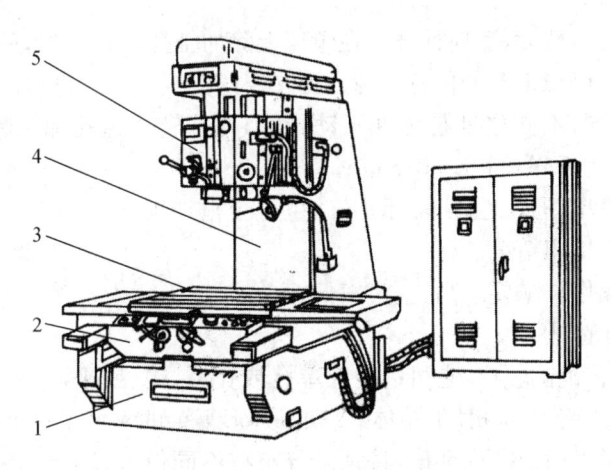

图12-2 立式单柱坐标镗床
1—床身；2—床鞍；3—工作台；4—立柱；5—主轴箱。

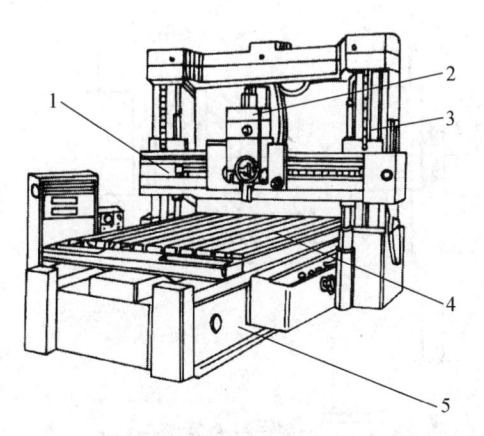

图12-3 立式双柱坐标镗床
1—横梁；2—主轴箱；3—立柱；4—工作台；
5—床身。

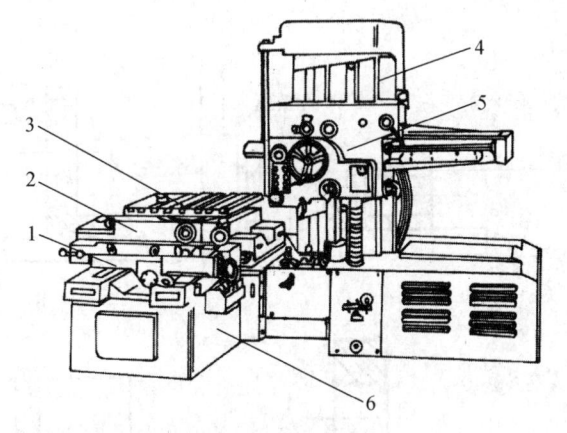

图12-4 卧式坐标镗床
1—横向滑座；2—纵向滑座；3—回转工作台；4—立柱；
5—主轴箱；6—床身。

3）金刚镗床

金刚镗床因采用金刚石镗刀而得名，它是一种高速精密镗床，其特点是切削速度高，而切削深度和进给量极小，因此可以获得质量很高的表面和精度很高的尺寸。金刚镗床主要用于成批、大量生产中,如汽车厂、拖拉机厂、柴油机厂加工连杆轴瓦、活塞、液压泵壳体等零件上的精密孔。金刚镗床种类很多,按其布局形式分为单面、双面和多面金刚镗床;按其主轴的位置分为立式、卧式和倾斜式金刚镗床;按其主轴数量分为单轴、双轴和多轴金刚镗床。

知识点 2 镗削加工的工艺特点和范围

1. 镗削加工的特点

(1)可以加工机座、箱体、支架等外形复杂的大型零件上的直径较大的孔,特别是有位置精度要求的孔和孔系。

(2)镗削加工灵活性大,适应性强。在镗床上除加工孔和孔系外,还可以车外圆、车端面、铣平面。镗孔可以校正孔的位置。镗孔可在镗床上或车床上进行。在镗床上镗孔时,镗刀基本与车刀相同,不同之处是工件不动,镗刀在旋转。镗孔加工精度一般为 IT9～IT7,表面粗糙度值为 $Ra6.3\mu m \sim 0.8\mu m$。

(3)刀具结构简单,通用性强,可粗加工,也可半精加工和精加工,适用批量较小的加工,镗孔质量取决于机床精度。

(4)镗削加工操作技术要求高,生产率低。

2. 镗削加工的范围

镗削加工的工艺范围较广,它可以镗削单孔或孔系,锪、铣平面,镗盲孔及镗端面等,如图 12-5 所示。常用于加工机座、箱体、支架等外形复杂的大型工件上直径较大、精度要求较高的孔、内成形表面或孔内环槽,特别是分布在不同位置、轴线间距离精度和相互位置精度要求很严格的孔系,还可以在镗床上利用坐标装置和镗模切槽、车螺纹、镗锥孔和加工球面等。镗孔精度为 IT7～IT6 级,孔距精度可达 0.015mm,表面粗糙度值 Ra 为 $1.6 \sim 0.8\mu m$。

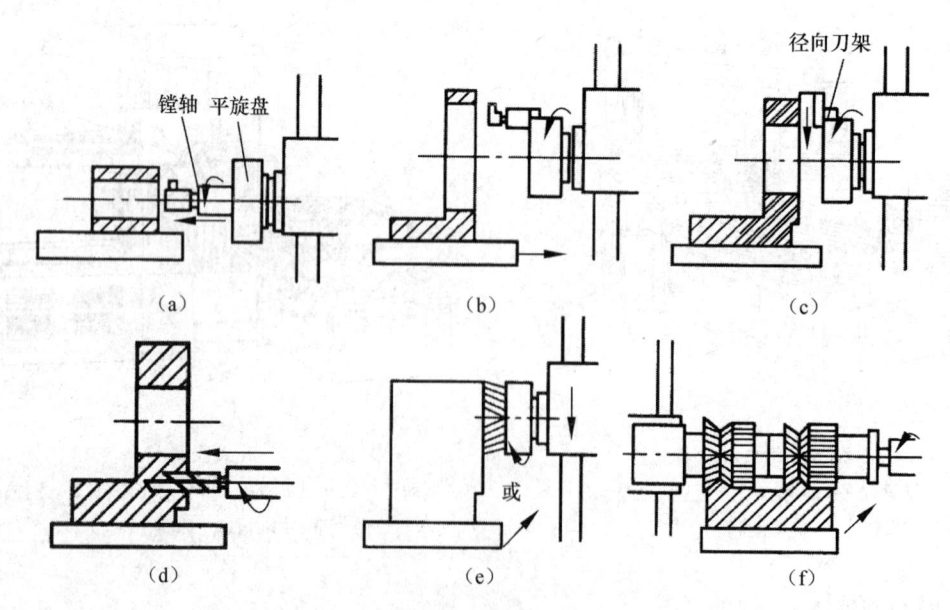

图 12-5 卧式镗铣床的主要加工方法
(a)镗小孔;(b)镗大孔;(c)车端面;(d)钻孔;(e)铣端面;(f)铣成形面。

知识点3 镗床的维护和保养(见表12-1)

表12-1 镗床的维护和保养

保养分类	保养类别	保养内容
日常保养	班前保养	擦净外露导轨面及工作台面的尘土。 按规定润滑各部位,油量符合要求。 检查各手柄位置及仪表读数。 空车试运转
	班后保养	将铁屑全部清扫干净。 擦净机床各部位。 部件归位
定期保养	外表保养	清除机床的外部污秽、锈蚀,清洗机床外表面及死角,拆洗各罩盖,要求内外清洁、无锈蚀、无油污。 清除导轨面磕碰毛刺。 保持传动件的清洁。 检查、补齐紧固手柄、手球、螺钉。 对导轨面和滑动面的研伤部位进行必要的修复。 清洗刻度尺部分
	主轴箱、传动齿轮箱保养	调节V带和主轴箱夹紧拉杆。 检查并调整平衡锤的钢丝绳的紧固情况。 擦洗平旋盘滑板及调整镶条等。 检查调整电机皮带、夹紧机构。 清洗换油,检修并更换必要的磨损件。 清除主轴锥孔毛刺。 拆洗各夹紧机构及塞铁,并调整好间隙
	工作台保养	清洗工作台、光杠、丝扣,要求无油污。 清洗毡垫,要求使用有效。 拆下工作台,清洗检查纵横传动机构。 调整挡铁、楔铁间隙,修光毛刺。 更换必要的磨损件。 擦洗各后轴承座、丝杠,并调整镶条间隙
	润滑、冷却系统保养	检查油质,保持良好,油量符合要求。 清洗各滤油器、油线、油毡、油槽。 清洁油阀、油毡、油池,要求油路畅通,油窗明亮。 清洗冷却泵、过滤网、冷却箱。 检修油泵、冷却泵,并更换必要的磨损件
	电气系统保养	清洁电动机及电气箱内外尘土。 检修电气装置,根据需要拆洗电机,更换油脂。保持电气装置的固定、安全及整齐。 清扫吹尽安装在机床上及配电箱内的电线和电器上的油污和灰尘。 检查信号设备是否完іи,电器设备及线段是否有过热现象。 检查电气元件是否完好,灭弧罩是否完整。检查是否存在烧伤的触头,必要时更换。 拧紧电器和电线连接处,触头连接处的螺丝,要求接触良好。 检查接地线是否接触良好。 必要时更换老化或损伤的电器元件及线段

任务实施

1. 实训地点

实训基地镗削加工车间。

2. 组织体系

在教师的指导下,对镗床某些部分进行拆装,观察机床内部结构,熟悉镗床各部分的功用及设计、使用要求。通过网络查找相关类型镗床的资料,并查找主流生产厂商镗床产品的技术参数和介绍。

每班班级分为三个组,分别任命各组组长,负责对本组进行出勤、学习态度的考核,能分析其加工范围及特点,同时掌握镗床的润滑和维护保养方法,并及时收集学生自评及互评资料。

3. 实训总结

在教师的指导下总结镗床各组成部分的功用,并对镗床的主要部件结构的工作原理进行分析。正确分析其加工范围及特点,理解并能对镗床进行日常润滑和维护保养。

拓展训练

了解镗床的发展历程,试对镗床的结构及特点进行分析,并对其安全操作规程进行了解。

要点分析

1. 镗床的发展历程

由于制造武器的需要,在15世纪就已经出现了水力驱动的炮筒镗床。1769年J·瓦特取得实用蒸汽机专利后,汽缸的加工精度就成了蒸汽机的关键问题。1774年英国人J·威尔金森发明炮筒镗床,次年用于为瓦特蒸汽机加工汽缸体。1776年他又制造了一台较为精确的汽缸镗床。1880年前后,在德国开始生产带前后立柱和工作台的卧式镗床。为适应特大、特重工件的加工,20世纪30年代发展了落地镗床。随着铣削工作量的增加,50年代出现了落地镗铣床。20世纪初,由于钟表仪器制造业的发展,需要加工孔距误差较小的设备,在瑞士出现了坐标镗床。为了提高镗床的定位精度,已广泛采用光学读数头或数字显示装置。有些镗床还采用数字控制系统实现坐标定位和加工过程自动化。

2. 镗床的结构及特点

1) 长孔镗削

以箱体零件同轴孔系为代表的长孔镗削,是金属切削加工中最重要的内容之一。尽管现在仍有采用镗模、导套、台式铣镗床后立柱支承长镗杆或人工找正工件回转180°等方法实施长孔镗削的实例,但近些年来,一方面由于数控铣镗床和加工中心大量使用,使各类卧式铣镗床的坐标定位精度和工作台回转分度精度有了较大提高,长孔镗削逐渐被高效的工作台回转180°自定位的调头镗孔所取代,另一方面这些年普通或数控刨台式铣镗床的大量生产和应用,更进一步从机床结构上,把用立柱纵向送进和工作台回转180°

自定位的调头镗削定格成该种机床上镗削长孔之独一无二的工艺形式。

2)立柱送进调头镗孔的同轴度误差及其补偿

影响铣镗床调头镗孔同轴度的主要因素与台式铣镗床一样,也是工作台回转180°调头的分度误差 d_a 和为使调头前已镗成的半个长孔 d_1 轴线,在调头后再次与镗轴轴线重合而镗削长孔的另一半孔 d_2,所需工作台横(X)向移动的定位误差 d_{X2}。而且工作台回转180°前后,台面在 XY 坐标平面内产生的倾角误差 d_f,在 YZ 平面内产生的倾角误差 d_Y 及在 Y 向产生的平移误差 d_Y,也同样是刨台式铣镗床调头镗孔同轴度的重要影响因素。但镗轴轴线空间位置对调头镗孔同轴度的影响,通常用立柱送进完成孔全长镗削的刨台式铣镗床,与通常用工作台纵移送进的台式铣镗床有明显的不同。

3)镗轴送进时立柱纵向位置的合理确定

当碰到特定情况,铣镗床必须把立柱固定在纵向床身上的一个合适位置,而用镗轴带着刀具伸出作为镗孔的送进形式时,镗轴轴线与被镗孔名义轴线在 XZ 平面及 YZ 平面内的交角误差与台式铣镗床一样,对调头镗孔的同轴度都有重要的影响,并且随着镗轴送进长度的增加,镗轴自重引起镗杆下挠变形,也对调头镗孔的同轴度产生较大影响。与台式铣镗床所不同的是,刨台式铣镗床的镗轴伸出镗孔时,可纵向移动的立柱必须固置在纵床身上一个确定的位置,并且重要的是这个确定位置可以且应该被选择。

4)镗床上刀具位置的合理确定

在镗床上采用立柱送进调头镗孔时,装夹在镗轴刀杆上的镗刀,其沿 Z 向的合理位置,一方面要满足刀尖回转中心至主轴箱前端面的距离稍大于孔全长的一半(再小将不能把长孔镗通,过大则镗轴刚度下降);另一方面还要满足把刀具刀尖的回转中心,置于镗轴轴线与立柱纵移线的交点 O 上等。

3. 镗床安全操作规程

(1)遵守铣镗工一般安全操作规程。按规定穿戴好劳动保护用品。

(2)检查操作手柄、开关、旋钮、夹具机构、液压活塞的连接是否处在正确位置,操作是否灵活,安全装置是否齐全、可靠。

(3)检查机床各轴有效运行范围内是否有障碍物。

(4)严禁超性能使用机床。按工件材料选用合理的切削速度和进给量。

(5)装卸较重的工件时,必须根据工件重量和形状选用合理的吊具和吊装方法。

(6)主轴转动、移动时,严禁用手触摸主轴及安装在主轴端部的刀具。

(7)更换刀具时,必须先停机,经确认后才能更换,更换时应该注意刀刃的伤害。

(8)禁止踩踏设备的导轨面及油漆表面或在其上面放置物品。严禁在工作台上敲打或校直工件。

(9)对新的工件在输入加工程序后,必须检查程序的正确性,模拟运行程序是否正确,未经试验不允许进行自动循环操作,以防止机床发生故障。

(10)使用平旋径向刀架单独切削时,应先把镗杆退回至零位,然后在 MDA 方式下用 M43 换到平旋盘方式,若 U 轴要移动,则须确保 U 轴手动夹紧装置已经松开。

(11)在工作中需要旋工作台(B轴)时,应确保其在旋转时不会碰到机床的其他部件,也不能碰到机床周围的其他物体。

(12)机床运行时,禁止触碰旋转的丝轴、光杆、主轴、平旋盘周围,操作者不得停留在机床的移动部件上。

(13)机床运转时操作者不准擅自离开工作岗位或托人看管。

(14)机床运行中出现异常现象及响声,应立即停机,查明原因,及时处理。

(15)当机床的主轴箱、工作台处于或接近运动极限位置,操作者不得进入下列区域:

①主轴箱底面与床身之间;

②镗轴与工作之间;

③镗轴伸出时与床身或与工作台面之间;

④工作台运动时与主轴箱之间;

⑤镗轴转动时,后尾筒与墙、油箱之间;

⑥工作台与前主柱之间;

⑦其他有可能造成挤压的区域。

(16)机床关机时,须将工作台退至中间位置,镗杆退回,然后退出操作系统,最后切断电源。

任务13　支座零件的镗削

镗削是一种用刀具扩大孔或其他圆形轮廓内径的车削工艺,其应用范围一般从半粗加工到精加工。镗削一般在镗床、加工中心和组合机床上进行,主要用于加工箱体、支架和机座等工件上的圆柱孔、螺纹孔、孔内沟槽和端面;当采用特殊附件时,也可加工内外球面、锥孔等。对钢铁材料的镗孔精度一般可达 IT9～IT7,表面粗糙度值为 $Ra2.5\,\mu m\sim0.16\,\mu m$。

> **学习目标**
>
> (1)能够阅读、分析零件图;
> (2)能够参阅机床、设备的中英文说明书,查阅工具书、手册,获得零件加工相关资讯;
> (3)能够对具体零件进行工艺分析,选择工艺装备,识读工艺文件,确定切削用量和工时定额以进行镗削加工;
> (4)能够操作镗床进行加工;
> (5)能够正确掌握在镗模上装夹零件;
> (6)能够利用钢直尺、游标卡尺和千分尺量具进行工件质量检验;
> (7)能够维护机床及工艺装备;
> (8)能够掌握操作规范,环境保护的相关规定及内容。

任务描述

根据常见结构的支座零件图纸及技术要求,以工艺过程及工艺装备的选择为重点编写加工工序卡,熟练操作镗床,控制好支座零件的加工尺寸。掌握切削用量的选择原则及典型零件的加工方法,并能够对其加工质量进行检验。

知识链接

知识点1 认识镗刀

镗削是一种用刀具扩大孔或其他圆形轮廓的内径车削工艺,其应用范围一般从半粗加工到粗加工,所用刀具一般可分为单刃镗刀和双刃镗刀。

1. 单刃镗刀

图13-1(a)所示的单刃镗刀为镗通孔用的通孔镗刀,图13-1(b)所示的单刃镗刀为镗盲孔用的盲孔镗刀,其结构简单,制造方便。

图13-2为微调单刃镗刀。调节时,松开紧固螺钉,旋转带刻度的精调螺母,即可使镗刀达到工艺要求。微调单刃镗刀使用方便,常用于数控机床和组合机床。

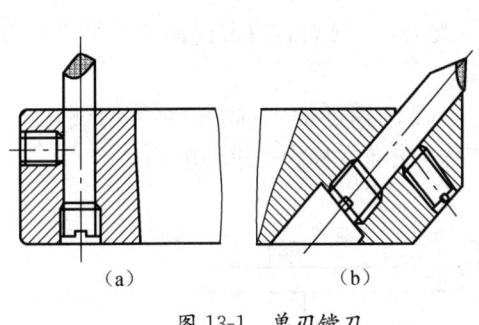

图13-1 单刃镗刀
(a)通孔镗刀;(b)盲孔镗刀。

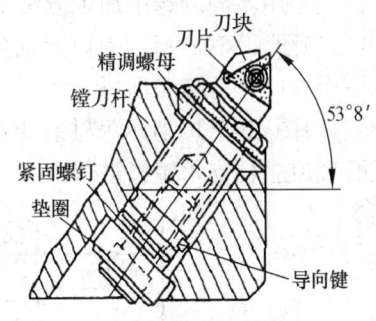

图13-2 微调单刃镗刀

2. 双刃镗刀

双刃镗刀就是镗刀的两端有一对对称的切削刃同时参与切削,切削时可以消除径向切削力对镗杆的影响,工件孔径的尺寸精度由镗刀来保证。双刃镗刀分为固定式和浮动式两种。固定式镗刀块及其安装如图13-3所示。

浮动式镗刀结构如图13-4所示。其镗刀块以间隙配合装入镗杆的方孔中,无需夹紧,而是靠切削时作用于两侧切削刃上的切削力来自动平衡定位,因而能自动补偿由于镗刀块安装误差和镗杆径向圆跳动所产生的加工误差。用该镗刀加工出的孔径精度可达IT7～IT6,表面粗糙度值 Ra 为 $1.6\mu m \sim 0.4\mu m$。缺点是无法纠正孔的直线度误差和相互位置误差。

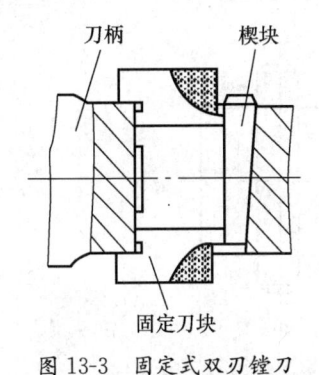

图13-3 固定式双刃镗刀

图13-4 装配式浮动镗刀
1—刀片;2—刀体;3—调节螺钉;4—斜面垫板;5—夹紧螺钉。

知识点2　镗削加工方法

1. 单一表面的加工

在镗床上进行镗孔加工时,由于刀具结构简单,通用性大,既可粗加工,也可半精加工及精加工,因此,在机械制造及维修中广泛使用。镗孔加工精度为IT7～IT8,金刚镗床可达IT5～IT7,表面粗糙度值 Ra 可达 $0.8\mu m \sim 0.4\mu m$。

2. 孔系加工

一系列有相互位置精度要求的孔称为孔系。根据孔与孔之间的位置关系,孔系可分为同轴孔系、垂直孔系、平行孔系。

1) 同轴孔系的加工

同轴孔系加工的主要技术要求是各孔轴线的同轴度要求。对短孔和孔间轴向距离较大的孔须用不同的镗削加工方法。

(1) 图13-5(a)所示为短同轴孔的镗削加工,此时,用较短的镗刀杆插在主轴锥孔内,从一个方向进行加工即可。

(2) 图13-5(b)所示为轴向距离较大的同轴孔系的镗削加工,此时,须同时使用主轴锥孔和后立柱支承镗杆进行加工。这种镗削加工方法通常称为支承镗削法。

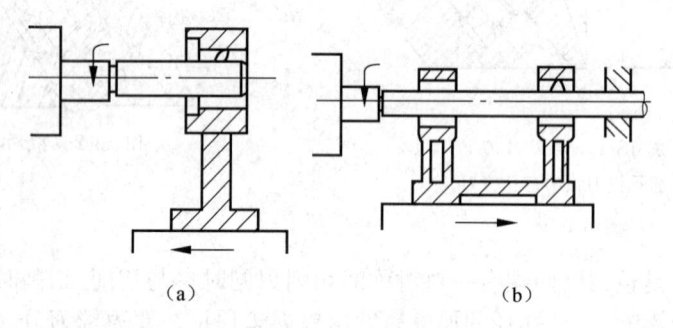

图13-5　同轴孔系的加工方法

2) 垂直孔系的加工

垂直孔系加工的主要技术要求是各孔轴线间的垂直度要求。在镗床上加工时,可以先加工一个孔,然后将工作台回转90°,再加工另一个孔。此时,利用回转工作台的定位精度来保证两孔的垂直度。也可以用心棒与百分表找正法进行,如图13-6所示,在加工好的孔中插入心轴,然后将工作台转90°,移动工作台用百分表找正。

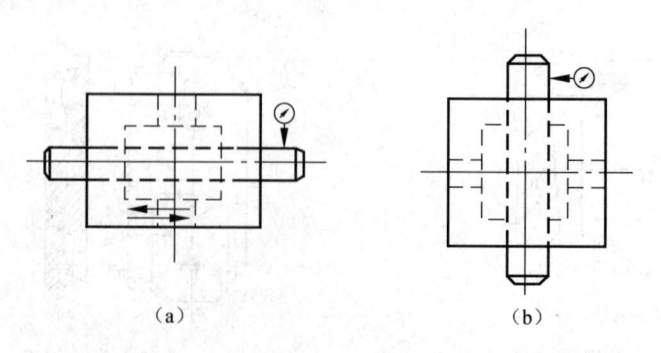

图13-6　找正法加工垂直孔系

3)平行孔系的加工

平行孔系的主要技术要求为各平行孔轴线间的平行度和距离尺寸的要求。其加工方法主要有找正法、坐标法和镗模法。如图13-7所示为用心轴和量块找正法镗平行孔系,镗第一排孔时将心轴插入主轴孔内(或直接利用主轴),然后根据孔和定位基准面的距离组合一定尺寸的量块来校正主轴位置。校正时用塞尺测定量块与心轴之间的间隙,以避免量块与心轴直接接触而产生变形(见图13-7(a))。镗第二排孔时,分别在机床主轴和已加工孔中插入心轴,采用同样的方法来校正主轴轴线的位置,以保证孔距的精度(见图13-7(b))。

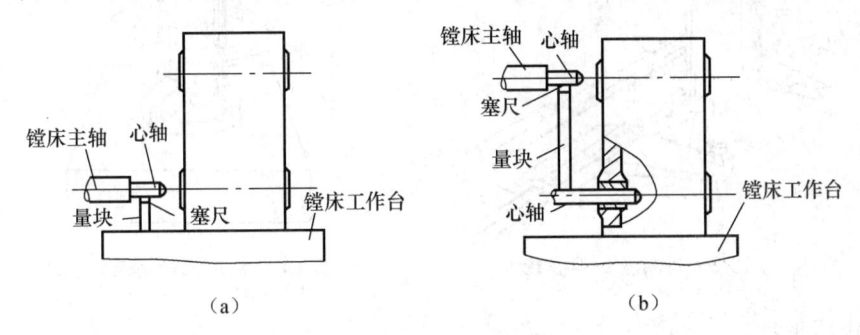

图13-7 用心轴和量块找正

知识点3 镗削加工

1. 镗刀刃磨

镗刀切削部分的几何形状基本上与外圆车刀相似,刃磨时需磨出前面、主后面、副后面。刃磨镗刀的方法如图13-8所示。镗刀刃磨时注意事项:

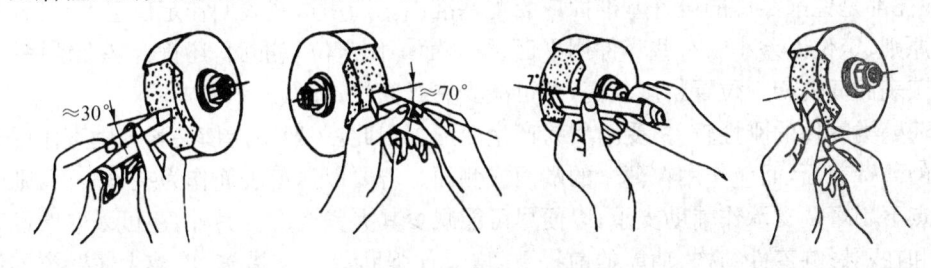

图13-8 镗刀刃磨方法

(1)如镗刀柄较短小时,可用接杆装夹后刃磨,刃磨时用力不能过猛。

(2)磨削高速钢刀具时应在白刚玉WA(白色)砂轮上刃磨,并经常放入水中冷却,以防镗刀切削刃退火。

(3)磨削硬质合金刀具时应在绿色碳化硅SiC(绿色)砂轮上刃磨,磨削时不可用水冷却,否则刀头会产生裂纹。

(4)各刀面应刃磨准确、平直,不允许有崩刃、退火现象。

(5)镗削钢件时,应刃磨出断屑槽。

2. 镗刀安装与调整

(1)镗刀安装在镗杆上的刀孔内,镗杆可直接用拉紧螺杆安装在铣床主轴上,或通过锥柄安装在预先固定在铣床主轴上的变径套内。

(2)镗刀安装位置调整直接影响到镗孔的尺寸,一般用以下两种方法:

①测量法调整如图13-9所示。先留有充分余量预镗一个孔,测量孔的直径和镗刀尖与

刀杆外圆的尺寸,以此为依据,调整镗刀尖至刀杆外圆的尺寸,逐步达到孔径的图样要求。

②试镗法调整如图 13-10 所示。镗杆落入预钻孔中适当位置,调整镗刀使刀尖恰好擦到预钻孔壁,并以此为依据,通过百分表或上述方法,调整镗刀尖的位置,逐步达到孔径图样要求。

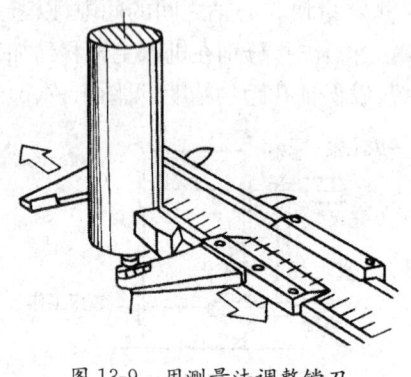

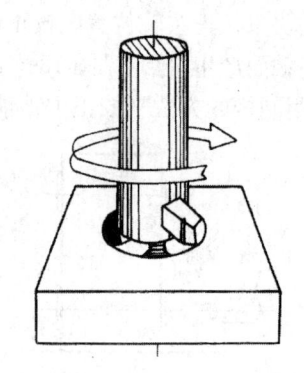

图 13-9 用测量法调整镗刀　　　图 13-10 用试镗法调整镗刀

3. 镗床夹具

一个完整的镗床夹具,应该由夹具体、定位装置、夹紧装置、带有引导元件的导向支架及套筒、镗杆等主要部分组成。

工件在镗床夹具上常用的定位形式有用圆柱孔、外圆柱面、平面、V 形面及用圆柱销同 V 形导轨面、圆柱销同平面及垂直面的联合定位等。这些定位形式所选择的定位表面,往往都是镗削零件的设计基准面或装配基准面。选用这些表面作定位基准,符合基准重合原则,定位误差小。有些零件用平面、导轨面等作定位基准面,还符合基准统一原则,使加工表面间的相互位置精度较高,并可减少夹具数量,降低成本。

薄壁类零件的刚性较差,受力后易产生变形。因此,一般不能使夹紧力垂直作用于刚性差的薄壁表面,而应作用在薄壁的端面或侧面。若要以薄壁表面作为夹紧表面,则应在夹紧点下用可调支承作辅助支承,以便尽可能减少其夹紧变形。另外,还可采取增设工艺搭子和在不影响零件结构、功能的前提下,增设加强肋等工艺措施,以减少薄壁类零件的夹紧变形。在设计薄壁类零件夹具的夹紧元件时,应尽量增大夹紧元件和零件夹紧表面间的接触面,使工件被压表面受力较均匀,单位面积上所受的压力减小,以减少其夹紧变形。

4. 镗削加工中坐标镗床的镗削用量(见表 13-1)

表 13-1　坐标镗床的镗削用量

加工方式	刀具材料	切削速度 v/(m/min)					进给量 f/(mm/r)	背吃刀量 a_p/mm(直径)
		软钢	中硬钢	铸铁	铝、镁合金	铜合金		
半精镗	高速钢	18~25	15~18	18~22	50~75	30~60	0.1~0.3	0.1~0.8
半精镗	硬质合金	50~70	40~50	50~70	150~200	150~200	0.08~0.25	0.1~0.8
精镗	高速钢	25~28	18~20	22~25	50~75	30~60	0.02~0.08	0.05~0.2
精镗	硬质合金	70~80	60~65	70~80	150~200	150~200	0.02~0.06	0.05~0.2
钻孔	高速钢	20~25	12~18	14~20	30~40	60~80	0.08~0.15	—
扩孔	高速钢	22~28	15~18	20~24	30~50	60~90	0.1~0.2	2~5
精钻精铰	高速钢	6~8	5~7	6~8	8~10	8~10	0.08~0.2	0.05~0.1

5. 镗孔一般步骤

(1)校正铣床主轴轴线对工作台面的垂直度。

(2)装夹工件,使基准面与工作台面或进给方向平行(垂直)。

(3)找正加工位置,按划线、预制孔或碰刀法对刀找正工件与镗杆的位置。

(4)粗镗孔,注意留有孔径精加工余量与孔距调整余量。

(5)退刀,操作时注意在主轴停转后使镗刀尖对准操作者。

(6)预检孔距与孔径,确定孔径、孔距调整的数值与孔距调整的方向。

(7)调整孔距,根据实际测量的尺寸与所要求尺寸的差值,横向、纵向调整工作台,试镗后再做检测,直至孔距达到图样要求。

(8)控制孔径尺寸,借助游标卡尺、百分表调整镗刀刀尖的伸出量,逐步达到图样孔径尺寸。

(9)精镗孔,注意同时控制孔的尺寸精度与形状精度。

6. 镗削小孔

对直径小于6mm的孔进行镗削加工是比较困难的,容易发生刀具脆裂。为此,一些工具制造厂家专门设计制造了可转位刀具来镗削直径1mm的小孔。依靠适当的加工中心,采用适当的切削速度和进给量、足够的排屑空间和性能稳定的刀具,可对任何小孔进行镗削。

1)刀具的安装

在镗削小孔时,最重要的是在加工中心上正确安装刀具。在小孔镗削中,刀具的中心高是导致刀具失效的重要因素。如果刀具安装低于中心高,将影响刀具的加工性能。主要表现在:

(1)切削刃相对于工件的主后角减小,导致刀具的后刀面与工件接触,使刀片与工件之间发生摩擦,当刀片旋转时,这种摩擦进一步会使刀尖发生偏离,导致刀具更深地切入工件。

(2)当刀具后角减小时,刀片相对于工件的前角也增大,从而引起刀具刮削工件,引起刀具振动并损坏刀具。这种情况在镗削小孔时更为严重。

为此建议刀具安装应略高于中心高(但应尽可能接近中心高)。这样可使刀具相对于工件的法向后角增大,切削条件得到改善,如果加工时产生振动,刀尖会向下和向中心偏斜,从而接近理想的中心高。刀具也可轻微地退出,减小削伤工件的可能性。此外,刀具前角也将减小,这样可稳定工作压力。如果前角减小到0°,就会产生太大的工作压力,导致刀具失效。所以在镗小孔时,应选取正前角的镗刀,在镗1mm的小孔时,镗杆的直径只有0.76mm,使刀具承受的切削力减小。

2)切削速度和进给速度

保持适当的切削速度和进给速度可减小切削力,标准的切削速度和进给速度不适于镗削直径小于6mm以下的小孔。如镗削直径为1mm的小孔,圆周切削速度为137m/min,这就要求机床主轴转速要达到43000r/min,因此只有高转速的机床才可采用这个速度进行加工,加工时不允许有振动,否则刀具易折断。

比较现实的方法是采用6000r/min的主轴转速,圆周切削速度只有19.2m/min。为减小切削力,进给速度不得超过0.0127mm/r。在进给速度减小的情况下,可得到理想的表面质量。

镗削孔径为1mm的小孔时,选用的镗刀直径略小于0.76mm,最大加工孔深为8mm,长径比大于1∶10,由于该镗刀的最大切削速度为18.3m/min,进给速度为76.2mm/min,所以通常的长径比不受4∶1和6∶1的限制。

当制造一把直径为1mm的镗刀时,因其尾刃和镗孔间隙的原因,其刀具直径应略小于0.76mm,镗削深度可达7mm,其长径比大于10∶1。

3)切屑的排出

在镗削小孔时,切屑的有效排出至关重要。加工时,由于刀具在孔内,切削液很难到达切削刃,造成切屑排出困难,影响刀具寿命。为解决这一难题,一些刀具制造商开发出一种沿切削刃带冷却槽的刀片,使切削液直接流向切削刃,防止切屑堵塞和刀具损坏。

4)刀具的夹紧

为实现快速、方便和可重复安装,一些制造商设计了特定的刀夹,以防止刀片松动,主要包括锁紧压板及水滴状的小镗刀头。与普通圆刀片相比,水滴状的镗刀头有许多优点。以切槽加工为例,刀具接触到工件时,就会以与工件同样的速度旋转,如果采用圆刀片,刀杆上的锁紧螺钉是唯一防止刀片转动的零件,而水滴状镗刀头的外形可使刀片紧固在刀杆上,且水滴状镗刀头可使刀片自动定心。如把一把直径为0.76mm的镗刀装在刀夹上找正中心高,如果锁紧夹头,刀具将转动,使其低于中心高,为防止这种情况,装夹镗刀时应使之位于中心高以上,锁紧夹头时可使镗刀回到中心位置。

5)镗削小孔时应注意问题

正确安装镗刀,使之略高于中心高;采用正前角刀片;采用小的切削速度和进给量;使用冷却液排出切屑;刀具装夹应可靠。

任务实施

1. 分析图样

常见结构的支座零件如图13-11所示,一般有支座底平面、紧固孔、与支座底平面相垂直的支承孔及支承孔端面等。加工表面需经机械加工,其主要加工表面为支座底平面及支承孔。

2. 工艺过程

支座零件的一般加工工艺程序如下:

(1)毛坯制造及清理。

(2)毛坯的预先热处理。

(3)钳工划线。划出支承座底平面及支承孔端面的加工轮廓线和校正线。

(4)粗、精铣支承底平面及支承孔端平面(孔的端面留端面精加工余量)。

图13-11 支座零件

(5)钳工划线。划出支承孔中心线及支承孔框架线。

(6)粗、精镗支承孔,精镗支承孔端面。

(7)钻削支承底平面上的紧固孔,锪削平面。

(8)检验。

(9)上油后入库。

3. 操作镗床时注意事项

(1)工作前应检查操纵手把位置是否正确,并作空运转,检查机床各系统是否安全完好,快速进刀有无障碍。用点动方式检查上下限位开关能否安全启动。

(2)检查主轴箱、平旋盘滑座、工作台上、下滑座等滑动部件与导轨配合间的镶条是否松动,若有松动,必须调整。

(3)检查上滑座、回转工作台夹紧是否可靠。

(4)工作结束后,应将镗杆擦净、涂油,并退回主轴箱内,不得将镗杆悬伸在主轴箱外。

(5)进给箱、变速箱变换速度应在开车时进行,静止状态时不能用力扳动,否则会损坏机件。

4. 精度检验

1)孔的尺寸精度检验

(1)对精度较低的孔径尺寸及孔的深度,一般用游标卡尺和钢直尺检验。

(2)对精度较高的孔径尺寸及孔的深度,孔径尺寸可用内径千分尺检验,或用内卡钳与外径千分尺配合检验,或用内径百分表与外径千分尺或标准套规配合检验,或直接用塞规检验;孔的深度可用深度千分尺检验。

2)孔的形状精度检验

(1)圆度检验在孔圆周的各个径向位置测量直径尺寸,测量所得的最大差值即为孔的圆度误差。

(2)圆柱度检验时,在孔沿轴线方向不同位置的圆周上测量直径尺寸,测量所得的最大差值即为孔的圆柱度误差。

3)孔的表面粗糙度检验

表面粗糙度检验一般都用标准样规或经检验的同一表面粗糙度等级的工件进行比照检验。

4)孔的位置精度检验

(1)孔距检验。一般精度孔距可用游标卡尺检验;精度较高的孔距用百分表与量块检验。测量时,工件装夹在六面角铁上(或放在平板上),底面与平板接触,将计算出的量块组放在工件附近,用百分表进行比较测量。

(2)孔轴心线与基准面的平行度检验。检验时将检验用心轴放入孔内,将基准面与平板贴合。若是通孔,可直接用百分表测量孔口两端心轴最高点的偏差,两端尺寸的差值即为两孔的平行度误差;若是不通孔,插入心轴的外露部分长度只需略大于孔深,然后用百分表测量外露部分的孔口与端部最高点的偏差,以确定孔与基准面的平行度误差。

(3)孔轴心线与基准面的垂直度检验。将工件的基准面装夹在六面角铁上,用百分表测量孔的两端孔壁最低点偏差,然后将六面角铁转90°测量另一方向孔的两端孔壁最低点偏差,以确定垂直度的误差。

5. 卧式镗床镗削加工中常见的质量问题与解决方法（见表13-2）

表13-2　卧式镗床镗削加工中常见的质量问题与解决方法

质量问题	影响因素	解决方法
尺寸精度超差	1. 精镗的切削深度没掌握好。 2. 镗刀刀块刃磨损尺寸起变化；镗刀块定位面间有脏物。 3. 用对刀规对刀时产生测量误差。 4. 铰刀直径选择不对；切削液选择不对。 5. 镗杆刚性不足有让刀。 6. 机床主轴径向跳动过大	1. 调整切削深度。 2. 调换合格的镗刀块；清除脏物重新安装。 3. 利用样块对照仔细测量。 4. 试铰后选择直径合适的铰刀；调换切削液。 5. 改用刚性好的镗杆或减小切削用量。 6. 调整机床
表面粗糙度参数值超差	1. 镗刀刃口磨损。 2. 镗刀几何角度不当。 3. 切削用量选择不当。 4. 刀具用钝或有损坏。 5. 没有用切削液或选用不当。 6. 镗杆刚性差有振动	1. 重新刃磨镗刀刃口。 2. 合理改变镗刀几何角度。 3. 合理调整切削用量。 4. 调换刀具。 5. 使用合适的切削液。 6. 改用刚性好的镗杆或镗杆支承形式
圆柱度超差	1. 用镗杆送进时，镗杆挠曲变形。 2. 用工作台送进时，床身导轨不平直。 3. 刀具的磨损。 4. 刀具的热变形	1. 采用工作台送进，增强镗杆刚性，减少切削用量。 2. 维修机床。 3. 提高刀具的耐用度；合理选择切削用量。 4. 使用切削液；降低切削用量；合理地选择刀具角度
圆度超差	1. 主轴的回转精度差。 2. 工作台送进方向与主轴轴线不平行。 3. 镗杆与导向套的几何精度与配合间隙不当。 4. 加工余量不均匀；材质不均匀。 5. 切削深度很小时，多次重复走刀形成"溜刀"。 6. 夹紧变形。 7. 铸造内应力。 8. 热变形	1. 维修、调整机床。 2. 维修、调整机床。 3. 使镗杆和导向套的几何形状符合技术要求并控制合适的配合间隙。 4. 适当增加走刀次数；合理地安排热处理工序；精加工采用浮动镗削。 5. 控制精加工走刀次数与切削深度，采用浮动镗削。 6. 正确选择夹紧力、夹紧方向和着力点。 7. 进行人工时效，粗加工后停放一段时间。 8. 粗、精加工分开，注意充分冷却
同轴度超差	1. 镗杆挠曲变形。 2. 床身导轨不平直。 3. 床身导轨与工作台的配合间隙不当。 4. 加工余量不均匀、不一致；切削用量不均衡	1. 减少镗杆的悬伸长度，采用工作台送进、调头镗；增加镗杆刚性，采用镗套或后主柱支承。 2. 维修机床，修复导轨精度。 3. 恰当调整导轨与工作台间的配合间隙；镗同一轴线孔时采用同一送进方向。 4. 尽量使各孔的余量均匀一致；切削用量相近；增强镗杆刚性，适当降低切削用量，增加走刀次数
平等度超差	1. 镗杆挠曲变形。 2. 工作台与床身导轨不平行	1. 增强镗杆刚性；采用工作台送进。 2. 维修机床

拓展训练

采用镗削技术加工带有圆柱孔的工件，试考虑其加工中应注意问题及解决办法。

要点分析

1. 圆柱孔的镗削技术精度要求应包括以下几方面的具体内容：

1)尺寸精度

镗床上加工的主要配合孔或支承孔的尺寸公差，一般应控制在 IT7～IT8；机床主轴箱上的主要孔要求控制在 IT6；其他要求低的孔，其尺寸公差一般控制在 IT11。

2)形状精度

圆柱孔的形状精度，一般应控制在孔径公差以内，对于精度要求较高的孔，其形状精度应控制在孔径公差的 1/2～1/3 内。

3)位置精度

孔距误差（包括同轴线孔之间的同轴度误差），一般控制在 ±0.025mm～0.06mm 内；垂直度误差，一般为 0.01mm～0.05mm；平行度误差，一般控制在 0.03mm～0.10mm 内。

4)表面粗糙度

表面粗糙度值，一般应达 $Ra1.6\mu m～0.4\mu m$。

2. 镗削切削用量的选择

在卧式镗床上进行钻削加工时切削用量的选择原则：在机床及钻头刚性、强度允许的情况下，应尽可能选取较大直径的钻头，一次进给将孔钻至所需尺寸，其次是选较大的进给量 f；最后选择合理的钻削速度 v。

在镗床上进行钻孔时，除了应合理选用钻削用量，正确刃磨钻头和进行充分的冷却润滑外，还应提高钻头的夹持刚度；尽量减少使用过渡套筒，以保证同轴度；为减少钻孔时的引偏，在钻孔前应先加工平面；为提高孔轴线与主轴轴线的平行度，一般应采用主轴进给。

精镗时要选择较小的合理的切削用量，但切削用量一般不能过小，否则刀具的磨损将会加剧。为减少因夹紧力引起的变形，精镗时可将压板螺钉稍作回松，但回松程度应适当。对于镗削较长的孔，为提高孔加工后轴线的直线度，应采用镗床工作台进给方式。精镗刀应保持足够的锋利，故前角应取大些，后角也应取得稍大些，以减少后刀面和工件加工表面间的摩擦。刃倾角应取正值，使切屑流向待加工表面。

3. 圆柱孔的检测

圆柱孔的几何形状检测项目主要包括孔轴线的直线度、孔的圆度及圆柱度等，其中圆度与圆柱度两项直接反映孔的镗削质量。孔的圆度及圆柱度应该用圆度仪进行测量。在没有圆度仪的条件下，可用内径千分尺或内径百分表进行多点测量，近似替代圆度仪测量。但其测量值不能用作最终裁定零件合格与否的依据。用内径千分尺或内径百分表测得后的值如有争议，以圆度仪测量的值为准。

4. 注意事项

为了确保镗削加工的安全，操作者应注意以下事项：

(1)工作前应认真检查夹具及锁紧装置是否完好正常。

(2)调整镗床时应注意：升降镗床主轴箱之前，要先松开立柱上的夹紧装置，否则会使镗杆弯曲及夹紧装置损坏而造成伤害事故；装镗杆前应仔细检查主轴孔和镗杆是否有损伤，是否清洁，安装时不要用锤子和其他工具敲击镗杆，迫使镗杆穿过尾座支架。

(3)工件夹紧要牢固,工作中不应松动。

(4)工作开始时,应用手进给,使刀具接近加工部位时,再用机动进给。

(5)当工具在工作位置时不要停车或开车,待其离开工作位置时,再开车或停车。

(6)机床运转时,切勿将手伸过工作台;在检验工件时,如手有碰刀具的危险,应在检验之前将刀其退到安全位置。

(7)大型镗床应设有梯子或台阶,以便于工人操作和观察。梯子坡度不应大于50°,并设有防滑脚踏。

任务14 滚齿机的认知与操作

机器的传动方式有带传动、链传动、蜗杆传动和齿轮传动等多种。其中,齿轮传动是应用最广泛的一种传动方式。它在传递运动的准确性、传动的平稳性、承受载荷分布的均匀性等方面均表现出了良好的性能。

齿轮加工机床的品种规格繁多,有加工几毫米直径齿轮的小型机床,加工十几米直径齿轮的大型机床,还有大量生产用的高效机床和加工精密齿轮的高精度机床。

齿轮加工机床主要分为圆柱齿轮加工机床和锥齿轮加工机床两大类。圆柱齿轮加工机床主要用于加工各种圆柱齿轮、齿条、蜗轮。常用的有滚齿机、插齿机、铣齿机、剃齿机等。锥齿加工机床主要用于加工直齿、斜齿、弧齿和延长外摆线齿等锥齿轮的齿部。锥齿轮加工机床的配套设备有磨削铣刀盘和拉刀盘刀刃的磨刀机,配研成对锥齿轮的研齿机,检验成对锥齿轮啮合接触情况的锥齿轮滚动检查机和防止齿部热处理变形的淬火压床等。

> **学习目标**
>
> (1)能现场辨识齿轮加工机床的类型,分析齿轮加工机床型号的含义;
> (2)能掌握滚齿机的结构特点及其工作原理;
> (3)能了解滚齿机的加工范围及特点;
> (4)能了解其余齿轮加工机床的结构特点及其工作原理。

任务描述

在该任务中,教师逐一解释相关齿轮加工机床部件构成和加工零件工艺特点和适用条件,在此基础上指导学生辨识齿轮加工机床的类型,分析其型号的含义,并且能分析滚齿机的加工范围及特点,正确进行机床的结构分析。

知识链接

滚齿机是用滚刀按展成法粗、精加工直齿、斜齿、人字齿轮和蜗轮等,加工范围广,可达到高精度或高生产率;插齿机是用插齿刀按展成法加工直齿、斜齿齿轮和其他齿形件,主要用于加工多联齿轮和内齿轮;铣齿机是用成形铣刀按分度法加工,主要用于加工特殊齿形的仪表齿轮;剃齿机是用齿轮式剃齿刀精加工齿轮的一种高效机床;磨齿机是用砂轮,精加工淬硬圆柱齿轮或齿轮刀具齿面的高精度机床;珩齿机是利用珩轮与被加工齿轮的自由啮合,消除淬硬齿轮毛刺和其他齿面缺陷的机床;挤齿机是利用高硬度无切削刃的挤轮与工件的自由啮合,将齿面上的微小不平碾光,以提高精度和降低粗糙度的机床;齿轮倒角机是对内外啮合的滑移齿轮的齿端部倒圆的机床,是生产齿轮变速箱和其他齿轮移换机构不可缺少的加工设备。圆柱齿轮加工机床还包括齿轮热轧机和齿轮冷轧机等。

知识点1 认知滚齿机各部分的名称及功用

1. Y3150E型滚齿机的组成

Y3150E型滚齿机用于滚切直齿圆柱齿轮和斜齿圆柱齿轮,也可使用蜗轮滚刀用手动径向进给法滚切蜗轮,还可以使用花键滚刀加工花键轴,是齿轮加工中应用较广泛的机床。

图14-1所示为Y3150E型滚齿机的外形图。由床身1、立柱2、刀具溜板3、滚刀架5、后立柱8和工作台9等主要部件组成。立柱2固定在床身1上,刀具溜板3带动滚刀架5可沿立柱2的导轨作垂向进给运动和快速移动。安装滚刀的滚刀杆4装在滚刀架5的主轴上,滚刀架5连同滚刀一起可沿刀具溜板3的圆形导轨在240°范围内调整安装角度。工件安装在工件台9的工件心轴7上或直接安装在工作台9上,随同工作台9一起作旋转运动。工作台9和后立柱8装在同一溜板上,并可沿床身1的水平导轨作水平调整移动,以调整工件的径向位置或作手动径向进给运动。后立柱8上的支架6可通过轴套或顶尖支承工件心轴7的上端,以增加滚切工作的平稳性。

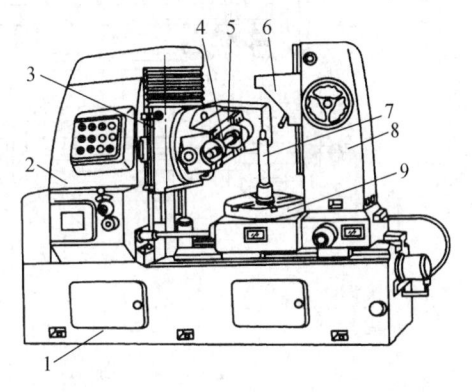

图14-1 Y3150E型滚齿机外形图
1—床身;2—立柱;3—刀具溜板;4—滚刀杆;
5—滚刀架;6—后支架;7—工件心轴;8—后立柱;9—工作台。

2. Y3150E型滚齿机的主要部件结构

1)滚刀刀架结构

Y3150E型滚齿机刀架结构如图14-2所示,其主要由主轴套筒、齿条、方头轴、大小齿轮、圆锥滚子轴承、花键套筒、推力球轴承、主轴、刀杆、刀垫、支架、外锥套及刀架体等零部件组成。

刀架体25被6个螺钉5固定在刀架溜板上。调整滚刀安装角时,应先松开螺钉5,然后用扳手转动刀架溜板上的方头P_3,如图14-2所示,经蜗杆副1/36及齿轮z_{16}带动固定在刀架体上的齿轮z_{148},使刀架体回转至所需的滚刀安装角。调整完毕,拧紧螺钉5上的螺母。

主轴17前端用内锥外圆的滑动轴承支承,以承受径向力,并用两个推力球轴承15承受轴向力。主轴后端通过铜套12及花键套筒13支承在两个圆锥滚子轴承10上。当主轴前端的滑动轴承磨损引起主轴径向跳动超过允许值时,可拆下垫片14及16,磨去相同的厚度,调配至符合要求时为止。如仅需调整主轴的轴向窜动,则只要将垫片14适当磨薄即可。

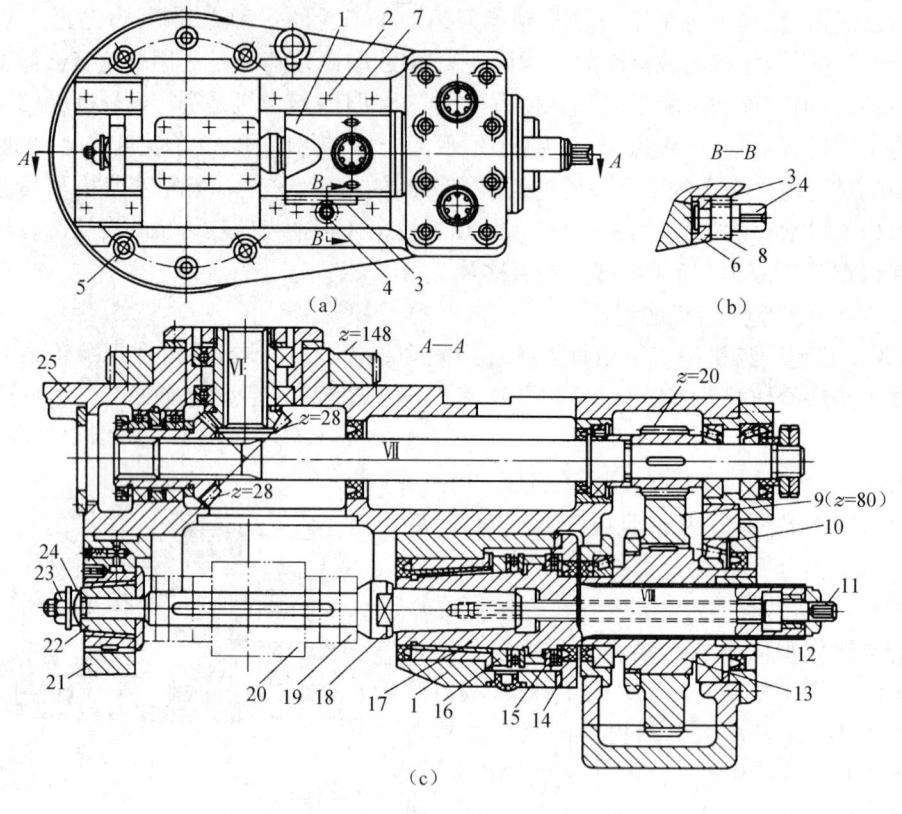

图 14-2　Y3150E型滚齿机滚刀刀架

1—主轴套筒；2、5—螺钉；3—齿条；4—方头轴；6、7—压板；8—小齿轮；9—大齿轮；10—圆锥滚子轴承；11—拉杆；12—铜套；13—花键套筒；14、16—调整垫片；15—推力球轴承；17—主轴；18—刀杆；19—刀垫；20—滚刀；21—支架；22—外锥套；23—螺母；24—球面垫圈；25—刀架体。

安装滚刀的刀杆18用锥柄安装在主轴前端的锥孔内，并用拉杆11将其拉紧。刀杆左端支承在支架21的滑动轴承上，支架21可在刀架体上沿主轴轴线方向调整位置，并用压板固定在所需位置上。

安装滚刀时，为使滚刀的刀齿（或齿槽）对称于工件的轴线，以保证加工出的齿廓两侧齿面对称。另外，为使滚刀的磨损不过于集中在局部长度上，而是沿全长均匀地磨损，以提高其使用寿命，都需调整滚刀轴向位置。调整时，先松开压板螺钉2，然后用手柄转动方头轴4，经方头轴上的小齿轮8和主轴套筒1上的齿条3，带动主轴套筒连同滚刀主轴一起轴向移动。调整合适后，应拧紧压板螺钉。

2）工作台结构

Y3150E型滚齿机的工作台结构如图14-3所示，其主要由溜板、工作台、蜗轮、圆锥滚子轴承、角接触球轴承、套筒、底座、压紧螺母、锁紧套、工件心轴、锥体滑动轴承等零部件组成。

工作台2的下部有一圆锥体，与溜板1壳体上的锥体滑动轴承17精密配合，以定中心。工作台支承在溜板壳体的环形平面导轨 M 和 N 上做旋转运动。分度蜗轮3用螺栓及定位销固定在工作台的下平面上，与分度蜗轮相啮合的蜗杆7由两个圆锥滚子轴承4和两个角接触球轴承8支承着，通过双螺母5可以调节圆锥滚子轴承4的间隙。底座12用它的圆柱表面P_2与工作台中心孔上的P_1孔配合定中心，并用T形螺钉11紧固在工

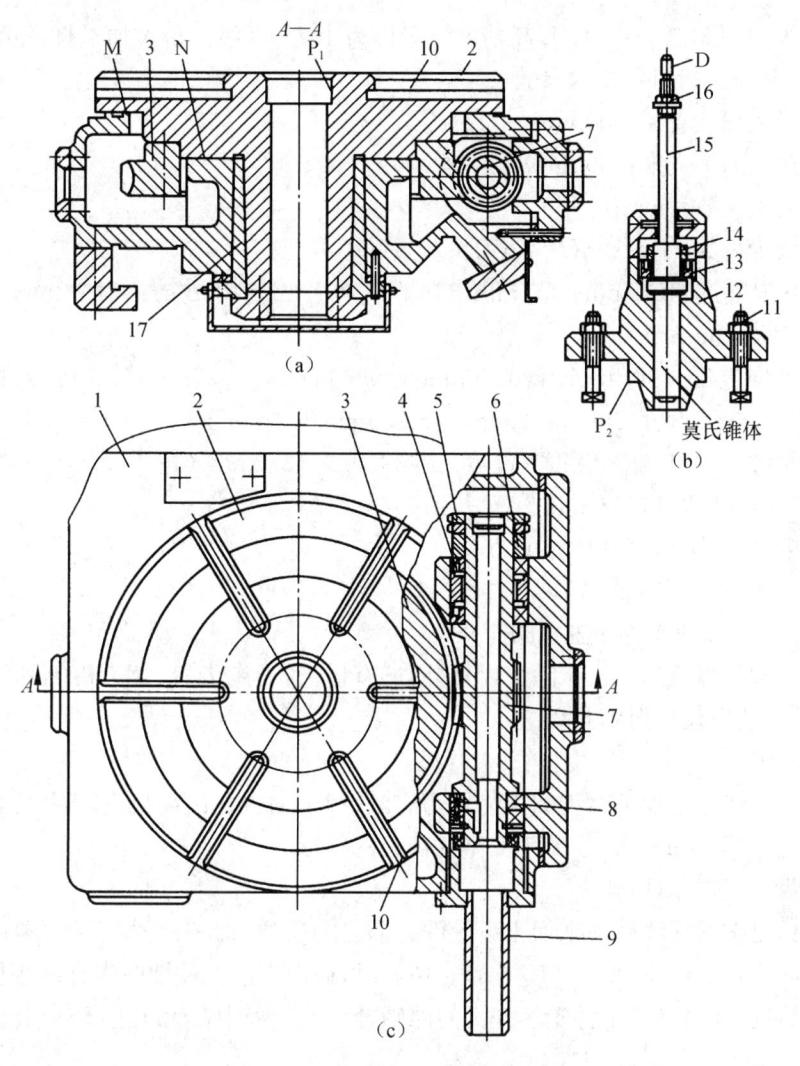

图 14-3　Y3150E型滚齿机工作台

1—溜板；2—工作台；3—涡轮；4—圆锥滚子轴承；5—螺母；6—隔套；7—蜗杆；8—角接触球轴承；9—套筒；10—T型槽；11—T型螺钉；12—底座；13、16—压紧螺母；14—锁紧套；15—工件心轴；17—锥体滑动轴承。

作台 2 上；工件心轴 15 通过莫氏锥孔配合，安装在底座 12 上，用其上的压紧螺母 13 压紧，用锁紧套 14 两旁的螺钉锁紧以防松动。

加工小尺寸的齿轮时，工件可安装在心轴 15 上，心轴上端的圆柱体 D 可用后立柱上的顶尖或套筒支撑起来。加工大尺寸的齿轮时，可用具有大端面的心轴底座装夹，并尽量在靠近加工部位的轮缘处夹紧。

知识点 2　滚齿机的工作范围

滚齿机是齿轮加工机床中应用最广泛的一种机床，在滚齿机上可切削直齿、斜齿圆柱齿轮，还可加工蜗轮、链轮等。

用滚刀按展成法加工直齿、斜齿和人字齿圆柱齿轮以及蜗轮的齿轮加工机床。这种机床使用特制的滚刀时也能加工花键和链轮等各种特殊齿形的工件。普通滚齿机的加工精度为7级～6级(JB179—83),高精度滚齿机为4级～3级。最大加工直径达15m。

Y3150E型滚齿机的技术参数如下:

工件最大加工直径:500mm;

工件最大加工宽度:250mm;

工件最大模数:8mm;

工件最少齿数:$Z_{min}=5k$($k=$滚刀头数);

滚刀主轴转速:40r/min、50r/min、63r/min、80r/min、100r/min、125r/min、160r/min、200r/min、250r/min;

刀架轴向进给量:0.4mm/r、0.56mm/r、0.63mm/r、0.87mm/r、1mm/r、1.16mm/r、1.41mm/r、1.6mm/r、1.8mm/r、2.5mm/r、2.9mm/r、4mm/r;

机床轮廓尺寸(长度×宽度×高度):2439mm×1272mm×1770mm;

主电动机:4kW,1430r/min;

快速电动机:1.1kW,1410r/min;

机床质量:约3450kg。

知识点3 其他齿轮加工机床简介

常用的圆柱齿轮加工机床除滚齿机外,还有插齿机、剃齿机、磨齿机等其他类型的齿轮加工机床,这里仅作简单介绍。

1. 插齿机

插齿机主要用于加工直齿圆柱齿轮,尤其适用于加工在滚齿机上不能滚切的内齿轮和多联齿轮。图14-4所示为Y5132型插齿机的外形。

1)插齿机工作原理

插齿机是按展成法原理来加工齿轮的。插齿刀实质上是一个端面磨有前角、齿顶及齿侧均磨有后角的齿轮(见图14-5(a))。插齿时,插齿刀沿工件轴向作直线往复运动以完成切削主运动,在刀具和工件轮坯作无间隙啮合运动过程中在轮坯上渐渐切出齿廓,加工

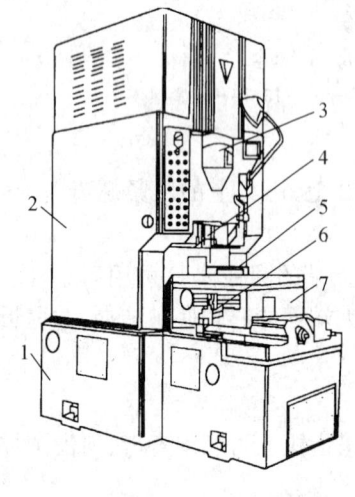

图14-4 Y5132型插齿机外形

1—床身;2—立柱;3—刀架;4—插齿刀主轴;5—工作台;6—挡块支架;7—工作台溜板。

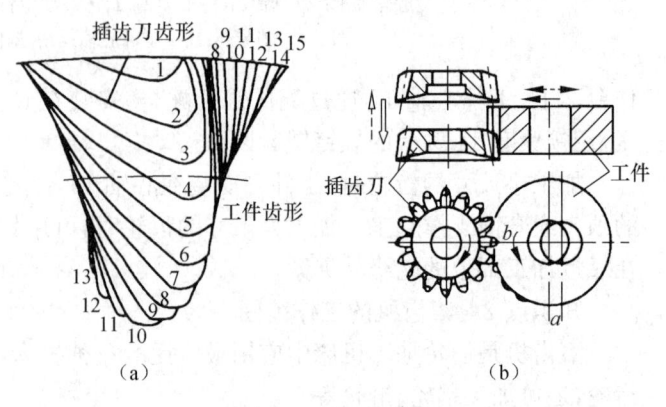

图14-5 插齿原理

过程中,刀具每往复一次,仅切出工件齿槽的一小部分。齿廓曲线是在插齿刀刀刃多次相继的切削中由刀刃各瞬时位置的包络线所形成的(见图14-5(a))。

2)插齿机的运动

加工直齿圆柱齿轮时,插齿机应具有图14-5(b)所示运动。

(1)主运动。

插齿机的主运动是插齿刀沿其轴线(即沿工件的轴向)所作的直线往复运动。在一般立式插齿机上,刀具垂直向下时为工作行程,向上为空行程。主运动以插齿刀每分钟的往复行程次数来表示,即双行程数/min。

(2)展成运动。

加工过程中,插齿刀和工件必须保持一对圆柱齿轮的啮合运动关系,即在插齿刀转过一个齿时,工件也转过一个齿。工件与插齿刀所作的啮合旋转运动即为展成运动。

(3)圆周进给运动。

圆周进给运动是插齿刀绕自身轴线的旋转运动,其旋转速度的快慢决定了工件转动的快慢,也直接关系到插齿刀的切削负荷、被加工齿轮的表面质量、机床生产率和插齿刀的使用寿命。圆周进给运动的大小,即圆周进给量,用插齿刀每往复行程一次刀具在分度圆圆周上所转过的弧长来表示,单位为mm/双行程。

(4)径向切入运动。

开始插齿时,如插齿刀立即径向切入工件至全齿深,将会因切削负荷过大而损坏刀具和工件。为了避免这种现象的发生,插齿刀应逐渐地向工件作径向切入,如图14-5(b)所示,开始加工时,工件外圆上的a点与插齿刀外圆相切,在插齿刀和工件作展成运动的同时,工件相对于刀具作径向切入运动。当刀具切入工件至全齿深后(至b点),径向切入运动停止,然后工件再旋转一整转,便能加工出全部完整的齿廓。径向进给量是以插齿刀每次往复行程工件径向切入的距离来表示,单位为mm/双行程。

(5)让刀运动。

插齿刀向上运动(空行程)时,为了避免擦伤工件齿面和减少刀具磨损,刀具和工件间应让开一小段距离(一般为0.5mm的间隙),而在插齿刀向下开始工作行程之前,又迅速恢复到原位,以便刀具进行下一次切削,这种让开和恢复原位的运动称为让刀运动。插齿机的让刀运动可以由安装工件的工作台移动来实现,也可由刀具主轴摆动得到。由于工件和工作台的惯量比刀具主轴大,由让刀运动产生的振动也大,不利于提高切削速度,所以新型号的插齿机(如Y5132型插齿机)普遍采用刀具主轴摆动来实现让刀运动。

2. 剃齿机

剃齿机是用剃齿刀对齿轮齿形进行精加工的专用设备,专门用来加工未经淬火(35HRC以下)的圆柱齿轮。剃齿加工主要用于提高齿形精度和齿面精度,降低齿面的表面粗糙度。剃齿加工多用于成批、大量生产。

图14-6所示为剃齿加工原理。剃齿时工件和剃齿刀之间的相对运动是作螺旋齿轮副运动。剃齿刀是一个在齿面上开有许多小沟槽(切刃)的螺旋齿轮,在与工件作螺旋齿轮副的啮合时,依靠齿面的滑动而获得切削作用。

当剃齿刀有螺旋角$\beta_刀$、工件有螺旋角$\beta_工$时,则两者的轴线交角λ为

$$\lambda = \beta_刀 \pm \beta_工$$

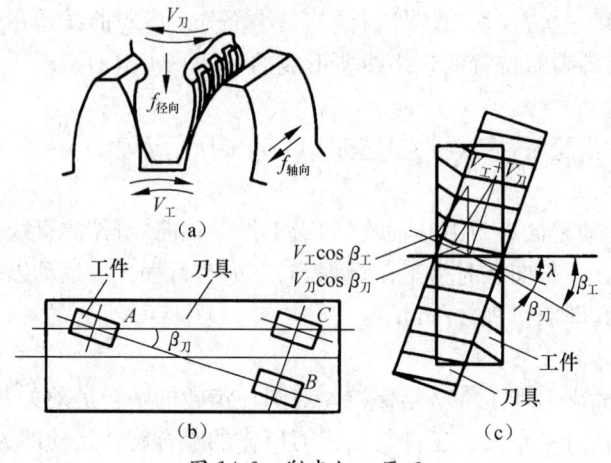

图 14-6 剃齿加工原理

式中,"+"号表示剃齿刀和工件两者螺旋角的方向相同;"—"号表示剃齿刀和工件两者螺旋角的方向相反。

如果工件为直齿轮,则 $\lambda=\beta_刀$。

将剃齿刀展开,若工件在其上自由滚动,则将从 A 点滚动到 B 点,但若将工件的轴向固定,则将从 A 点滚动到 C 点,产生相对滑动 BC,而相对滑动的速度就是剃齿刀的切削速度。设工件的圆周速度为 $V_工$,剃齿刀的圆周速度为 $V_刀$,则

$$V = V_工 \sin\beta_工 \pm V_刀 \sin\beta_刀$$

式中:V 为剃齿刀切削速度。严格说是在工件节圆处的切削速度,因为在工件的齿顶和齿根还有沿渐开线齿形的滑动速度,这时剃齿刀的切削速度应是这两个速度的向量和。

剃齿时是两螺旋齿轮的啮合,因此是点切削,其切削轨迹是经过啮合点的一条线,要切削全齿宽,工件还必须在其轴线方向移动。为了使工件的两齿面均能较好地剃削,剃齿刀应先正转后反转,并配合工作台在工件轴向的往复运动。工件的转动是由剃齿刀带动的,工件也将随剃齿刀作正反转。工作台每往复移动一次,剃齿刀作一次径向进给,直至需要的齿厚为止。

一般对于钢件,剃削时 $\lambda=15°$,$V_刀=130\text{m/min}\sim 145\text{m/min}$,$V=35\text{m/min}\sim 45\text{m/min}$,工作台沿工件轴向进给 $f_{轴向}=0.2\text{mm}\sim 0.4\text{mm}$,工作台往复一次剃齿刀径向进给 $f_{径向}=0.02\text{mm}\sim 0.08\text{mm}$。

3. 磨齿机

磨齿机主要用于对淬硬的齿轮进行齿廓的精加工,磨齿后齿轮的精度可达 6 级以上。按齿廓的形成方法,磨齿也有成形法和展成法两种,但大多数类型的磨齿机均以展成法来加工齿轮。现简单介绍几种圆柱齿轮磨齿机的工作原理及特点。

1)用成形法工作的磨齿机

这类磨齿机又称为成形砂轮磨齿机,砂轮的截面形状修整成与工件齿间的齿廓形状相同(见图 14-7)。修整时采用放大若干倍的样板,通过四杆缩放机构来控制金刚石刀杆的

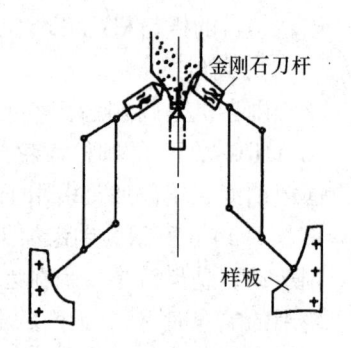

图 14-7 成形砂轮磨齿机砂轮修整原理

运动。机床的加工精度主要取决于砂轮的形状和分度精度。

成形砂轮磨齿机的构造较简单,生产率较高。其缺点是砂轮修整时容易产生误差,砂轮在磨削过程中各部分磨损不均匀,因而影响加工精度,所以这种磨齿机一般用于成批生产中磨削精度要求不太高的齿轮以及用展成法难以磨削的内齿轮。

2) 用连续分度展成法工作的磨齿机

用连续分度展成法工作的磨齿机利用蜗杆形砂轮来磨削齿轮轮齿,因此称为蜗杆砂轮磨齿机。其工作原理和滚齿机相同,但轴向进给运动一般由工件完成(见图 14-8)。由于在加工过程中是连续磨削,所以其生产率在各类磨齿机中是最高的。它的缺点是砂轮修整困难,不易达到高的精度,磨削不同模数的齿轮时需要更换砂轮,联系砂轮与工件的传动链中的各个传动环节转速很高,用机械传动易产生噪声,磨损较快。这种磨齿机适用于中小模数齿轮的成批和大量生产。

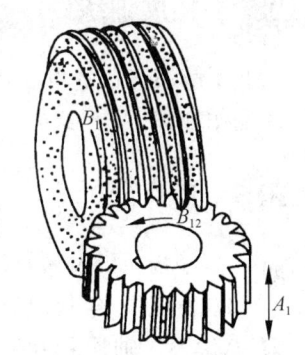

3) 用单齿分度展成法工作的磨齿机

这类磨齿机根据砂轮形状有锥形砂轮磨齿机、碟形砂轮磨齿机等。它们的工作原理都是利用齿条和齿轮的啮合原理来磨削轮齿的(见图 14-9)。加工时,被切齿轮每往复滚动一次,完成一个或两个齿面的磨削,因此需经多次分度及加工才能完成全部轮齿齿面的加工。

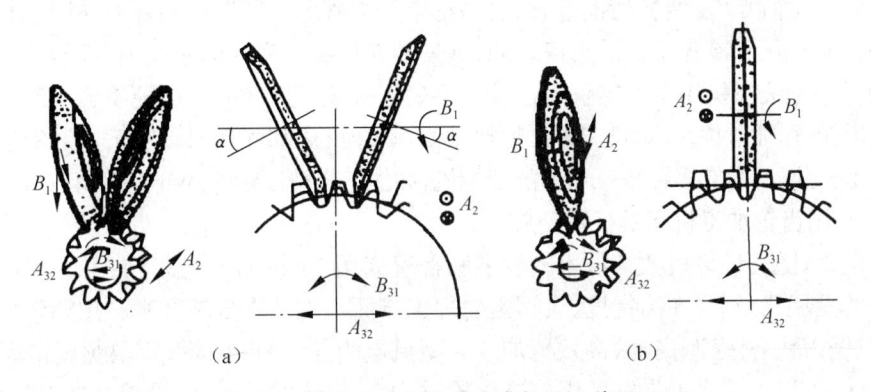

图 14-8 蜗杆砂轮磨齿机工作原理

图 14-9 单齿分度展成法磨齿机的工作原理

🔧 任务实施

1. 实训地点

实训基地齿轮加工车间。

2. 组织体系

在教师的指导下,对齿轮加工机床某些部件进行拆装,观察机床内部结构,熟悉齿轮加工机床各部分的功用及设计、使用要求。通过网络查找相关类型齿轮加工机床的资料,并查找主流生产厂商滚齿机产品的技术参数和介绍。

每班班级分为三个组,分别任命各组组长,负责对本组进行出勤、学习态度的考核,能分析滚齿机加工范围及特点,同时掌握齿轮加工机床的润滑和维护保养方法,并及时收集学生自评及互评资料。

3. 实训总结

在教师的指导下总结滚齿机各组成部分的功用,并对齿轮加工机床的主要部件结构的工作原理进行分析。正确分析滚齿机加工范围及特点,理解并能对齿轮加工机床进行日常润滑和维护保养。

拓展训练

了解滚齿机的发展背景,对专用齿轮加工机床的优势进行分析,掌握常用齿轮加工机床操作规程。

要点分析

1. 滚齿机的发展背景

20世纪60年代以后出现的高效滚齿机,主要采用硬质合金滚刀作高速和大进给量滚齿,滚刀主轴常采用液体静压轴承,能自动处理油雾和排屑。这种滚齿机适用于齿轮的大量生产。大型高精度滚齿机主要用来加工对运动平稳性和使用寿命要求很高的齿轮,如汽轮机和船舶推进装置等的大型高精度高速齿轮副。一般是立式和卧式配套发展。这种滚齿机除要求严格制造和精细装配调整外,有些还在滚刀主轴和工作台上设置运动误差检测装置,并自动反馈补偿误差,以提高精度。为避免这种滚齿机受内、外热源的影响,应严格控制液压和冷却系统的温度,还必须安装在恒温厂房内的坚固地基上,并设置防振隔离沟。小型滚齿机用于加工仪表齿轮。手表齿轮滚齿机普遍使用硬质合金滚刀加工钟表摆线齿轮,循环节拍快,对机床可靠性要求高,每台机床都配备自动上下料装置进行单机自动加工。此外,尚有多种特殊用途的滚齿机,如加工高精度蜗轮的分度蜗轮滚齿机等。

2. 专用齿轮加工机床的优势所在

近年来,随着计算机数控技术的发展和普遍应用,齿轮加工机床、加工工艺技术也有了很大的发展,特别是在高精度、大型齿轮加工方面出现了许多新技术。比如新型数控铣齿机,以铣刀代替滚刀,高速、高效地加工大型风电齿轮、核电齿轮;新型螺旋锥齿轮数控加工机床,可以加工多种齿制的螺旋锥齿轮,扩大了机床的适用性;采用新型刀具材料、高速机床实现干切削,既提高了加工效率和加工精度,也解决了绿色环保问题;采用在机检测和计算机补偿技术,提高机床加工精度;机床上配置机械手,实现自动装夹工件,提高工作效率等等。

齿轮是各类机械产品中用于传递动力或运动的重要基础零件,常见的齿轮类型从结构上分有圆柱齿轮、圆锥齿轮、非圆齿轮等,从齿形上分有渐开线齿轮、摆线齿轮、圆弧齿轮等。齿轮制造的确是一个专门化的领域,专业化的生产需要专用设备配合使用专用刀具,这是由于对齿轮进行批量、高效生产的需求而形成的加工制造模式。从传动原理来说,能够实现运动或动力传动的齿轮齿形有很多,但是实际使用最多的还是上面提到的几种,其原因一方面是因为它们具有良好的传动性能,另一方面能够使用专用设备、专用刀具对它们进行高效率、高精度加工也是它们被广泛使用的重要原因。因此,长期以来人们一直不断研究各种齿轮加工专用机床、专用刀具、专门工艺来满足各工业领域对各种齿轮的需求。

传统的齿轮加工机床,大部分是根据齿轮啮合原理、采用滚切法加工齿轮,一部分采用成形法加工齿轮,其加工刀具与被加工齿轮之间的主要运动关系相当于一对相啮合的齿轮或齿条之间的运动关系。采用数控技术后,齿轮加工机床的加工效率和加工精度进一步提高,但基本加工原理并没有改变。

通用的5轴5联动数控机床主要是用于实现复杂曲面零件的加工。齿轮的齿面是一类特殊的复杂曲面,从理论上讲,只要建立数学模型、解决了数控编程问题,使用5轴5联动数控机床和球面铣刀可以加工出任意齿形的齿轮齿面。因此,5轴5联动数控机床在解决新型齿轮齿面加工上具有特殊的优势。

但是在加工常用齿形齿轮方面,使用5轴5联动数控机床和球面铣刀的加工效率同使用专用齿轮加工机床相比低很多,特别是在硬齿面加工上效率更低,加工精度也不具有优势(不能磨削)。所谓以铣代磨,5轴5联动机床在加工精度上能够满足齿轮的要求(可达到3级精度)的观点,虽然,在不考虑效率的情况下有可能达到,但是并不具有普遍适用性。5轴5联动数控机床用于齿轮加工方面,主要作用还是在于解决新型齿轮齿面加工上,在一些特定情况下发挥作用;在常用齿形齿轮加工方面,特别是在批量生产齿轮方面,无论是加工效率、加工精度还是加工成本,专用机床仍然具有较大的优势。

总的来说,齿轮加工专用设备和专用刀具也在不断地创新和发展,不存在制约了齿轮生产制造的发展与创新的问题。至于在特殊情况下,现有设备不能满足要求,使用5轴5联动数控机床和通用刀具去解决特殊的齿轮加工问题,也是现代数控机床技术发展带来的一种方便,不能也不应该把它和专用齿轮加工机床的作用对立起来看,它只是提供了一种有益的补充。随着齿轮传动技术的发展,肯定会不断出现一些新型齿轮的应用需求,从而提出研究和开发新型、高效、高精度的齿轮加工设备的课题和任务。

3. 齿轮加工机床操作规程

认真执行下述有关齿轮机床通用规定:

(1)工作前检查分度、滚切挂轮,要保持有适当的啮合间隙,齿面清洁,润滑良好,坚固牢靠。

(2)不准机动对刀或上刀,对刀或上刀须手动进行。

(3)认真执行下述有关齿轮机床的特殊规定。

①锥齿轮刨齿机。

a. 刨刀装夹时须用对刀板检查刨刀的安装高度和长度是否合适。防止两刨刀擦过相碰。

b. 调整进给鼓轮和摇台时,须注意使两者的标线对准"0"位。

c. 床鞍每次移动位置后,必须紧固好。

d. 粗刨时不需滚切运动,应将摇台停在中间位置("0"点)上,把固定连板装到花键轴以代替取下的摇台摆动交换齿轮。

②弧齿锥齿轮铣齿机。

a. 工作前或工作中,应密切注意摇台油窗是否来油,如不来油须立即停机检查。

b. 工件夹紧力必须符合机床标牌上规定,压力达不到规定,不准工作。

c. 调整进给鼓轮和摇台时,须注意使两者的标线对准"0"位。
　　d. 床鞍每次移动位置后,必须紧固好。
　③滚齿机。
　　a. 具有顺铣和逆铣的机床,作逆铣时,必须使液压平衡装置起作用以减轻丝杆载荷。
　　b. 工作时溜板(或立柱)调整至所需位置、板动和架角度后,必须紧固好。
　　c. 加工铸铁件时,不准使用切削油。
　　d. 应经常清除切屑,防止切屑堆积过多,以免屑沫随同切削油进入工作台导机,研坏机床。
　　e. Y320滚齿机在找正工件时,工作台回转速度不得超过1r/min;滚切齿数少于20齿以下时,要降低滚刀转数,以免损坏蜗轮;要认真注意床身侧面的润滑信号灯,如果红灯亮时,即表示润滑系统有故障,必须立即停机检查。
　④剃齿、珩齿机。
　　a. 工作时行程长度,须调整到比被加工齿轮的齿宽多5mm～10mm。剃正齿轮须比剃斜齿轮时选择较大的空刀位置。
　　b. 用手动调整好刀具与齿坯的啮合及其侧隙后,须点动2周～3周确认正常方可作剃削加工。
　　c. 齿坯加工余量不得超过0.15mm～0.20mm。
　　d. 剃削中必须保持剃齿刀的充分冷却。
　⑤插齿机。
　　a. 根据齿坯正确调整插刀行程,既要保证插刀有足够的空程量又不准碰刀,特别是加工双联齿轮时更要注意。
　　b. 利用快速电机找正刀具时,须先脱开进给棘爪;利用快速电机找正齿坯时,须先脱开刀具回转结合子。

任务15　齿轮加工

　　目前齿轮的加工方法很多,如铸造、模锻、冷轧、热轧、切削加工等,最常用的还是切削加工。在切削加工中主要分为两种方法,即仿形法和范成法。仿形法中最常用的是用盘状或指状铣刀在万能铣床上加工齿形。范成法中齿轮的加工主要有滚齿、插齿、磨齿、剃齿等。其中磨齿和剃齿是精加工方法。

> **学习目标**
>
> (1)能够阅读、分析零件图;
> (2)能够选择合适的切削用量及齿轮装夹方法,能够正确在夹具上装夹零件;
> (3)能够对齿轮进行工艺分析,选择工艺装备,识读工艺文件,确定适用的刀具;
> (4)能够操作滚齿机,使用刀具、夹具、量具和辅具进行加工;
> (5)能够掌握外圆车刀的刃磨与装夹;
> (6)能够操作内径百分表、公法线千分尺、万能测齿仪进行工件检验。

任务描述

根据如图 15-1 所示调质齿轮的图纸及技术要求,编写加工工序卡,熟练操作滚齿机,控制好齿轮加工的尺寸。能正确进行齿轮装夹,操作内径百分表、公法线千分尺、万能测齿仪进行工件检验。

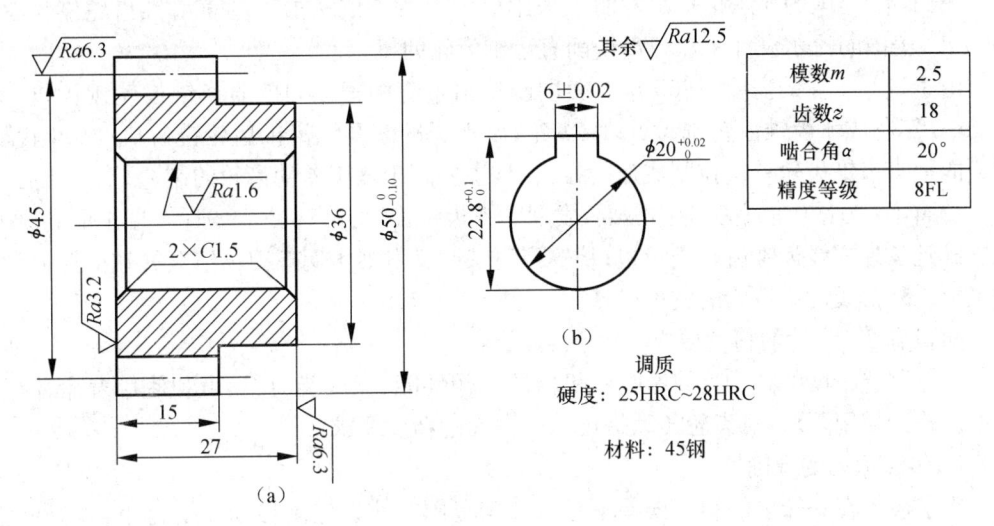

模数 m	2.5
齿数 z	18
啮合角 α	20°
精度等级	8FL

调质
硬度:25HRC~28HRC

材料:45钢

图 15-1 调质齿轮

知识链接

齿轮传动是传递动力和运动的一种主要形式,是机械传动中应用最为广泛的传动形式之一,齿轮传动广泛应用于机床、汽车、飞机、船舶、精密仪器等行业中,因此,在机械制造中,齿轮生产占有极其重要的位置。

齿轮因其在机器中的功能不同而结构不同,但总是由齿圈和轮体组成。齿圈上均布着直齿、斜齿等轮齿,而轮体上有轮辐、轮毂、孔、键槽等。按齿圈上轮齿的分布形式,轮齿可分为直齿轮、斜齿轮、人字齿轮等,按轮体的结构形式,齿轮又分为盘类、齿轮轴、齿条等。

齿轮传动的制造及安装精度要求高,价格贵,且不宜用于传动距离过大的场合,低精度齿轮在传动时会产生噪声和振动。但是近些年来,由于新技术、新设备的不断应用,齿轮的加工成本已经大幅度地降低了,使得齿轮应用的范围更大了。

知识点 1　齿轮加工的发展史

古代的齿轮是用手工修锉成形的。1540 年,意大利的托里亚诺在制造钟表时,制成一台使用旋转锉刀的切齿装置;1783 年,法国的勒内制成了使用铣刀的齿轮加工机床,并有切削齿条和内齿轮的附件;1820 年前后,英国的怀特制造出第一台既能加工圆柱齿轮又能加工圆锥齿轮的机床。具有这一性能的机床到 19 世纪后半叶又有发展。

1835 年,英国的惠特沃思获得蜗轮滚齿机的专利;1858 年,席勒取得圆柱齿轮滚齿机的专利;以后经多次改进,至 1897 年德国的普福特制成带差动机构的滚齿机,才圆满解决了加工斜齿轮的问题。在制成齿轮形插齿刀后,美国的费洛斯于 1897 年制成了插齿机。

20 世纪初,由于汽车工业的需要,各种磨齿机相继问世。1930 年左右在美国制成剃齿机；1956年制成珩齿机。60年代以后，现代技术在一些先进的圆柱齿轮加工机床上获得应用，比如在大型机床上采用数字显示指示移动量和切齿深度；在滚齿机、插齿机和磨齿机上采用电子伺服系统和数控系统代替机械传动链和交换齿轮；用设有故障诊断功能的可编程序控制器，控制工作循环和变换切削参数；发展了数字控制非圆齿轮插齿机和适应控制滚齿机；在滚齿机上用电子传感器检测传动链运动误差，并自动反馈补偿误差等。

1884年，美国的比尔格拉姆发明了采用单刨刀按展成法加工的直齿锥齿轮刨齿机；1900年，美国的比尔设计了双刀盘铣削直齿锥齿轮的机床。

由于汽车工业的需要，1905年在美国制造出带有两把刨刀的直齿锥齿轮刨齿机，又于1913年制成弧齿锥齿轮铣齿机；1923年，出现了准渐开线齿锥齿轮铣齿机；30年代研制成能把直齿锥齿轮一次拉削成形的拉齿机，主要用于汽车差动齿轮的制造。

40年代，为适应航空工业的需要，发展了弧齿锥齿轮磨齿机。1944年，瑞士厄利康公司制成延长外摆线齿锥齿轮铣齿机；从50年代起，又发展了用双刀体组合式端面铣刀盘，加工延长外摆线齿锥齿轮的铣齿机。

知识点2　齿轮的精度要求

齿轮制造精度的高低直接影响到机器的工作性能、承载能力、噪声和使用寿命，因此根据齿轮的使用要求，对齿轮传动提出4个方面的精度要求。

1. 传递运动的准确性

要求齿轮在一转中的转角误差不超过一定范围。使齿轮副传动比变化小，以保证传递运动准确。

2. 传递运动的平稳性

要求齿轮在一齿转角内的最大转角误差在规定范围内。使齿轮副的瞬时传动比变化小，以保证传动的平稳性，减少振动、冲击和噪声。

3. 载荷分布的均匀性

要求齿轮工作时齿面接触良好，并保证有一定的接触面积和符合要求的接触位置，以保证载荷分布均匀。不至于齿面应力集中，引起齿面过早磨损，从而降低使用寿命。

4. 传动侧隙的合理性

要求啮合轮齿的非工作齿面间留有一定的侧隙，方便于存储润滑油，补偿弹性变形和热变形及齿轮的制造安装误差。

国家标准GB10095—1988《渐开线圆柱齿轮精度》对齿轮、齿轮副规定了12个精度等级，其中第1级最高，第12级最低。

知识点3　认知齿轮加工方法及特点

1. 齿轮加工方法

齿轮的齿形加工方法按照加工中有无切屑分为无屑加工和切削加工两大类。无屑加工包括精密铸造、热轧、冷轧和粉末冶金等，这种方法生产率高，材料消耗小，成本低。但是加工的齿轮精度较低，应用有很大的局限性。而用切削加工方法制造的齿轮精度高，能较好满足机器对齿轮传动精度的各项要求。故在生产中常用。

用切削加工的方法制造齿轮，就其加工原理不同可分为仿形法和展成法两种。

1）仿形法

采用切削刃形状与被切齿轮齿槽形状完全相符的成形刀具，直接切削出齿轮齿形的方法,称为仿形法。如在卧式铣床上用模数盘铣刀或在立式铣床上用模数指状铣刀加工齿轮,如图 15-2 所示。

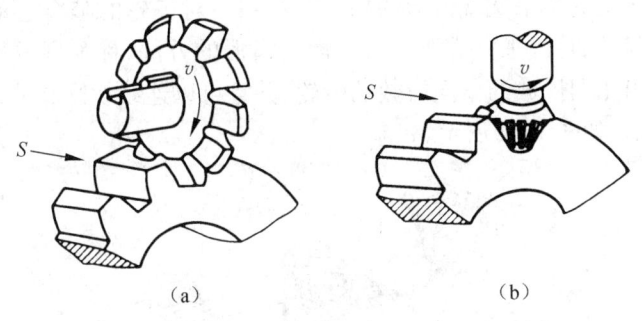

图 15-2 用模数铣刀铣削齿轮齿形
(a)用盘状模数铣刀铣齿;(b)用指状模数铣刀铣齿。

用仿形法铣削齿轮所用的加工设备为铣床。工件装夹在分度头与尾架之间的心轴上,并以卡箍与分度头主轴上的拨盘相连,如图 15-3 所示。铣削时,铣刀装在铣床刀轴上做旋转运动以形成齿形,工件随着铣床工作台做直线移动——轴向进给运动,以切削齿宽。当加工完一个齿槽后,使分度头转过一定角度,再切削另一个齿槽,直至切完全部齿槽。此外,还须通过工作台升降做径向进刀,调整切齿深度,达到齿高。当加工模数 $m<1$,要求精度较低的齿轮时,可一次铣出;对于大模数齿轮则要多次铣出。

由于同模数的齿轮齿形是随其齿数的不同而变化的,因此,要达到精确的齿形曲线,一把模数铣刀只能加工同模数的一种齿数的

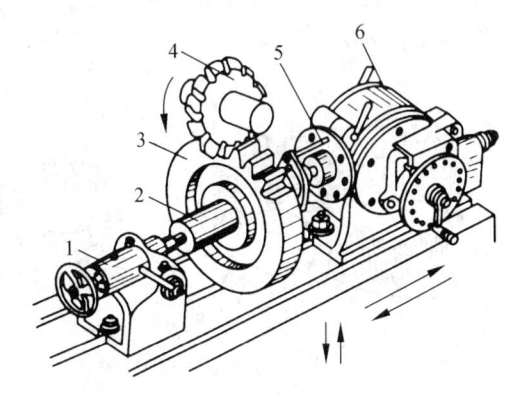

图 15-3 在铣床上用分度头铣削齿轮齿形
1—尾架;2—心轴;3—工件;4—盘状模数铣刀;
5—卡箍;6—分度头。

齿轮,这样就需要根据不同齿数制出很多把铣刀,在生产上既不方便又不经济。为了减少铣刀数量,在实际生产中把同一模数的齿轮按齿数分组,如表 15-1 所列。在同组内采用同一刀号的铣刀进行加工,但这样就会产生齿形误差。

表 15-1 齿轮铣刀的刀号

刀号	1	2	3	4	5	6	7	8
加工齿数范围	12～13	14～16	17～20	21～25	26～34	35～54	55～134	135 以上

仿形法铣削齿轮,所用刀具、机床及夹具均比较简单。但由于存在着刀具的齿形误差、工件的分齿误差以及刀具的安装误差,致使加工精度较低,一般只能达到 9 级～10 级精度;同时在加工时需调整切齿深度、分齿不连续等,使得辅助时间长,生产率低。因此,这种方法主要用于单件及修配生产中加工低转速、低精度齿轮。

在大批大量生产中,可采用多齿廓成形刀具加工齿轮,如用齿轮拉刀、齿轮推刀或多齿刀盘等刀具同时加工出齿轮的多个齿槽。

2) 展成法

展成法是利用齿轮啮合原理进行齿形加工的方法。它是以保持刀具和齿坯之间按渐开线齿轮啮合的运动关系来实现齿形的加工。利用一对齿轮的啮合运动，把其中一个齿轮制成具有切削刃的刀具，来完成加工另一齿轮齿形的方法，称为展成法。其特点是：一把刀具可以加工出相同模数的不同齿数的齿轮，并且可以连续切削和分齿，由切削刃包络而展成工件的齿形，如图 15-4 所示。

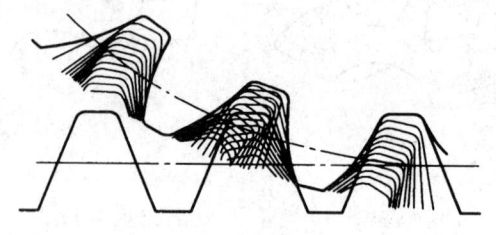

图 15-4 展成齿形

利用展成原理加工齿轮的方法有滚削法、插削法、刨削法、剃削法、磨削法等，如图 15-5 所示。

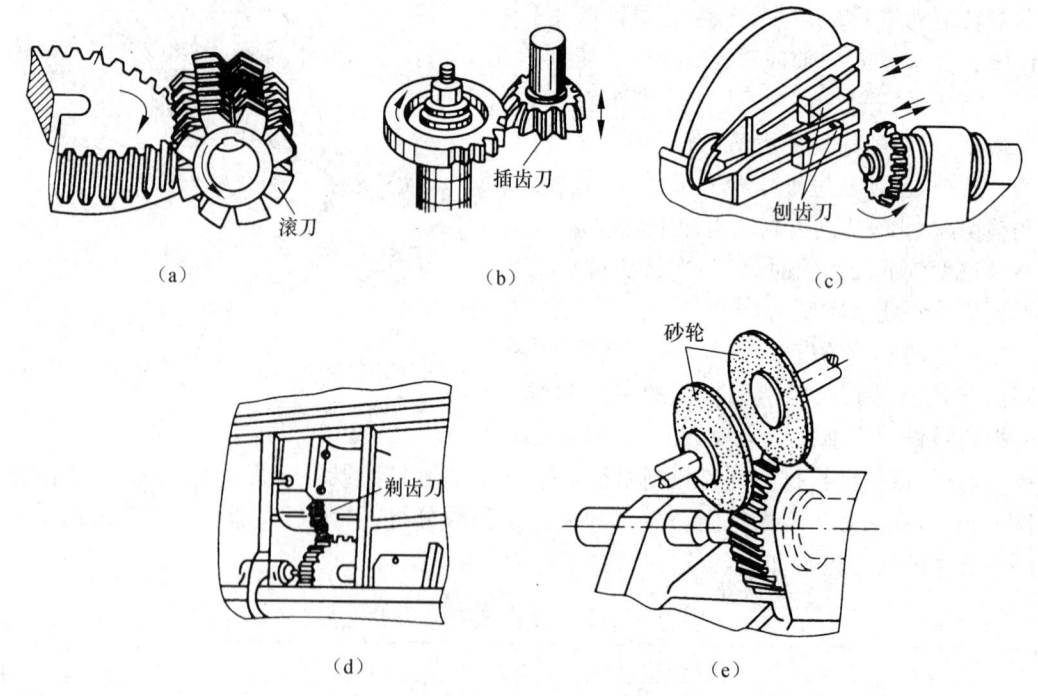

图 15-5 用展成原理加工齿形的方法
(a)滚削法；(b)插削法；(c)刨削法；(d)剃削法；(e)磨削法。

用展成法加工齿形，加工精度高，生产效率高；但需要专门的刀具和机床，设备费用大。故主要用于成批生产和齿轮精度要求较高的场合。

2. 齿轮加工机床的分类和加工范围

为满足不同的加工要求，用展成原理加工齿形的方法有多种，相应的加工设备也有多种。

齿轮加工机床的分类和加工范围如表15-2所列。

表 15-2　利用展成原理加工齿形的方法

加工方法	刀具	机床	加工精度以及应用范围
滚齿	滚刀	滚齿机	加工精度6级～10级,最高能达4级;生产率较高,通用性大,常用于加工直齿、斜齿的外啮合圆柱齿轮和蜗轮
插齿	插齿刀	剃齿机	加工精度7级～9级,最高能达6级;生产率较高,通用性大,适宜于加工单联及多联的内、外直齿圆柱齿轮、扇形齿轮及齿条等
剃齿	剃齿刀	剃齿机	加工精度4级～7级,生产率高,主要用于齿轮的滚、插预加工后,淬火前的精加工
珩磨	珩磨轮	珩齿机	加工精度6级～7级,多用于经过剃齿和高频淬火后齿形的精加工,提高表面质量,减小齿面的表面粗糙度值
磨齿	砂轮	磨齿机	加工精度3级～7级,生产率低,加工成本高,多用于齿形淬硬后的精加工

知识点 4　Y3150E 型滚齿机的传动系统

1. 加工直齿圆柱齿轮

1)加工运动

加工直齿圆柱齿轮时,滚齿机要完成以下3种运动:

(1)主运动。滚刀的旋转运动为主运动,如图15-6中的$n_刀$。

(2)展成运动(分齿运动)。展成运动是指工件相对于滚刀所作的啮合对滚运动,为此滚刀与工件之间必须准确地保持一对啮合齿轮的传动比关系,即

$$n_工/n_刀 = k/z$$

式中　$n_工$——工件的转数;
　　　$n_刀$——滚刀的转数;
　　　k——滚刀头数;
　　　z——工件齿数。

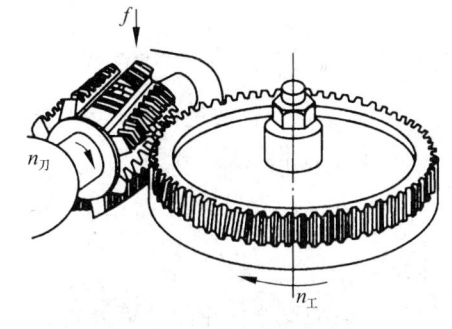

图 15-6　滚齿加工原理

(3)垂直进给运动。垂直进给运动是滚刀沿工件轴线方向做连续的进给运动,从而保证切出整个齿宽,如图15-6中的f。

实现上述3个运动,机床就必须具有3条相应的传动链。

主运动传动链两端件为电动机和滚刀,滚刀的转速可通过变速箱进行调整。

展成运动传动链两端件为滚刀及工件,通过调整传动比,保证展成运动$n_工/n_刀=k/z$的实现,即滚刀转1r,工件转k/zr。

垂向进给传动链两端件为工件和滚刀,通过调整传动比,使工件转1r时,滚刀在垂向进给丝杠带动下,沿工件轴向移动所要求的进给量。

2)传动与配换挂轮

根据滚齿机加工直齿圆柱齿轮时的运动,即可从图15-7所示的传动系统图中找出各个运动的传动路线。

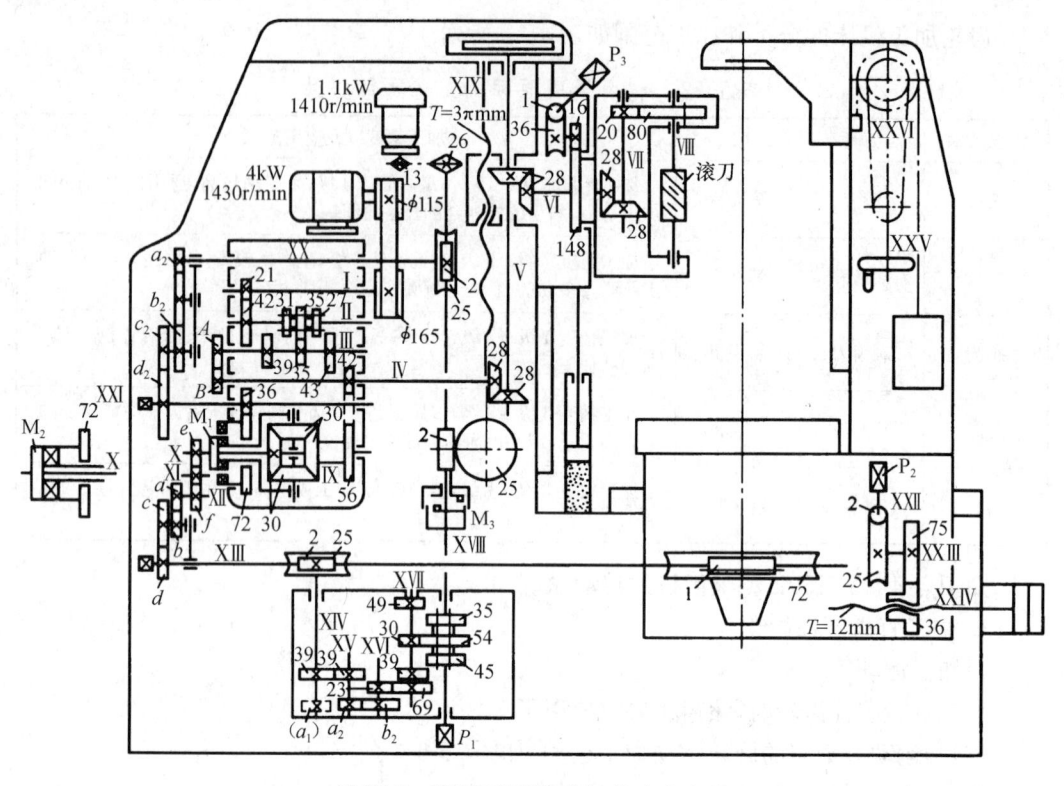

图 15-7　Y3150E型滚齿机传动系统图

M_1、M_2、M_3—离合器；P_1—滚刀架垂向进给手摇方头；P_2—径向进给手摇方头；P_3—刀架扳角度手摇方头。

(1) 主运动传动链。其传动链的两端件是：主电动机——滚刀主轴。

其传动路线表达式为：

主电动机 $-\dfrac{\phi115}{\phi165}-$ Ⅰ $-\dfrac{21}{42}-$ Ⅱ $-\dfrac{31}{39}-$ Ⅲ $-\dfrac{A}{B}-$ Ⅳ $-\dfrac{28}{28}-$ Ⅴ $-\dfrac{28}{28}-$ Ⅶ $-\dfrac{20}{80}-$ Ⅷ（滚刀主轴）。

主运动变速挂轮的计算公式为

$$\frac{A}{B}=\frac{n_{刀}}{124.583 u_{Ⅱ-Ⅲ}}$$

式中　$n_{刀}$——滚刀主轴转速，按合理切削速度及滚刀外径计算；

$u_{Ⅱ-Ⅲ}$——轴Ⅱ-Ⅲ之间三联滑移齿轮变速组的3种传动比。

机床上备有 A、B 挂轮为 22/44、33/33、44/22。因此，滚刀共有如表15-3所列的9级转速。

表15-3　滚刀主轴转速

A/B	22/44			33/33			44/22		
$u_{Ⅱ-Ⅲ}$	27/43	31/39	35/35	27/43	31/39	35/35	27/43	31/39	35/35
$n_{刀}$(r/min)	40	50	63	80	100	125	160	200	250

(2) 展成运动传动链。展成运动传动链的两端件及其运动关系是：当滚刀转1r时，工件相对于滚刀转 k/zr。其传动路线表达式为：

$$\text{Ⅳ}-\frac{28}{28}-\text{Ⅴ}-\text{Ⅵ}-\frac{28}{28}-\text{Ⅶ}-\frac{20}{80}-\text{Ⅷ}（滚刀主轴）$$
$$\phantom{\text{Ⅳ}}\;\;\vert-\frac{42}{56}-\text{Ⅸ}-\text{合成机构}-\text{Ⅹ}-\frac{f}{e}-\text{Ⅻ}-\frac{a}{b}\frac{c}{d}-\text{ⅩⅢ}-\frac{1}{72}-\text{工作台（工作）}$$

滚切直齿圆柱齿轮时，运动合成机构用离合器 M_1 连接，此时运动合成机构的传动比为1。

展成运动挂轮的计算公式：$\dfrac{a}{b}\dfrac{c}{d}=\dfrac{f}{e}\dfrac{24k}{z}$

上式中的 $\dfrac{f}{e}$ 挂轮，应根据 $\dfrac{z}{k}$ 值而定，可有如下3种选择：

当 $5\leqslant\dfrac{z}{k}\leqslant 20$ 时，取 $e=48,f=24$；

$21\leqslant\dfrac{z}{k}\leqslant 142$ 时，取 $e=36,f=36$；

$143\leqslant\dfrac{z}{k}$ 时，取 $e=24,f=8$。

这样选择后，可使用的数值适中，便于挂轮的选取和安装。

(3)垂向进给运动传动链。垂向进给运动传动链的两端件及其运动关系是：当工件转1r时，由滚刀架带动滚刀沿工件轴线进给。其传动路线表达式为：

$$\text{ⅩⅢ}-\frac{1}{72}-\text{工作台（工件）}$$
$$\vert-\frac{2}{25}-\text{ⅩⅣ}-\frac{39}{39}-\text{ⅩⅤ}-\frac{a_2}{b_2}-\text{ⅩⅥ}-\frac{23}{69}-\text{ⅩⅦ}-\begin{bmatrix}\frac{49}{35}\\ \frac{30}{54}\\ \frac{39}{45}\end{bmatrix}-\text{ⅩⅧ}-M_3-\frac{2}{25}-\text{ⅩⅨ}$$

（刀架垂向进给丝杠）

垂向进给运动挂轮的计算公式：$\dfrac{a_1}{b_2}=\dfrac{f}{0.46\pi u_{\text{ⅩⅦ-ⅩⅧ}}}$

式中 f——垂向进给量，单位为 mm/r，根据工件材料、加工精度及表面粗糙度等条件选定；

$u_{\text{ⅩⅦ-ⅩⅧ}}$——进给箱中轴ⅩⅦ至ⅩⅧ之间的滑移齿轮变速组的3种传动比。

当垂向进给量确定后，可从表15-4中查出进给挂轮。

表15-4 垂向进给量及相应的挂轮齿数

a_2/b_2	26/52			32/46			46/32			52/26		
$u_{\text{ⅩⅦ-ⅩⅧ}}$	30/54	39/45	49/35	30/54	39/45	49/35	30/54	39/45	49/35	30/54	39/45	49/35
$n_{\text{刀}}$(r/min)	0.4	0.63	1	0.56	0.87	1.41	1.16	1.8	2.9	1.6	2.5	4

2.加工斜齿圆柱齿轮

1)加工运动

加工斜齿圆柱齿轮时，除加工直齿圆柱齿轮所需的3个运动外，必须给工件一个附加运动。这个附加运动就像卧式车床切削螺纹一样,当刀具沿工件轴线进给等于螺旋线的一个导程时,工件应转一转。

需要特别指出的是,在加工斜齿圆柱齿轮时,展成运动和附加运动这两条传动链需要将两种不同要求的旋转运动同时传给工件。在一般情况下,两个运动同时传到一根轴上时,运动要发生干涉而将轴损坏。所以,在滚齿机上设有把两个任意方向和大小的转动进行合成的机构,即运动合成机构,以此来实现加工斜齿轮时的展成运动和附加运动。运动合成机构通常采用圆柱齿轮或锥齿轮行星机构。Y3150E型滚齿机所用的运动合成机构,主要由四个模数 $m=3\text{mm}$、齿数 $z=30$、螺旋角 $\beta=0°$ 的弧齿锥齿轮组成,其设置在Ⅸ-Ⅹ轴之间。

加工直齿圆柱齿轮时,展成运动通过运动合成机构的传动比为1。

2)传动与配换挂轮

(1)主运动传动链。加工斜齿圆柱齿轮时,机床主运动传动链的调整计算与加工直齿圆柱齿轮时相同。

(2)展成运动传动链。加工斜齿圆柱齿轮时,虽然展成运动的传动路线以及运动平衡式都和加工直齿圆柱齿轮时相同,但因运动合成机构用 M_2 离合器连接,其传动比应为1,代入运动平衡式后得挂轮计算公式为 $\dfrac{a}{b}\dfrac{c}{d}=-\dfrac{f}{e}\dfrac{24k}{z}$。

式中负号说明展成运动传动链中轴 X 与 $Ⅸ$ 的转向相反。而在加工直齿圆柱齿轮时两轴的转向相同(挂轮计算公式中符号为正)。因此,在调整展成运动挂轮时,必须按机床说明书规定配加惰轮。

(3)垂向进给运动传动链。加工斜齿圆柱齿轮时,垂向进给传动链及其调整计算和加工直齿圆柱齿轮相同。

(4)附加运动传动链。加工斜齿圆柱齿轮时,附加运动传动链的两端件及其运动关系是:当滚刀架带动滚刀垂向移动工件的一个螺旋线导程时,工件应附加转动±1r。其传动路线表达式为:

$$\text{Ⅶ}-M_3-\dfrac{2}{25}-\text{Ⅸ}(\text{刀架垂向进给丝杠})$$
$$\vert\!\!\!\!-\dfrac{2}{25}-\text{ⅩⅩ}-\dfrac{a_2}{b_2}\dfrac{c_2}{d_2}-\text{ⅩⅪ}-\dfrac{36}{72}-M_2-\text{合成机构}-\text{Ⅹ}-\dfrac{e}{f}-\text{Ⅻ}-\dfrac{a}{b}\dfrac{c}{d}-$$
$$\text{Ⅷ}-\dfrac{1}{72}-\text{工作台(工件)}$$

附加运动挂轮的计算公式:

$$\dfrac{a_2}{b_2}\dfrac{c_2}{d_2}=\pm 9\dfrac{\sin\beta}{m_n k}$$

式中 β——被加工齿轮的螺旋角;
m_n——被加工齿轮的法向模数;
k——滚刀头数。

式中的"±"表明工件附加运动的旋转方向,它决定工件的螺旋方向和刀架进给运动的方向。

在计算挂轮齿数时,"±"值可不予考虑,但在安装附加运动挂轮时,应按机床说明书规定配加惰轮。

附加运动挂轮计算公式中包含有无理数 sinβ，影响配算挂轮的准确性。实际选配的附加运动挂轮传动比与理论计算的传动比之间的误差，对于 8 级精度的斜齿轮，要准确到小数点后第四位数字，对于 7 级精度的斜齿轮，要准确到小数点后第 5 位数字，才能保证不超过精度标准中规定的齿向允差。

在 Y3150E 型滚齿机上，展成运动、垂向进给运动和附加运动 3 条传动链的调整，共用一套模数为 2mm 的配换挂轮，其齿数为 20（两个）、23、24、25、26、30、32、33、34、35、37、40、41、43、45、46、47、48、50、52、53、55、57、58、59、60（两个）、61、62、65、67、70、71、73、75、79、80、83、85、89、90、92、95、97、98、100 共 47 个。

3. 加工涡轮

Y3150E 型滚齿机，通常用径向进给法加工蜗轮，如图 15-8 所示。加工时共需 3 个运动：主运动、展成运动和径向进给运动。主运动及展成运动传动链的调整计算与加工直齿圆柱齿轮相同，径向进给运动只能手动。此时，应将离合器 M_3 脱开，使垂向进给传动链断开。转动方头 P_2 经蜗杆蜗轮副 2/25、齿轮副 75/36 带动螺母转动，使工作台溜板做径向进给。

工作台溜板可由液压缸驱动做快速趋近和退离刀具的调整移动。

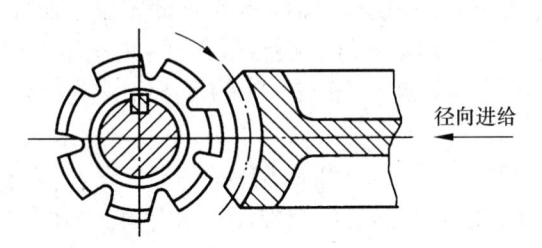

图 15-8　径向切入法加工涡轮

知识点 5　机床的工作调整

1. 滚刀

齿轮滚刀的外形就是阿基米德蜗杆。滚刀切削刃必须在该蜗杆的螺纹表面上。

滚刀的法向模数、压力角应与被切齿轮的法向模数、压力角相等。

按国家标准规定，齿轮滚刀的精度分为 4 级：AA、A、B、C。一般情况下，AA 级齿轮滚刀可加工 6 级～7 级齿轮，A 级可加工 7 级～8 级齿轮，B 级可加工 8 级～9 级齿轮，C 级可加工 9 级～10 级齿轮。在用齿轮滚刀加工齿轮时，应按齿轮要求的精度级，选用相应精度级的齿轮滚刀。

2. 滚刀旋转方向和展成运动方向的确定

无论是左旋滚刀还是右旋滚刀，滚刀旋转方向一般都是：当操作者面对滚刀时，滚刀应"从上到下"（即"从里向外"）旋转；而展成运动的旋转方向，决定于滚刀的螺旋方向。当用右旋滚刀加工时，展成运动为逆时针方向旋转；用左旋滚刀加工时，展成运动为顺时针方向转动，如图 15-9 所示。

在加工螺旋齿圆柱齿轮时，展成运动的旋转方向与以上相同，而附加运动的旋转方向，则决定于

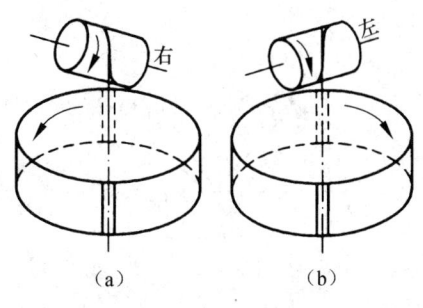

图 15-9　滚刀加工
(a)右旋滚刀加工；(b)左旋滚刀加工。

工件的螺旋方向，与滚刀螺旋方向无关。加工右旋齿轮时，附加运动为逆时针方向转动；加工左旋齿轮时为顺时针方向转动，如图15-10虚线箭头所示。

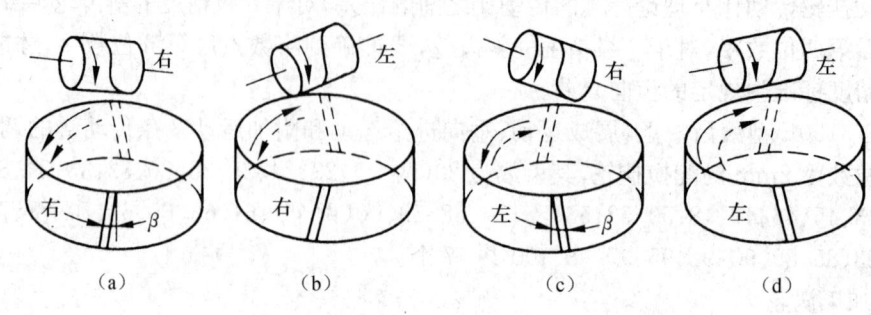

图15-10 加工时转动方向

3. 确定滚刀架扳动角度的方向和大小

在滚切齿轮时，为保证滚刀和工件处于正确的啮合位置，切出合格的齿轮，应使滚刀切削齿的运动方向与被加工齿轮的齿向一致。

1) 当加工直齿圆柱齿轮时，应使滚刀轴线与工件的定位平面成 δ 角度，δ 称为滚刀安装角。δ 角的大小等于滚刀的螺旋升角 λ，扳动角度的方向决定于滚刀的螺旋线方向。当用右旋滚刀时，顺时针扳动滚刀架，如图15-11(a)所示；用左旋滚刀则逆时针扳动滚刀架，如图15-11(b)所示。

2) 当加工螺旋齿圆柱齿轮时，由于螺旋齿轮有一螺旋角 β，因此 δ 角与滚刀的螺旋升角 λ 和工件的螺旋角 β 有关，且与两者的螺旋线方向有关。当滚刀与工件的螺旋线方向相同时，滚刀架应扳动 $\delta=\beta-\lambda$ 如图15-11(c)、图15-11(e)所示；当两者的螺旋线方向相反时，$\delta=\beta+\lambda$，如图15-11(d)、图15-11(f)所示。

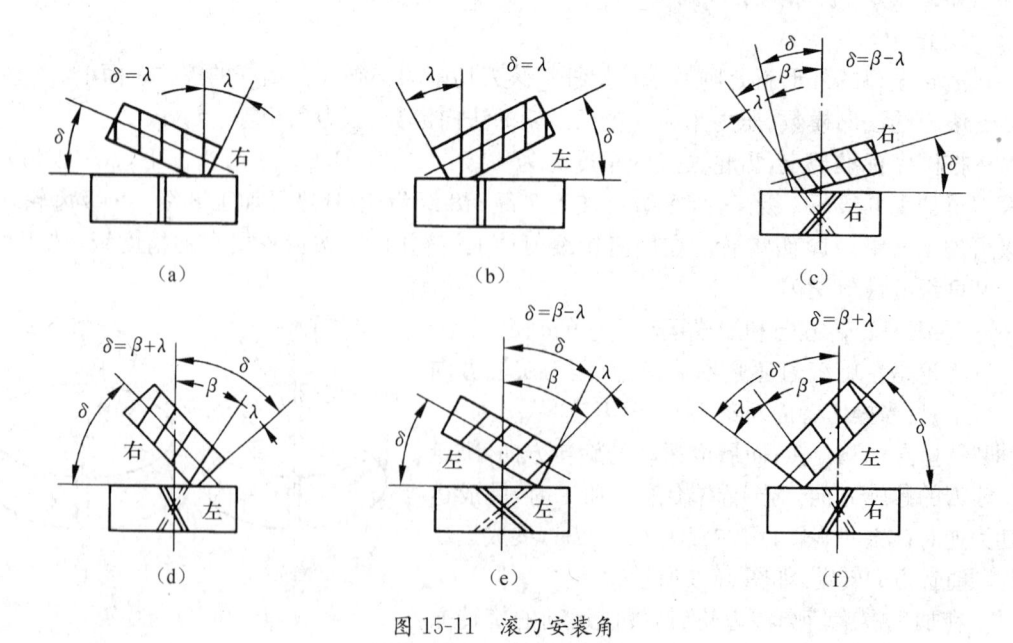

图15-11 滚刀安装角

知识点6　齿轮的加工工艺分析

1. 齿坯加工工艺方案

齿坯加工工艺方案主要取决于齿轮的轮体结构、技术要求和生产类型。齿坯加工的主要内容有：齿坯的孔、端面、顶尖孔（轴类齿轮）以及齿圈外圆和端面的加工。对于轴类齿轮和套筒齿轮的齿坯，其加工过程和一般轴、套类基本相同，以下主要讨论盘类齿轮齿坯的加工工艺方案。

1）单件小批生产的齿坯加工

一般齿坯的孔、端面及外圆的粗、精加工都在通用车床上经两次装夹完成，但必须注意将孔和基准端面的精加工在一次装夹内完成，以保证位置精度，这一点一定要注意。

2）成批生产的齿坯加工

成批生产齿坯时，经常采用"车—拉—车"的工艺方案。

(1) 以齿坯外圆或轮毂定位，粗车外圆、端面和内孔。

(2) 以端面定位拉孔。

(3) 以孔定位精车外圆及端面等。

3）大批量生产的齿坯加工

大批量生产，应采用高生产率的机床和高效专用夹具加工。在加工中等尺寸齿轮齿坯时均多采用如下"钻—拉—多刀车"的工艺方案。

(1) 以毛坯外圆及端面定位进行钻孔或扩孔。

(2) 拉孔。

(3) 以孔定位在多刀半自动车床上粗、精车外圆、端面、车槽、倒角等。

2. 齿形加工方案

主要取决于齿轮的精度等级，结构形状、生产类型和齿轮的热处理方法及生产工厂的现有条件，对于不同精度等级的齿轮，常用的齿形加工方案如下。

1) 8级或8级精度以下的齿轮加工方案

对于不淬硬的齿轮用滚齿或插齿即可满足加工要求；对于淬硬齿轮可采用滚（或插）齿—齿端加工—齿面热处理—修正内孔的加工方案。这是因为热处理会产生变形，导致齿轮精度下降。一般来讲，高频淬火、氮化、真空淬火精度降低半级左右，一般淬火精度下降一级左右，这和齿轮的形状、结构以及热处理工艺水平有关，所以，为了达到设计要求的精度要求，热处理前的齿形加工精度应比图样要求提高一些。

2) 6级～7级精度的齿轮

对于淬硬齿面的齿轮可以采用滚（插）齿—齿端加工—表面淬火—校正基准—磨齿，这种方案加工精度稳定；也可以采用滚（插）—剃齿或冷挤—表面淬火—校正基准—内啮合珩齿的加工方案，此方案加工精度稳定，生产率高。

3) 5级精度以上的齿轮

一般采用粗滚齿—精滚齿—表面淬火—校正基准—粗磨齿—精磨齿的加工方案。大批量生产时也可采用粗磨齿—精磨齿—表面淬火—校正基准—磨削外珩自动线的加工方案。这种加工方案的齿轮精度可稳定在5级以上，且齿面加工纹理十分错综复杂，噪声极低，是品质极高的齿轮。

另外，由于新技术的不断发展，现在已经有了更多的加工方法。其中电火花线切割是很成熟的一种,但这种加工方法加工出的齿轮表面粗糙度可能不如意,这点请注意。

任务实施

1. 分析图样

这种齿轮可以采用滚齿加工,有时也可用插齿或铣齿来代替,但效率较低。

这个零件由于齿轮总宽只有27mm,所以用三爪卡盘夹持,只要保证内圆和左端面一次装夹加工即可,这样,滚齿的基准就可以保证精度了。如果齿轮总宽较大,可采用一夹一顶的定位方法,像齿轮轴这样的零件。但加工时要保证齿轮轴的定位轴径和定位端面要一次装夹加工,目的同样是为了保证滚齿的基准精度。

如果是在不重要的场合,也可以不经过锻造工序。如果对耐磨性要求不高时,也可省略调质工序。如果对耐磨性要求很高,也可以用高频淬火或者氮化来提高齿面的硬度,满足硬度要求,但滚齿精度必须提高一些,以抵消热处理工序的精度损失。但需要注意的是,氮化层很薄,一般不能再磨削了,否则硬化层就太薄了。

2. 工艺过程

下料—锻造—正火—粗加工—调质—滚齿—插键槽—检验。

3. 加工步骤(见表15-5)

表15-5 加工步骤

序号	工序内容	定位基准	设备
1	下料		
2	锻,自由锻		
3	正火		
4	夹持大端外圆,车另一端及端面,调头车另一端	外圆、端面	车床
5	调质处理 24HRC～28HRC		
6	精车到尺寸,倒角	外圆端面	车床
7	粗、精滚至尺寸	内圆端面	滚齿机
8	画键槽线		
9	铣键槽		插床
10	检验		

4. 圆柱齿轮误差项目及检测

1)齿轮精度测量的基本项目

由于机器和仪表的工作性能、使用寿命与齿轮的制造与安装精度密切相关,因此,正确地选择齿轮公差,并进行合理的检测是十分重要的。

GB/T 10095.1—2001《轮齿同侧齿面偏差的定义和允许值》,GB/T 10095.2—2001《径向综合偏差和径向跳动的定义和允许值》,GB/Z 18620.1—4—2002《圆柱齿轮检验实施规范》,分别给出了齿轮评定项目的允许值和规定了检测齿轮精度的实施规范。根据齿轮各项误差对使用要求的主要影响,将齿轮误差划分为主要影响传递运动准确性的误差,主要影响传动平稳性的误差和主要影响载荷分布均匀性的误差。齿轮精度测量主要有以下项目:

(1)公法线长度测量。公法线测量是保证齿侧间隙精度的有效测量方法,在齿轮测量中具有测量简便、准确,不受测量基准限制等特点,是齿轮测量最常用的方法之一。

(2)分度圆弦齿厚测量。分度圆弦齿厚测量是保证齿侧间隙精度的单齿测量法,在实际生产中应用方便,其缺点是测量时齿轮的齿顶圆直径误差会影响弦齿高的测量精度。

(3)固定弦齿厚和弦齿高测量。固定弦齿厚和弦齿高仅与齿轮的模数和压力角有关。

(4)齿圈径向跳动测量。齿轮的径向跳动是在齿轮一转范围内,测头在齿槽内或轮齿上与齿高中部双面接触,测头对于齿轮轴线的最大变动量。

(5)齿距累积误差测量。测量各齿距对于起始齿距的误差值。

(6)齿形测量。测量齿轮齿根、齿面和齿顶部分的形状误差。

(7)齿向测量。测量实际齿向与设计齿向的误差。

2)常用齿轮量具量仪

(1)测量公法线长度的量具量仪有公法线千分尺、公法线指示卡规、公法线杠杆千分尺,也可以采用一般的游标卡尺、专用卡规,还可以使用万能测齿仪测量公法线长度。

(2)测量齿轮分度圆弦齿厚、固定弦齿厚的量具量仪有齿厚游标卡尺、光学测齿卡尺和各种齿厚卡板(用通端和止端控制齿厚尺寸精度)。

(3)测量齿轮径向跳动误差的量仪,通常采用齿距径向跳动检查仪,也可以采用万能测齿仪。

(4)测量齿轮齿距误差、齿圈径向跳动、公法线长度、齿厚变动量等多项内容的量仪,一般采用万能测齿仪。

5. 齿轮的主要加工误差

齿轮加工时,产生误差的原因很多,主要来源于工艺系统即加工齿轮的机床、刀具、夹具和齿坯本身的误差及齿轮的安装、调整误差。

齿轮的加工误差按其相对于齿轮的方向特征可分为切向误差、径向误差和轴向误差;按其在齿轮一转中出现的次数分为长周期误差和短周期误差。

1)几何偏心

加工齿轮时,由于齿轮毛坯内孔中心线与机床工作台回转轴线不重合,即产生几何偏心。如在滚齿机上加工齿轮时由于齿坯定位孔与机床心轴之间的间隙等原因,会造成滚齿时的回转中心线与齿轮内孔中心线不重合。由于该偏心的存在,加工完的齿轮齿顶到其回转中心的距离不相等,造成齿轮径向误差,引起侧隙和转角的变化,从而影响传动的准确性。

2)运动偏心

运动偏心是指加工齿轮时齿轮加工机床传动不准确而引起的,如滚齿加工时机床分度蜗轮与工作台中心线有安装偏心时,就会使工作台回转不均匀,致使被加工齿轮的轮齿在圆周上分布不均匀,也就是轮齿沿圆周分布发生了错位,引起齿轮切向误差。

由于几何偏心和运动偏心产生的误差在齿轮一转中只出现一次,属于长周期误差,其主要影响齿轮传递运动的准确性。

3)刀具误差

刀具误差包括齿轮加工刀具的制造误差与安装误差。如滚刀本身的齿距和齿形等有制造误差时,会使滚刀一转中各个刀齿周期性地产生过切或少切现象,造成被切齿轮的齿廓形状变化,引起瞬时传动比的变化。由于滚刀的头数比齿坯的齿数少得多,滚刀误差在齿轮一转中重复出现,因此是短周期误差,主要影响齿轮传动的平稳性和载荷分布的均匀性。

4)机床传动链误差

齿轮加工机床各个传动链中每个传动元件的制造、安装误差及其磨损等,都会影响齿轮的加工精度。如当滚齿机床的分度蜗杆存在安装误差和轴向窜动时,蜗轮转速发生周期性的变化,使被加工齿轮出现齿距偏差和齿廓偏差,产生切向误差。机床分度蜗杆造成的误差在齿轮一转中重复出现,是短周期误差。

拓展训练

加工图15-12所示的齿轮零件,表面高频淬火,试安排它的加工工艺和加工步骤。

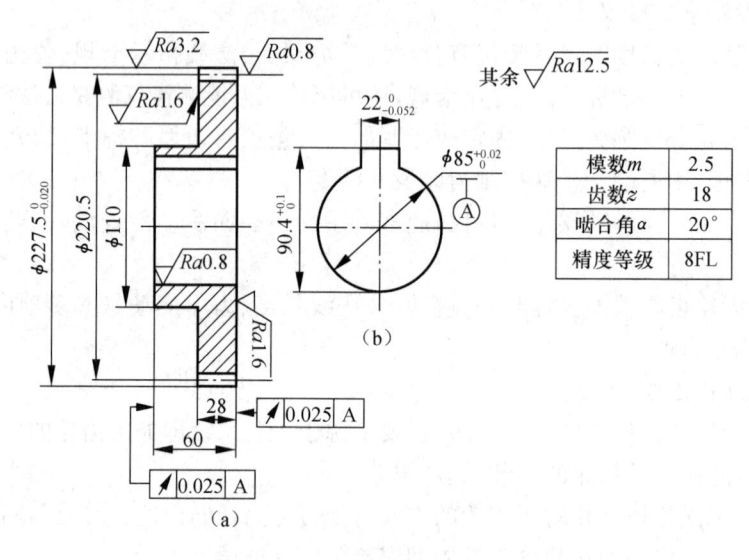

图 15-12 高频淬火齿轮

要点分析

1. 工艺路线

工艺路线为:下料—锻造—正火—粗加工—精加工—检验—滚齿—齿部高频淬火—插键槽—磨内孔及端面—磨齿—检验。

2. 工艺过程(见表15-6)

表15-6 工艺过程

序号	工序内容	定位基准	设备
1	下料		
2	自由锻		
3	正火		
4	粗车	外圆、端面	车床
5	精车,内孔和总长留0.5mm余量,其余部分加工到尺寸	外圆端面	车床

(续)

序 号	工 序 内 容	定位基准	设 备
6	检验		
7	粗、精滚,留0.5mm余量	内孔端面	滚齿机
8	齿部高频淬火		
9	画键槽线		
10	插键槽		插床
11	找正内孔和大端面,磨内孔	内孔端面	内圆磨床
12	磨另一端面	内孔端面	平面磨床
13	磨齿	内孔端面	磨齿机
14	检验		

3. 关键工序分析

这种精度的齿轮只能采用高频淬火,不能采用氮化、真空淬火的方式,否则键槽无法加工。键槽加工应放在高频淬火后,保证键槽的精度。

高频淬火前,有公差要求的地方,都要留后道工序的加工余量,加工余量的大小要根据高频淬火的工艺水平,可尽量小一些,这样能提高加工效率,节约加工成本。

同上例,这个零件由于齿轮总宽小,所以在第11道、第12道工序时可用三爪卡盘夹持,找正内圆和磨端面,这样,磨齿的基准就可以保证精度了。

附录1　国家职业资格标准

车工国家职业资格标准

1. 职业概况

1.1 职业名称

车工。

1.2 职业定义

操作车床,进行工件旋转表面切削加工的人员。

1.3 职业等级

本职业共设五个等级,分别为:初级(国家职业资格五级)、中级(国家职业资格四级)、高级(国家职业资格三级)、技师(国家职业资格二级)、高级技师(国家职业资格一级)。

1.4 职业环境

室内,常温。

1.5 职业能力特征

具有较强的计算能力和空间感、形体知觉及色觉,手指、手臂灵活,动作协调。

1.6 基本文化程度

初中毕业。

1.7 培训要求

1.7.1 培训期限

全日制职业学校教育,根据其培养目标和教学计划确定。晋级培训期限:初级不少于500标准学时;中级不少于400标准学时;高级不少于300标准学时;技师不少于300标准学时;高级技师不少于200标准学时。

1.7.2 培训教师

培训初、中、高级车工的教师应具有本职业技师以上职业资格证书或相关专业中级以上专业技术职务任职资格;培训技师的教师应具有本职业高级技师职业资格证书或相关专业高级专业技术职务任职资格;培训高级技师的教师应具有本职业高级技师职业资格证书2年以上或相关专业高级专业技术职务任职资格。

1.7.3 培训场地设备

满足教学需要的标准教室,并具有车床及必要的刀具、夹具、量具和车床辅助设备等。

1.8 鉴定要求

1.8.1 适用对象

从事或准备从事本职业的人员。

1.8.2 申报条件

——初级(具备以下条件之一者)

(1)经本职业初级正规培训达规定标准学时数,并取得毕(结)业证书。

(2)在本职业连续见习工作2年以上。

(3)本职业学徒期满。

——中级(具备以下条件之一者)

(1)取得本职业初级职业资格证书后,连续从事本职业工作3年以上,经本职业中级正规培训达规定标准学时数,并取得毕(结)业证书。

(2)取得本职业初级职业资格证书后,连续从事本职业工作5年以上。

(3)连续从事本职业工作7年以上。

(4)取得经劳动保障行政部门审核认定的、以中级技能为培养目标的中等以上职业学校本职业(专业)毕业证书。

——高级(具备以下条件之一者)

(1)取得本职业中级职业资格证书后,连续从事本职业工作4年以上,经本职业高级正规培训达规定标准学时数,并取得毕(结)业证书。

(2)取得本职业中级职业资格证书后,连续从事本职业工作7年以上。

(3)取得高级技工学校或经劳动保障行政部门审核认定的、以高级技能为培养目标的高等职业学校本职业(专业)毕业证书。

(4)取得本职业中级职业资格证书的大专以上本专业或相关专业毕业生,连续从事本职业工作2年以上。

——技师(具备以下条件之一者)

(1)取得本职业高级职业资格证书后,连续从事本职业工作5年以上,经本职业技师正规培训达规定标准学时数,并取得毕(结)业证书。

(2)取得本职业高级职业资格证书后,连续从事本职业工作8年以上。

(3)取得本职业高级职业资格证书的高级技工学校本职业(专业)毕业生和大专以上本专业或相关专业毕业生,连续从事本职业工作满2年。

——高级技师(具备以下条件之一者)

(1)取得本职业技师职业资格证书后,连续从事本职业工作3年以上,经本职业高级技师正规培训达规定标准学时数,并取得毕(结)业证书。

(2)取得本职业技师职业资格证书后,连续从事本职业工作5年以上。

1.8.3 鉴定方式

分为理论知识考试和技能操作考核。理论知识考试采用闭卷笔试方式,技能操作考核采用现场实际操作方式。理论知识考试和技能操作考核均实行百分制,成绩皆达60分以上者为合格。技师、高级技师鉴定还须进行综合评审。

1.8.4 考评人员与考生配比

理论知识考试考评人员与考生配比为1:15,每个标准教室不少于2名考评人员;技能操作考核考评员与考生配比为1:5,且不少于3名考评员。

1.8.5 鉴定时间

理论知识考试时间不少于120min;技能操作考核时间为:初级不少于240min,中级不少于300min,高级不少于360min,技师不少于420min,高级技师不少于240min;论文答辩时间不少于45min。

1.8.6 鉴定场所设备

理论知识考试在标准教室里进行;技能操作考核在配备必要的车床、工具、夹具、刀具、量具、量仪以及机床附件的场所进行。

2. 基本要求

2.1 职业道德

2.1.1 职业道德基本知识

2.1.2 职业守则

(1)遵守法律、法规和有关规定。

(2)爱岗敬业,具有高度的责任心。

(3)严格执行工作程序、工作规范、工艺文件和安全操作规程。

(4)工作认真负责,团结合作。

(5)爱护设备及工具、夹具、刀具、量具。

(6)着装整洁,符合规定;保持工作环境清洁有序,文明生产。

2.2 基础知识

2.2.1 基础理论知识

(1)识图知识。

(2)公差与配合。

(3)常用金属材料及热处理知识。

(4)常用非金属材料知识。

2.2.2 机械加工基础知识

(1)机械传动知识。

(2)机械加工常用设备知识(分类、用途)。

(3)金属切削常用刀具知识。

(4)典型零件(主轴、箱体、齿轮等)的加工工艺。

(5)设备润滑及切削液的使用知识。

(6)工具、夹具、量具使用与维护知识。

2.2.3 钳工基础知识

(1)划线知识。

(2)钳工操作知识(錾、锉、锯、钻、绞孔、攻螺纹、套螺纹)。

2.2.4 电工知识

(1)通用设备常用电器的种类及用途。

(2)电力拖动及控制原理基础知识。

(3)安全用电知识。

2.2.5 安全文明生产与环境保护知识

(1)现场文明生产要求。

(2)安全操作与劳动保护知识。

(3)环境保护知识。

2.2.6 质量管理知识
(1)企业的质量方针。
(2)岗位的质量要求。
(3)岗位的质量保证措施与责任。

2.2.7 相关法律、法规知识
(1)劳动法相关知识。
(2)合同法相关知识。

3. 工作要求

本标准对初级、中级、高级、技师、高级技师的技能要求依次递进,高级别包括低级别的要求。在"工作内容"栏内未标注"普通车床"或"数控车床"的,均为两者通用(数控车工从中级工开始,至技师止)。

3.1 初级

职业功能	工作内容	技能要求	相关知识
一、工艺准备	(一)读图与绘图	能读懂轴、套和圆锥、螺纹及圆弧等简单零件图	简单零件的表达方法,各种符号的含义
	(二)制定加工工艺	1. 能读懂轴、套和圆锥、螺纹及圆弧等简单零件的机械加工工艺过程。 2. 能制定简单零件的车削加工顺序(工步)。 3. 能合理选择切削用量。 4. 能合理选择切削液	1. 简单零件的车削加工顺序。 2. 车削用量的选择方法。 3. 切削液的选择方法
	(三)工件定位与夹紧	能使用车床通用夹具和组合夹具将工件正确定位与夹紧	1. 工件正确定位与夹紧的方法。 2. 车床通用夹具的种类、结构与使用方法
	(四)刀具准备	1. 能合理选用车床常用刀具。 2. 能刃磨普通车刀及标准麻花钻头	1. 车削常用刀具的种类与用途。 2. 车刀几何参数的定义、常用几何角度的表示方法及其与切削性能的关系。 3. 车刀与标准麻花钻头的刃磨方法
	(五)设备维护保养	能简单维护保养普通车床	普通车床的润滑及常规保养方法
二、工件加工	(一)轴类零件的加工	1. 能车削3个以上台阶的普通台阶轴,并达到以下要求: (1)同轴度公差:0.05mm; (2)表面粗糙度:$Ra3.2\mu m$; (3)公差等级:IT8。 2. 能进行滚花加工及抛光加工	1. 台阶轴的车削方法。 2. 滚花加工及抛光加工的方法
	(二)套类零件的加工	能车削套类零件,并达到以下要求: (1)公差等级:外径IT7,内孔IT8; (2)表面粗糙度:$Ra3.2\mu m$	套类零件钻、扩、镗、铰的方法
	(三)螺纹的加工	能车削普通螺纹、英制螺纹及管螺纹	1. 普通螺纹的种类、用途及计算方法。 2. 螺纹车削方法。 3. 攻、套螺纹前螺纹底径及杆径的计算方法
	(四)锥面及成形面的加工	能车削具有内、外圆锥面工件的锥面及球类工件、曲线手柄等简单成形面,并进行相应的计算和调整	1. 圆锥的种类、定义及计算方法。 2. 圆锥的车削方法。 3. 成形面的车削方法

(续)

职业功能	工作内容	技能要求	相关知识
三、精度检验及误差分析	(一)内外径、长度、深度、高度的检验	1. 能使用游标卡尺、千分尺、内径百分表测量直径及长度。 2. 能用塞规及卡规测量孔径及外径	1. 使用游标卡尺、千分尺、内径百分表测量工件的方法。 2. 塞规和卡规的结构及使用方法
	(二)锥度及成形面的检验	1. 能用角度样板、万能角度尺测量锥度。 2. 能用涂色法检验锥度。 3. 能用曲线样板或普通量具检验成形面	1. 使用角度样板、万能角度尺测量锥度的方法。 2. 锥度量规的种类、用途及涂色法检验锥度的方法。 3. 成形面的检验方法
	(三)螺纹检验	1. 能用螺纹千分尺测量三角螺纹的中径。 2. 能用三针测量螺纹中径。 3. 能用螺纹环规及塞规对螺纹进行综合检验	1. 螺纹千分尺的结构、原理及使用、保养方法。 2. 三针测量螺纹中径的方法及千分尺读数的计算方法。 3. 螺纹环规及塞规的结构及使用方法

3.2 中级

职业功能	工作内容		技能要求	相关知识
一、工艺准备	(一)读图与绘图		1. 能读懂主轴、蜗杆、丝杠、偏心轴、两拐曲轴、齿轮等中等复杂程度的零件工作图。 2. 能绘制轴、套、螺钉、圆锥体等简单零件的工作图。 3. 能读懂车床主轴、刀架、尾座等简单机构的装配图	1. 复杂零件的表达方法。 2. 简单零件工作图的画法。 3. 简单机构装配图的画法
	(二)制定加工工艺	普通车床	1. 能读懂蜗杆、双线螺纹、偏心件、两拐曲轴、薄壁工件、细长轴、深孔件及大型回转体工件等较复杂零件的加工工艺规程。 2. 能制定使用四爪单动卡盘装夹的较复杂零件、双线螺纹、偏心件、两拐曲轴、细长轴、薄壁件、深孔件及大型回转体零件等的加工顺序	使用四爪单动卡盘加工较复杂零件、双线螺纹、偏心件、两拐曲轴、细长轴、薄壁件、深孔件及大型回转体零件等的加工顺序
		数控车床	能编制台阶轴类和法兰盘类零件的车削工艺卡。主要内容有： (1)能正确选择加工零件的工艺基准； (2)能决定工步顺序、工步内容及切削参数	1. 数控车床的结构特点及其与普通车床的区别。 2. 台阶轴类、法兰盘类零件的车削加工工艺知识。 3. 数控车床工艺编制方法
	(三)工件定位与夹紧		1. 能正确装夹薄壁、细长、偏心类工件。 2. 能合理使用四爪单动卡盘、花盘及弯板装夹外形较复杂的简单箱体工件	1. 定位夹紧的原理及方法。 2. 车削时防止工件变形的方法。 3. 复杂外形工件的装夹方法
	(四)刀具准备	普通车床	1. 能根据工件材料、加工精度和工作效率的要求，正确选择刀具的型式、材料及几何参数。 2. 能刃磨梯形螺纹车刀、圆弧车刀等较复杂的车削刀具	1. 车削刀具的种类、材料及几何参数的选择原则。 2. 普通螺纹车刀、成形车刀的种类及刃磨知识
		数控车床	能正确选择和安装刀具，并确定切削参数	1. 数控车床刀具的种类、结构及特点。 2. 数控车床对刀具的要求

(续)

职业功能	工作内容		技能要求	相关知识
一、工艺准备	(五)编制程序	数控车床	1. 能编制带有台阶、内外圆柱面、锥面、螺纹、沟槽等轴类、法兰盘类零件的加工程序。 2. 能手工编制含直线插补、圆弧插补二维轮廓的加工程序	1. 几何图形中直线与直线、直线与圆弧、圆弧与圆弧的交点的计算方法。 2. 机床坐标系及工件坐标系的概念。 3. 直线插补与圆弧插补的意义及坐标尺寸的计算。 4. 手工编程的各种功能代码及基本代码的使用方法。 5. 主程序与子程序的意义及使用方法。 6. 刀具补偿的作用及计算方法
	(六)设备维护保养	普通车床	1. 能根据加工需要对机床进行调整。 2. 能在加工前对普通车床进行常规检查。 3. 能及时发现普通车床的一般故障	1. 普通车床的结构、传动原理及加工前的调整。 2. 普通车床常见的故障现象
		数控车床	1. 能在加工前对车床的机、电、气、液开关进行常规检查。 2. 能进行数控车床的日常保养	1. 数控车床的日常保养方法。 2. 数控车床操作规程
二、工件加工	(一)轴类零件的加工	普通车床	能车削细长轴并达到以下要求： (1)长径比：$L/D \geq 25 \sim 60$； (2)表面粗糙度：$Ra3.2\mu m$； (3)公差等级：IT9； (4)直线度公差等级：IT9～IT12	细长轴的加工方法
	(二)偏心件、曲轴的加工		能车削两个偏心的偏心件、两拐曲轴、非整圆孔工件，并达到以下要求： (1)偏心距公差等级：IT9； (2)轴颈公差等级：IT6； (3)孔径公差等级：IT7； (4)孔距公差等级：IT8； (5)轴心线平行度：0.02/100mm； (6)轴颈圆柱度：0.013mm； (7)表面粗糙度：$Ra1.6\mu m$	1. 偏心件的车削方法。 2. 两拐曲轴的车削方法。 3. 非整圆孔工件的车削方法
	(三)螺纹、蜗杆的加工		1. 能车削梯形螺纹、矩形螺纹、锯齿形螺纹等。 2. 能车削双头蜗杆	1. 梯形螺纹、矩形螺纹及锯齿形螺纹的用途及加工方法。 2. 蜗杆的种类、用途及加工方法
	(四)大型回转表面的加工		能使用立车或大型卧式车床车削大型回转表面的内外圆锥面、球面及其他曲面工件	在立车或大型卧式车床上加工内外圆锥面、球面及其他曲面的方法
	(一)输入程序	数控车床	1. 能手工输入程序。 2. 能使用自动程序输入装置。 3. 能进行程序的编辑与修改	1. 手工输入程序的方法及自动程序输入装置的使用方法。 2. 程序的编辑与修改方法
	(二)对刀		1. 能进行试切对刀。 2. 能使用机内自动对刀仪器。 3. 能正确修正刀补参数	试切对刀方法及机内对刀仪器的使用方法
	(三)试运行		能使用程序试运行、分段运行及自动运行等切削运行方式	程序的各种运行方式
	(四)简单零件的加工		能在数控车床上加工外圆、孔、台阶、沟槽等	数控车床操作面板各功能键及开关的用途和使用方法

169

(续)

职业功能	工作内容	技能要求	相关知识
三、精度检验及误差分析	(一)高精度轴向尺寸、理论交点尺寸及偏心件的测量	1. 能用量块和百分表测量公差等级IT9的轴向尺寸。 2. 能间接测量一般理论交点尺寸。 3. 能测量偏心距及两平行非整圆孔的孔距	1. 量块的用途及使用方法。 2. 理论交点尺寸的测量与计算方法。 3. 偏心距的检测方法。 4. 两平行非整圆孔孔距的检测方法
	(二)内外圆锥检验	1. 能用正弦规检验锥度。 2. 能用量棒、钢球间接测量内、外锥体	1. 正弦规的使用方法及测量计算方法。 2. 利用量棒、钢球间接测量内、外锥体的方法与计算方法
	(三)多线螺纹与蜗杆的检验	1. 能进行多线螺纹的检验。 2. 能进行蜗杆的检验	1. 多线螺纹的检验方法。 2. 蜗杆的检验方法

3.3 高级

职业功能	工作内容		技能要求	相关知识
一、工艺准备	(一)读图与绘图		1. 能读懂多线蜗杆、减速器壳体、三拐以上曲轴等复杂畸形零件的工作图。 2. 能绘制偏心轴、蜗杆、丝杠、两拐曲轴的零件工作图。 3. 能绘制简单零件的轴测图。 4. 能读懂车床主轴箱、进给箱的装配图	1. 复杂畸形零件图的画法。 2. 简单零件轴测图的画法。 3. 读车床主轴箱、进给箱装配图的方法
	(二)制定加工工艺		1. 能制定简单零件的加工工艺规程。 2. 能制定三拐以上曲轴、有立体交叉孔的箱体等畸形、精密零件的车削加工顺序。 3. 能制定在立车或落地车床上加工大型、复杂零件的车削加工顺序	1. 简单零件加工工艺规程的制定方法。 2. 畸形、精密零件的车削加工顺序的制定方法。 3. 大型、复杂零件的车削加工顺序的制定方法
	(三)工件定位与夹紧	普通车床	1. 能合理选择车床通用夹具、组合夹具和调整专用夹具。 2. 能分析计算车床夹具的定位误差。 3. 能确定立体交错两孔及多孔工件的装夹与调整方法	1. 组合夹具和调整专用夹具的种类、结构、用途和特点以及调整方法。 2. 夹具定位误差的分析与计算方法。 3. 立体交错两孔及多孔工件在车床上的装夹与调整方法
		数控车床	1. 能使用、调整三爪自定心卡盘、尾座顶尖及液压高速动力卡盘并配置软爪。 2. 能正确使用和调整液压自动定心中心架。 3. 能正确选择、使用、调整刀架	1. 三爪自定心卡盘、尾座顶尖及液压高速动力卡盘的使用、调整方法。 2. 液压自动定心中心架的特点、使用及安装调试方法。 3. 刀架的种类、用途及使用、调整方法
	(四)刀具准备	普通车床	1. 能正确选用及刃磨群钻、机夹车刀等常用先进车削刀具。 2. 能正确选用深孔加工刀具,并能安装和调整。 3. 能在保证工件质量及生产效率的前提下延长车刀寿命	1. 常用先进车削刀具的用途、特点及刃磨方法。 2. 深孔加工刀具的种类及选择、安装、调整方法。 3. 延长车刀寿命的方法
		数控车床	能正确选择刀架上的常用刀具	刀架上常用刀具的知识

170

(续)

职业功能	工作内容		技能要求	相关知识
一、工艺准备	(五)编制程序	数控车床	能手工编制较复杂的、带有二维圆弧曲面零件的车削程序	较复杂圆弧与圆弧的交点的计算方法
	(六)设备维护保养	普通车床	能判断车床的一般机械故障	车床常见机械故障及排除办法
		数控车床	1. 能阅读编程错误、超程、欠压、缺油等报警信息,并排除一般故障。 2. 能完成机床定期维护保养	1. 数控车床报警信息的内容及解除方法。 2. 数控车床定期维护保养的方法。 3. 数控车床液压原理及常用液压元件
二、工件加工	普通车床	(一)套、深孔、偏心件、曲轴的加工	1. 能加工深孔并达到以下要求： (1)长径比：$L/D \geq 10$； (2)公差等级：IT8； (3)表面粗糙度：$Ra3.2\mu m$； (4)圆柱度公差等级：$\geq$IT9。 2. 能车削轴线在同一轴向平面内的三偏心外圆和三偏心孔,并达到以下要求： (1)偏心距公差等级：IT9 (2)轴径公差等级：IT6 (3)孔径公差等级：IT8 (4)对称度：0.15mm (5)表面粗糙度：$R_a1.6\mu m$	1. 深孔加工的特点及深孔工件的车削方法、测量方法。 2. 偏心件加工的特点及三偏心工件的车削方法、测验量方法
		(二)螺纹、蜗杆的加工	能车削三线以上蜗杆,并达到以下要求： (1)精度：9级； (2)节圆跳动：0.015mm； (3)齿面粗糙度：$Ra1.6\mu m$	多线蜗杆的加工方法
		(三)箱体孔的加工	1. 能车削立体交错的两孔或三孔。 2. 能车削与轴线垂直且偏心的孔。 3. 能车削同内球面垂直且相交的孔。 4. 能车削两半箱体的同心孔。 以上4项均达到以下要求： (1)孔距公差等级：IT9； (2)偏心距公差等级：IT9； (3)孔径公差等级：IT9； (4)孔中心线相互垂直：0.05mm/100mm； (5)位置度：0.1mm； (6)表面粗糙度：$Ra1.6\mu m$	1. 车削及测量立体交错孔的方法。 2. 车削与回转轴垂直偏心的孔的方法。 3. 车削与内球面垂直相交的孔的方法。 4. 车削两半箱体的同心孔的方法
	数控车床	较复杂零件的加工	能加工带有二维圆弧曲面的较复杂零件	在数控车床上利用多重复合循环加工带有二维圆弧曲面的较复杂零件的方法
三、精度检验及误差分析	复杂、畸形机械零件的精度检验及误差分析		1. 能对复杂、畸形机械零件进行精度检验。 2. 能根据测量结果分析产生车削误差的原因	1. 复杂、畸形机械零件精度的检验方法。 2. 车削误差的种类及产生原因

3.4 技师

职业功能	工作内容		技能要求	相关知识
一、工艺准备	(一)读图与绘图		1. 能根据实物或装配图绘制或拆画零件图。 2. 能绘制车床常用工装的装配图及零件图	1. 零件的测绘方法。 2. 根据装配图拆画零件图的方法。 3. 车床工装装配图的画法
	(二)制定加工工艺		1. 能编制典型零件的加工工艺规程。 2. 能对零件的车削工艺进行合理性分析,并提出改进建议	1. 典型零件加工工艺规程的编制方法。 2. 车削工艺方案合理性的分析方法及改进措施
	(三)工件定位与夹紧		1. 能设计、制作装夹薄壁、偏心工件的专用夹具。 2. 能对现有的车床夹具进行误差分析并提出改进建议	1. 薄壁、偏心工件专用夹具的设计与制造方法。 2. 车床夹具的误差分析及消减方法
	(四)刀具准备	普通车床	能推广使用镀层刀具、机夹刀具、特殊形状及特殊材料刀具等新型刀具	新型刀具的种类、特点及应用
		数控车床	能根据有关参数选择合理刀具	刀具参数的设定方法
	(五)编制程序	数控车床	1. 能用计算机软件编制车削程序。 2. 能用计算机软件编制车削中心程序	1. CAD/CAM 软件的使用方法。 2. 车削中心的原理及编程方法
	(六)设备维护保养	普通车床	1. 能进行车床几何精度及工作精度的检验。 2. 能分析并排除普通车床常见的气路、液路、机械故障	1. 车床几何精度及工作精度检验的内容和方法。 2. 排除普通车床液(气)路机械故障的方法
		数控车床	1. 能根据数控车床的结构、原理,诊断并排除液压及机械故障。 2. 能进行数控车床定位精度和重复定位精度及工作精度的检验。 3. 能借助词典看懂进口数控设备相关外文标牌及使用规范的内容	1. 数控车床常见故障的诊断与排除方法。 2. 数控车床定位精度和重复定位精度及工作精度的检验方法。 3. 进口数控设备常用标牌及使用规范英汉对照表
二、工件加工	普通车床	(一)大型、精密轴类工件的加工	能车削精密机床主轴等大型、精密轴类工件	大型、精密轴类工件的特点及加工方法
		(二)偏心件、曲轴的加工	1. 能车削三个偏心距相等且呈120°分布的高难度偏心工件。 2. 能车削六拐以上的曲轴。 以上两项均达以下要求: (1)偏心距公差等级:IT9; (2)直径公差等级:IT6; (3)表面粗糙度:$Ra1.6\mu m$	1. 高难度偏心工件的车削方法。 2. 六拐曲轴的车削方法
		(三)复杂螺纹的加工	能在普通车床上车削渐厚蜗杆和不等距蜗杆	渐厚蜗杆及不等距蜗杆的加工方法
		(四)复杂套件的加工	能对5件以上的复杂套件进行零件加工和组装,并保证装配图上的技术要求	复杂套件的加工方法
	数控车床	复杂工件的加工	能对适合在车削中心加工的带有车削、铣削、磨削等工序的复杂工件进行加工	1. 铣削加工和磨削加工的基本知识。 2. 车削加工中心加工复杂工件的方法

(续)

职业功能	工作内容	技能要求	相关知识
三、精度检验及误差分析	误差分析	能根据测量结果分析产生误差的原因,并提出改进措施	车削加工中消除或减少加工误差的知识
四、培训指导	(一)指导操作	能指导本职业初、中、高级工进行实际操作	培训教学的基本方法
	(二)理论培训	能讲授本专业技术理论知识	
五、管理	(一)质量管理	1. 能在本职工作中认真贯彻各项质量标准。 2. 能应用全面质量管理知识,实现操作过程的质量分析与控制	1. 相关质量标准。 2. 质量分析与控制方法
	(二)生产管理	1. 能组织有关人员协同作业。 2. 能协助部门领导进行生产计划、调度及人员的管理	生产管理基本知识

4. 比重表

4.1 理论知识

<table>
<tr><th colspan="2" rowspan="2">项目</th><th rowspan="2">初级/%</th><th colspan="2">中级/%</th><th colspan="2">高级/%</th><th colspan="2">技师/%</th><th colspan="2">高级技师/%</th></tr>
<tr><th>普通车床</th><th>数控车床</th><th>普通车床</th><th>数控车床</th><th>普通车床</th><th>数控车床</th><th>普通车床</th><th>数控车床</th></tr>
<tr><td rowspan="2">基本要求</td><td>职业道德</td><td>5</td><td>5</td><td>5</td><td>5</td><td>5</td><td>5</td><td>5</td><td>5</td><td>5</td></tr>
<tr><td>基础知识</td><td>25</td><td>25</td><td>25</td><td>20</td><td>20</td><td>15</td><td>15</td><td>15</td><td>15</td></tr>
<tr><td rowspan="5">相关知识</td><td>工艺准备</td><td>25</td><td>25</td><td>45</td><td>25</td><td>50</td><td>35</td><td>50</td><td>50</td><td>50</td></tr>
<tr><td>工件加工</td><td>35</td><td>35</td><td>15</td><td>30</td><td>15</td><td>20</td><td>10</td><td>10</td><td>10</td></tr>
<tr><td>精度检验及误差分析</td><td>10</td><td>10</td><td>10</td><td>20</td><td>10</td><td>15</td><td>10</td><td>10</td><td>10</td></tr>
<tr><td>培训指导</td><td>—</td><td>—</td><td>—</td><td>—</td><td>—</td><td>5</td><td>5</td><td>5</td><td>5</td></tr>
<tr><td>管理</td><td>—</td><td>—</td><td>—</td><td>—</td><td>—</td><td>5</td><td>5</td><td>5</td><td>5</td></tr>
<tr><td colspan="2">合计</td><td>100</td><td>100</td><td>100</td><td>100</td><td>100</td><td>100</td><td>100</td><td>100</td><td>100</td></tr>
<tr><td colspan="11">注:高级技师"管理"模块内容按技师标准考核</td></tr>
</table>

4.2 技能操作

<table>
<tr><th colspan="2" rowspan="2">项目</th><th rowspan="2">初级/%</th><th colspan="2">中级/%</th><th colspan="2">高级/%</th><th colspan="2">技师/%</th><th colspan="2">高级技师/%</th></tr>
<tr><th>普通车床</th><th>数控车床</th><th>普通车床</th><th>数控车床</th><th>普通车床</th><th>数控车床</th><th>普通车床</th><th>数控车床</th></tr>
<tr><td rowspan="5">工作要求</td><td>工艺准备</td><td>20</td><td>20</td><td>35</td><td>15</td><td>35</td><td>10</td><td>25</td><td>20</td><td>30</td></tr>
<tr><td>工件加工</td><td>70</td><td>70</td><td>60</td><td>75</td><td>60</td><td>70</td><td>60</td><td>60</td><td>50</td></tr>
<tr><td>精度检验及误差分析</td><td>10</td><td>10</td><td>5</td><td>10</td><td>5</td><td>10</td><td>5</td><td>10</td><td>10</td></tr>
<tr><td>培训指导</td><td>—</td><td>—</td><td>—</td><td>—</td><td>—</td><td>5</td><td>5</td><td>5</td><td>5</td></tr>
<tr><td>管理</td><td>—</td><td>—</td><td>—</td><td>—</td><td>—</td><td>5</td><td>5</td><td>5</td><td>5</td></tr>
<tr><td colspan="2">合计</td><td>100</td><td>100</td><td>100</td><td>100</td><td>100</td><td>100</td><td>100</td><td>100</td><td>100</td></tr>
<tr><td colspan="11">注:高级技师"管理"模块内容按技师标准考核</td></tr>
</table>

铣工国家职业资格标准

1. 职业概况

1.1 职业名称

铣工。

1.2 职业定义

操作铣床,进行工件铣削加工的人员。

1.3 职业等级

本职业共设五个等级,分别为:初级(国家职业资格五级)、中级(国家职业资格四级)、高级(国家职业资格三级)、技师(国家职业资格二级)、高级技师(国家职业资格一级)。

1.4 职业环境

室内,常温。

1.5 职业能力特征

具有较强的计算能力、空间感、形体知觉及色觉,手指、手臂灵活,动作协调性强。

1.6 基本文化程度

初中毕业。

1.7 培训要求

1.7.1 培训期限

全日制职业学校教育,根据其培养目标和教学计划确定。晋级培训期限:初级不少于500标准学时;中级不少于400标准学时;高级不少于300标准学时;技师不少于300标准学时;高级技师不少于200标准学时。

1.7.2 培训教师

培训初、中、高级铣工的教师应具有本职业技师以上职业资格证书或本专业中级以上专业技术职务任职资格;培训技师的教师应具有本职业高级技师职业资格证书或本专业高级专业技术职务任职资格;培训高级技师的教师应具有本职业高级技师职业资格证书2年以上或本专业高级专业技术职务任职资格。

1.7.3 培训场地设备

满足教学需要的标准教室和铣床及必要的刀具、夹具、量具和铣床辅助设备等。

1.8 鉴定要求

1.8.1 适用对象

从事或准备从事本职业的人员。

1.8.2 申报条件

——初级(具备以下条件之一者)

(1)经本职业初级正规培训达规定标准学时数,并取得毕(结)业证书。

(2)在本职业连续见习工作2年以上。

(3)本职业学徒期满。

——中级(具备以下条件之一者)

(1)取得本职业初级职业资格证书后,连续从事本职业工作3年以上,经本职业中级正规培训达规定标准学时数,并取得毕(结)业证书。

(2)取得本职业初级职业资格证书后,连续从事本职业工作5年以上。

(3)连续从事本职业工作7年以上。

(4)取得经劳动保障行政部门审核认定的、以中级技能为培养目标的中等以上职业学校本职业(专业)毕业证书。

——高级(具备以下条件之一者)

(1)取得本职业中级职业资格证书后,连续从事本职业工作4年以上,经本职业高级正规培训达规定标准学时数,并取得毕(结)业证书。

(2)取得本职业中级职业资格证书后,连续从事本职业工作7年以上。

(3)取得高级技工学校或经劳动保障行政部门审核认定的、以高级技能为培养目标的高等职业学校本职业(专业)毕业证书。

(4)取得本职业中级职业资格证书的大专以上本专业或相关专业毕业生,连续从事本职业工作2年以上。

——技师(具备以下条件之一者)

(1)取得本职业高级职业资格证书后,连续从事本职业工作5年以上,经本职业技师正规培训达规定标准学时数,并取得毕(结)业证书。

(2)取得本职业高级职业资格证书后,连续从事本职业工作8年以上。

(3)取得本职业高级职业资格证书的高级技工学校本职业(专业)毕业生和大专以上本专业或相关专业的毕业生,连续从事本职业工作2年以上。

——高级技师(具备以下条件之一者)

(1)取得本职业技师职业资格证书后,连续从事本职业工作3年以上,经本职业高级技师正规培训达规定标准学时数,并取得毕(结)业证书。

(2)取得本职业技师职业资格证书后,连续从事本职业工作5年以上。

1.8.3 鉴定方式

分为理论知识考试和技能操作考核。理论知识考试采用闭卷笔试方式,技能操作考核采用现场实际操作方式。理论知识考试和技能操作考核均实行百分制,成绩皆达60分以上者为合格。技师、高级技师鉴定还须进行综合评审。

1.8.4 考评人员与考生配比

理论知识考试考评人员与考生配比为1∶15,每个标准教室不少于2名考评人员;技能操作考核考评员与考生配比为1∶5,且不少于3名考评员。

1.8.5 鉴定时间

理论知识考试时间不少于120min;技能考核时间为:初级不少于240min,中级不少于300min,高级不少于360min,技师不少于420min,高级技师不少于240min;论文答辩时间不少于45min。

1.8.6 鉴定场所设备

理论知识考试在标准教室进行;技能操作考核在配备必要的铣床、工具、夹具、刀具和量具、量仪及铣床附件的场所进行。

2. 基本要求

2.1 职业道德

2.1.1 职业道德基本知识

2.1.2 职业守则

(1)遵守法律、法规和有关规定。

(2)爱岗敬业,具有高度的责任心。

(3)严格执行工作程序、工作规范、工艺文件和安全操作规程。

(4)工作认真负责,团结合作。

(5)爱护设备及工具、夹具、刀具、量具。

(6)着装整洁,符合规定;保持工作环境清洁有序,文明生产。

2.2 基础知识

2.2.1 基础理论知识

(1)识图知识。

(2)公差与配合。

(3)常用金属材料及热处理知识。

(4)常用非金属材料。

2.2.2 机械加工基础知识

(1)机械传动知识。

(2)机械加工常用设备知识(分类、用途)。

(3)金属切削常用刀具知识。

(4)典型零件(主轴、箱体、齿轮等)的加工工艺。

(5)设备润滑及切削液的使用知识。

(6)气动及液压知识。

(7)工具、夹具、量具使用与维护知识。

2.2.3 钳工基础知识

(1)划线知识。

(2)钳工操作知识(錾、锉、锯、钻、铰孔、攻螺纹、套螺纹)。

2.2.4 电工知识

(1)通用设备常用电器的种类及用途。

(2)电力拖动及控制原理基础知识。

(3)安全用电知识。

2.2.5 安全文明生产与环境保护知识

(1)现场文明生产要求。

(2)安全操作与劳动保护知识。

(3)环境保护知识。

2.2.6 质量管理知识

(1)企业的质量方针。

(2)岗位的质量要求。

(3)岗位的质量保证措施与责任。

2.2.7 相关法律、法规知识

(1)劳动法相关知识。

(2)合同法相关知识。

3. 工作要求

本标准对初级、中级、高级、技师、高级技师的技能要求依次递进,高级别包括低级别的要求。在"工作内容"栏内未标注"普通铣床"或"数控铣床"的,均为两者通用。

3.1 初级

职业功能	工作内容	技能要求	相关知识
一、工艺准备	(一)读图与绘图	能读懂带斜面的矩形体、带槽或键的轴、套筒、带台阶或沟槽的多面体等简单零件图	1. 简单零件的表示方法。 2. 绘制平行垫铁等简单零件的草图的方法
	(二)制定加工工艺	1. 能读懂平面、连接面、沟槽、花键轴等简单零件的工艺规程。 2. 能制定简单工件的铣削加工顺序。 3. 能合理选择切削用量。 4. 能合理选择铣削用切削液	1. 平面、连接面、沟槽、花键轴等简单零件的铣削工艺。 2. 铣削用量及选择方法。 3. 铣削用切削液及选择方法
	(三)工件定位与夹紧	能正确使用铣床通用夹具和专用夹具	1. 铣床通用夹具的种类、结构和使用方法。 2. 专用夹具的特点和使用方法
	(四)刀具准备	1. 能合理选用常用铣刀。 2. 能在铣床上正确地安装铣刀	1. 铣刀各部位名称和作用。 2. 铣刀的安装和调整方法
	(五)设备调整及维护保养	能进行普通铣床的日常维护保养和润滑	普通铣床的维护保养方法
二、工件加工	(一)平面和连接面的加工	能铣矩形工件和连接面并达到以下要求: 1. 尺寸公差等级达到IT9。 2. 垂直度和平行度IT7。 3. 表面粗糙度 $Ra3.2\mu m$。 4. 斜面的尺寸公差等级IT12、IT11,角度公差为±15′	平面和连接面的铣削方法
	(二)台阶、沟槽和键槽的加工及切断	能铣台阶和直角沟槽、键槽、特形沟槽,并达到以下要求: 1. 表面粗糙度 $Ra3.2\mu m$; 2. 尺寸公差等级IT9; 3. 平行度IT7,对称度IT9; 4. 特形沟槽尺寸公差等级IT11	1. 台阶和直角沟槽的铣削方法。 2. 键槽的铣削方法。 3. 工件的切断及铣窄槽的方法。 4. 特形槽的铣削方法
	(三)分度头的应用及加工角度面和刻度	能铣角度面或在圆柱、圆锥和平面上刻线,并达到以下要求: 1. 铣角度面时,尺寸公差等级IT9;对称度IT8;角度公差为±5′。 2. 刻线要求线条清晰、粗细相等、长短分清、间距准确	1. 分度方法。 2. 铣角度面时的尺寸计算和调整方法。 3. 利用分度头进行刻线的方法
	(四)花键轴的加工	能用单刀或组合铣刀粗铣花键,并达到以下要求: 1. 键宽尺寸公差等级IT10,小径公差等级IT12。 2. 平行度IT7,对称度IT9。 3. 表面粗糙度 $Ra6.3\mu m \sim Ra3.2\mu m$	外花键的铣削知识

177

(续)

职业功能	工作内容	技能要求	相关知识
三、精度检验及误差分析	(一)平面、矩形工件、斜面、台阶、沟槽的检验	1. 能用游标卡尺、刀口形直尺、千分尺、百分表、90°角尺、万能角度尺、塞规等常用量具检验平面、斜面、台阶、沟槽和键槽等。 2. 能用辅助测量圆棒和常用量具检验沟槽	1. 使用游标卡尺、刀口形直尺、千分尺、百分表、90″角尺、万能角度尺、游标高度尺、塞规等常用量具测量平面、斜面、台阶、沟槽和键槽的方法。 2. 用辅助测量圆棒和常用量具检验沟槽的方法
	(二)特殊形面的检验	能利用分度头和常用量具检验外花键和角度面	用分度头和常用量具检验外花键及角度面的方法

3.2 中级

职业功能	工作内容		技能要求	相关知识
一、工艺准备	(一)读图与绘图		1. 能读懂等速凸轮、齿轮、离合器、带直线成形面和曲面等中等复杂程度零件的零件图。 2. 能读懂分度头尾架、弹簧夹头套筒、可转位铣刀结构等简单机构的装配图。 3. 能绘制带斜面或沟槽的轴和矩形零件锥套等简单零件图	1. 复杂零件的表示方法。 2. 齿轮、花键轴及带斜面和沟槽的零件等简单零件图的画法
	(二)制定加工工艺	普通铣床	1. 能读懂复杂零件的铣削加工部分的工艺规程。 2. 能制定平行孔系、离合器、圆柱齿轮和齿条、直齿锥齿轮、成形面、凸轮、圆柱面直齿刀具的铣削加工顺序。 3. 龙门铣床操作人员能制定大型零件和箱体零件上各平面的加工顺序	1. 平行孔系、离合器、齿轮和齿条成形面、凸轮、锥齿轮、圆柱面、直齿槽、刀具等较复杂零件的铣削加工部分的工艺。 2. 龙门铣操作人员应懂得大型工件和箱体的加工工艺
		数控铣床	能编制矩形体、平行孔系、圆弧曲面等一般难度工件的铣削工艺。其主要内容有: 1. 正确选择加工零件的工艺基准。 2. 决定工步顺序及工步内容和切削参数	1. 一般复杂程度工件的铣削工艺。 2. 数控铣床的工艺编制
	(三)编制程序	数控铣床	能编制简单的铣削加工程序	1. 机床坐标系及工件坐标系知识。 2. 数控编程的基本知识
	(四)工件定位与夹紧	普通铣床	1. 能正确装夹薄壁、细长、带斜面的工件。 2. 能合理使用回转工作台和压板等,装夹外形较复杂的工件。 3. 能正确使用组合夹具	1. 定位、夹紧的原理及方法。 2. 复杂形状工件和容易变形工件的装夹方法。 3. 专用夹具和组合夹具的结构和使用方法
		数控铣床	1. 能正确选择工件的定位基准。 2. 能正确使用铣床常用夹具及气动、液压自动夹紧装置	气动、液压自动夹紧装置的使用方法
	(五)刀具准备	普通铣床	1. 能根据工件材料、加工精度和工作效率的要求,正确选择刀具的材料牌号和几何参数。 2. 能合理选用铣削刀具	1. 铣刀几何参数的意义及其作用。 2. 铣刀切削部分材料的种类、代号(牌号)、性能和用途。 3. 铣刀的结构和特点
		数控铣床	1. 能正确选择和安装数控铣床常用刀具。 2. 能合理选择切削用量	1. 数控铣削刀具及其切削参数。 2. 数控铣削刀具的种类、结构、性能及用途

(续)

职业功能	工作内容		技能要求	相关知识
一、工艺准备	(六)设备调整及维护保养	普通铣床	1. 能根据加工需要对机床进行调整。 2. 能在加工前对自用铣床进行常规检查。 3. 能及时发现自用铣床的一般故障	1. 铣床的种类、型号编制及特征和用途。 2. 铣床的结构、传动原理。 3. 铣床的调整及常见故障的排除方法
		数控铣床	1. 能对数控铣床进行调整。 2. 在加工前能对机床进行常规检查。 3. 能进行数控铣床的日常维护保养	1. 数控铣床的工作原理及调整方法。 2. 数控铣床的操作规程。 3. 数控铣床的日常维护保养方法
二、工件加工	普通铣床	(一)平面和连接面的加工	能铣矩形工件和连接面,并达到以下要求: 1. 尺寸公差等级IT7。 2. 平面度IT7。 3. 垂直度和平行度IT6、IT5。 4. 表面粗糙度 $Ra1.6\mu m$	提高平面铣削精度的方法
		(二)台阶、沟槽和键槽的加工及切断	能铣台阶、沟槽、键槽及特形沟槽,并达到以下要求: 台阶和直角沟槽的表面粗糙度 $Ra3.2\mu m \sim Ra1.6\mu m$;尺寸公差等级达到IT8	提高台阶、沟槽和键槽等加工精度的方法
		(三)分度头应用及加工角度面和刻线	能铣削角度面或在圆柱面、圆锥面和平面上刻线,并达到以下要求: 1. 尺寸公差等级IT8。 2. 角度公差±3′	提高角度面铣削精度及刻线精度的方法
		(四)花键轴的加工	能用花键铣刀半精铣和精铣花键,并达到以下要求: 1. 键宽尺寸公差等级IT9。 2. 不等分累积误差不大于0.04mm(D=50mm~80mm)	铣削花键轴提高精度的方法
		(五)坐标孔的加工	能换轴线平行的孔系(两孔或不在同一直线上的三个孔等),并达到以下要求: 1. 孔径尺寸公差等级IT8。 2. 孔中心距达到IT9。 3. 表面粗糙度 $Ra1.6\mu m$	钻孔、铰孔、键孔、铣孔及加工椭圆孔的方法
		(六)圆柱齿轮及齿条的加工	能铣直齿和斜齿圆柱齿轮及直齿和斜齿条,并达到以下要求: 精度等级为FJ10	1. 螺旋槽的铣削方法 2. 直齿圆柱齿轮的铣削方法 3. 斜齿圆柱齿轮的铣削方法 4. 直齿条和斜齿条的铣削方法
		(七)锥齿轮的加工	能铣直齿锥齿轮,并达到以下要求:公差等级为a12	直齿锥齿轮的铣削方法
		(八)离合器的加工	能铣矩形齿、梯形齿、尖形齿、锯形齿和螺旋形齿等齿形离合器,并达到以下要求: 1. 等分误差≤±10。 2. 齿侧表面粗糙度 $Ra32\mu m \sim Ra1.6\mu m$	牙嵌式离合器的铣削方法

179

(续)

职业功能	工作内容	技能要求	相关知识
二、工件加工	普通铣床 (九)成形面、螺旋面及凸轮的加工	能用成形铣刀、仿形装置及仿形铣床加工复杂的成形面，并达到以下要求： 1. 尺寸公差等级为IT9、IT8。 2. 成形面形状误差不大于0.05mm。 3. 螺旋面和凸轮的形状（包括导程）误差不大于0.10mm	1. 直线成形面的铣削方法。 2. 用仿形法加工成形面时的误差分析
	(十)圆柱面直齿槽刀具的加工	能按图样要求加工圆盘形及圆柱形多齿刀具齿槽，并达到以下要求： 1. 刀具前角加工误差≤2°。 2. 刀齿处棱边尺寸公差IT15。 3. 其他要求按图样	圆盘或圆柱面直齿刀具齿槽的铣削方法
	数控铣床 (一)输入程序	1. 能手工输入程序。 2. 能使用各种自动程序输入装置。 3. 能进行程序的编辑与修改	1. 机床坐标系及工件坐标系的含义。 2. 各种程序输入装置的使用方法
	(二)对刀	1. 能正确进行试切对刀。 2. 能正确使用各种机内自动对刀仪。 3. 能正确修正刀补	1. 试切对刀的方法及各种对刀仪器的使用方法。 2. 修正刀补的方法
	(三)试运行	能进行程序试运行、程序分段运行及自动运行等切削运行	程序的各种运行方式
	(四)加工简单工件	能加工平行孔系及简单型面	平行孔系和简单型面的加工方法
三、精度检验及误差分析	(一)平面、矩形工件、斜面、台阶、沟槽的检验	能用常用量具及量块、正弦规、卡规、塞规等检验高精度工件的各部尺寸和角度	1. 量块、卡规、塞规、水平仪、正弦规的使用和保养方法。 2. 齿轮卡尺、公法线长度千分尺、刀具万能角度尺，以及样板、套规等专用量具的构造原理、使用和保养方法
	(二)特殊形面的检验	1. 能进行平行孔系、离合器、齿条、成形面、螺旋面、凸轮和各部尺寸和角度。 2. 能正确使用齿轮卡尺、公法线长度千分尺、样板、刀具、万能角度尺	

3.3 高级

职业功能	工作内容	技能要求	相关知识
一、工艺准备	(一)读图与绘图	1. 能读懂螺旋桨、减速箱箱体、多位置非等速圆柱凸轮等复杂、畸形零件图。 2. 能绘制等速凸轮、蜗杆、花键轴、直齿锥齿轮、专用铣刀等中等复杂程度的零件图。 3. 能读懂分度头、回转工作台等一般机构的装配图。 4. 能绘制简单零件的轴测图	1. 绘制复杂、畸形零件图的方法。 2. 一般机械装配图的表示方法。 3. 绘制简单零件轴测图的方法
	(二)制定加工工艺 普通铣床	1. 能制定简单零件的加工工艺规程。 2. 能制定精密工件的加工顺序。 3. 能制定螺旋齿槽、端面和锥面齿槽、模具型面、蜗轮和蜗杆、非等速凸轮等复杂件的加工顺序。 4. 能制定大型工件和箱体的铣削加工顺序	1. 简单零件的工艺规程。 2. 螺旋、端面和锥面刀具齿槽、模具型面、蜗轮、蜗杆、非等速凸轮等复杂或精密工件的加工顺序。 3. 大型工件和箱体的加工顺序
	数控铣床	能够编制具有二维、简单三维型面工件的铣削工艺卡及程序	1. 具有二维、简单三维型面工件的铣削加工工艺知识。 2. 成形面、凸轮、孔系、模具等较复杂零件的铣削加工工艺

180

(续)

职业功能	工作内容		技能要求	相关知识
一、工艺准备	(三)编制程序	数控铣床	能够编制较复杂零件的铣削加工程序	具有二维、简单三维型面工件的编程方法
	(四)工件定位与夹紧	普通铣床	1. 能应用定位原理对工件进行正确定位和夹紧。 2. 能对难以装夹的和形状复杂的工件提出装夹方案。 3. 能对具有立体交错孔的箱体等复杂工件进行装夹、调整和对刀。 4. 能调整复杂的专用夹具和组合夹具	1. 夹具的定位原理以及定位误差分析和计算方法。 2. 夹紧机构的种类、夹紧时的受力分析方法。 3. 专用夹具和组合夹具的种类、结构和特点,复杂专用夹具的调整和一般组合夹具的组装方法
		数控铣床	1. 能正确使用和调整铣床用各种夹具。 2. 能设计数控铣床用简单专用夹具	
	(五)刀具准备	普通铣床	1. 能修磨键槽铣刀和专用铣刀等刀具(如键槽铣刀端面刃、加工模具用铣刀和镗孔用刀具等)。 2. 能根据难加工材料的特点,正确选择刀具的材料、结构和参数	1. 铣刀的刃磨及几何参数的合理选择方法。 2. 铣削难加工材料时,铣刀材料的牌号和几何参数的选择方法
		数控铣床	能正确选择专用刀具和特殊刀具	数控铣床常用刀具的选择方法
	(六)设备调整及维护保养	普通铣床	1. 能对常用铣床进行调整。 2. 能排除铣床的一般故障。 3. 能及时发现铣床的电路故障。 4. 能进行铣床几何精度及工作精度的检验	1. 根据说明书调整常用铣床的知识。 2. 根据结构图排除机械故障的知识。 3. 机床的气动、液压元件及其作用。 4. 铣床的电气元件及线路原理图。 5. 铣床精度的检验方法
		数控铣床	1. 能对几种典型的数控铣床进行调整。 2. 能排除编程错误、超程、欠压、缺油等一般故障。 3. 能根据说明书对数控铣床进行日常及定期的维护保养	1. 数控铣床的各类报警信息的内容及其排除方法。 2. 数控铣床的维护保养方法。 3. 数控铣床的结构及工作原理
二、工件加工	(一)平面和连接面的加工	普通铣床	1. 能加工薄型工件,宽厚比:$B/H \geqslant 10$。 2. 能铣大型和复杂工件。 3. 能进行难加工材料的铣削。 4. 能进行复合斜面的加工并达到以下要求: (1)尺寸公差等级 IT7; (2)平行度 IT6、IT5; (3)表面粗糙度 $Ra1.6\mu m$; (4)复合斜面的尺寸公差等级 IT12、IT11	1. 薄型工件的加工方法。 2. 大型和复杂工件的加工方法。 3. 难加工材料的加工方法。 4. 难加工工件的加工方法。 5. 角度分度的差动分度法。 6. 光学分度头的结构和使用方法
	(二)台阶、沟槽和键槽的加工及切断		能加工精度高的特形沟槽和两条对称的键槽,并达到以下要求: 1. 尺寸公差等级 IT8。 2. 对称度 IT8、IT7	1. 薄型工件的加工方法。 2. 大型和复杂工件的加工方法。 3. 难加工材料的加工方法。 4. 难加工工件的加工方法。 5. 角度分度的差动分度法。 6. 光学分度头的结构和使用方法
	(三)分度头的应用及加工角度面和刻度		能运用角度分度的差动分度法和在光学分度头上进行分度	

181

(续)

职业功能	工作内容		技能要求	相关知识
二、工件加工	普通铣床	(四)坐标孔的加工	能镗削平行孔系,并达到以下要求: 1. 孔径尺寸公差等级为IT7; 2. 孔中心距公差等级为IT8	提高镗削平行孔系精度的方法
		(五)圆柱齿轮和齿条的加工	能铣直齿齿条及斜齿齿条,并达到以下要求: 齿条的精度等级FJ7	提高齿条铣削精度的方法
		(六)锥齿轮的加工	能铣大质数齿轮、直齿锥齿轮,并达到以下要求: 精度等级a12	大质数齿轮、直齿锥齿轮的铣削方法
		(七)离合器的加工	能铣复杂齿形的离合器,并达到以下要求:尖齿离合器的等分误差≤3′	提高齿形离合器铣削精度的方法
		(八)成形面、曲面和凸轮的加工	1. 能利用转台铣削螺旋面。 2. 能铣盘形和圆柱形等速凸轮及非等速凸轮等工件,并达到以下要求: 尺寸公差等级为IT9、IT8。 成形面形状误差不大于0.05mm。 螺旋面和凸轮的形状(包括导程)误差不大于0.10mm	1. 非等速凸轮的铣削方法。 2. 曲面的铣削方法。 3. 球面的铣削方法。 4. 等速圆盘和圆柱凸轮的铣削方法
		(九)螺旋齿槽、端面和锥面齿槽的加工	能根据图样要求,铣螺旋齿槽、端面齿槽和锥面齿槽,并达到以下要求: 1. 刀具前角加工误差≤2°。 2. 其他要求按图样	立铣刀、三面刃铣刀、锥度铰刀、角度铣刀和等前角、等螺旋角锥度刀具齿槽的铣削方法
		(十)型腔、型面的加工	能铣复杂的型腔、型面,并达到以下要求: 1. 尺寸公差等级IT8。 2. 形位公差等级IT7。 3. 表面粗糙度$Ra6.3\mu m \sim Ra3.2\mu m$	复杂型腔、型面的铣削方法
	数控铣床	加工较复杂工件	能加工较复杂工件和较复杂型面	1. 大型、复杂工件的加工方法。 2. 难加工材料、难加工工件以及精密工件的加工方法
三、精度检验及误差分析	螺旋齿、模具型面及复杂大型工件的检验		1. 能进行螺旋齿槽、端面齿槽、锥面齿槽、模具型面及复杂大型工件的检验。 2. 能正确使用杠杆千分尺、扭簧比较仪、水平仪、光学分度头等精密量具和量仪进行检验	1. 复杂型面及大型工件的检验方法。 2. 精密量具和量仪及光学分度头的构造原理和使用、保养方法。 3. 数字显示装置的构造和使用方法
四、培训指导	指导操作		能指导初、中级铣工实际操作	指导实际操作的基本方法

3.4 技师

职业功能	工作内容		技能要求	相关知识
一、工艺准备	(一)读图与绘图		1. 能根据实物绘制零件图。 2. 能绘制铣床常用工装的装配图及零件图。 3. 能读懂较复杂的箱体图	1. 零件的测绘方法。 2. 较复杂工装装配图的画法
	(二)制定加工工艺	普通铣床	1. 能编制典型零件的加工工艺规程。 2. 能对零件的加工工艺方案进行合理性分析并提出改进建议。 3. 能编写其他相关工种一般零件的加工顺序。 4. 能了解数控铣床的加工顺序	1. 典型机械零件的加工工艺。 2. 数控铣床的加工顺序
		数控铣床	能够编制叶片、螺旋桨、复杂模具型腔等复杂型面工件的工艺卡	复杂型面工件的加工工艺
	(三)编制程序	数控铣床	能用计算机软件编制复杂型面的铣削程序	计算机编程软件的使用方法
	(四)工件定位与夹紧	普通铣床	1. 能设计、制作简单的铣床专用夹具。 2. 能对现有铣床夹具提出改进建议。 3. 能指导初、中、高级铣工正确使用铣床夹具	1. 夹具的设计和制造方法。 2. 夹具定位误差的计算方法
		数控铣床	1. 能设计或组合数控铣床夹具。 2. 能正确分析与夹具有关的误差	
	(五)刀具准备	普通铣床	1. 能推广使用新型刀具。 2. 能设计简单的专用铣刀	1. 刀具方面的新技术、新材料及其应用方法。 2. 提高铣刀寿命的知识。 3. 设计简单专用铣刀的知识
		数控铣床	能正确选择铣刀的材料和几何参数	数控铣床铣削时影响刀具寿命的因素及寿命参数的设定方法
	(六)设备调整及维护保养	普通铣床	能分析并排除普通铣床常见的机械、气动、液压故障	铣床故障产生的原因分析,以及排除机械、气动、液压故障的方法
		数控铣床	1. 能根据数控机床的结构、原理,分析气路、液路、电气及机械的一般故障,并进行排除(不含电气)。 2. 能进行数控铣床定位精度和重复定位精度的检验	1. 数控铣床的结构及常见故障的诊断与排除方法。 2. 数控铣床定位精度与重复定位精度的检验方法
二、工件加工	普通铣床	(一)复杂、畸形件的加工	1. 能进行复杂、畸形和精密工件的铣削,并达到以下要求:精密工件的尺寸公差等级IT6。 2. 能了解一般数控铣床加工工件的方法	1. 复杂、畸形工件的加工方法。 2. 精密工件的加工方法。 3. 分度头精度的检验。 4. 数控铣床的基本知识和简单工件的加工方法
		(二)复杂孔系加工	能镗削非平行孔系	非平行孔系的镗削方法
	数控铣床	加工复杂工件	能对复杂工件进行加工	1. 镗削、刨削和磨削加工的基本知识。 2. 加工复杂工件的方法

183

(续)

职业功能	工作内容	技能要求	相关知识
三、精度检验与误差分析	螺旋齿、模具型面及复杂大型工件的检验	能根据测量结果分析产生误差的原因，进一步提出改进措施	1. 铣削加工中产生误差的原因及消除或减少误差的措施 2. 专用检具的设计知识
四、培训指导	(一)指导操作	能够指导初、中、高级铣工进行实际操作	培训教学基本方法
	(二)理论培训	能够讲授本专业技术理论知识	
五、管理	(一)质量管理	1. 能够在本职工作中认真贯彻各项质量标准。 2. 能够应用全面质量管理知识，实现操作过程的质量分析与控制	1. 相关质量标准。 2. 质量分析与控制方法
	(二)生产管理	1. 能够组织有关人员协同作业。 2. 能够协助部门领导进行生产计划、调度及人员管理	生产管理基本知识

3.5 高级技师

职业功能	工作内容	技能要求	相关知识
一、工艺准备	(一)读图与绘图	1. 能绘制铣床复杂工装的装配图及零件图。 2. 能读懂各种铣床的原理图及装配图	1. 根据装配图测绘零件图的方法 2. 复杂工装图及单工序专用铣床装配图的画法
	(二)制定加工工艺	1. 能编制机床主轴箱箱体等复杂、精密零件的工艺规程。 2. 能掌握机械加工复杂零件的加工工艺(包括数控铣床)。 3. 能对零件的机械加工工艺方案进行合理性分析，提出改进意见并参与实施。 4. 能熟悉机械加工方面的先进工艺并参与推广应用。 5. 能对难加工工件进行分析并提出具体加工措施	1. 机械制造工艺的系统知识。 2. 机械加工先进工艺和新工艺、新技术
	(三)工件定位与夹紧	1. 能设计铣床用的较复杂的夹具。 2. 能对铣床夹具进行误差分析。 3. 能推广应用先进夹具	1. 铣床用复杂夹具的设计及使用知识。 2. 铣床夹具的误差分析方法。 3. 先进铣床夹具的使用和推广方法
	(四)刀具准备	1. 能根据工件加工要求设计专用铣刀并制定加工工艺。 2. 能利用切削原理知识，系统地讲授各种铣削刀具的特点及使用方法	1. 刀具设计和制造知识。 2. 铣削刀具的特点及使用方法
	(五)设备使用及维护保养	能排除各种普通铣床(不包括数控铣床)的常见故障	1. 常用金属切削机床的原理与操作方法。 2. 各种铣床常见故障及排除方法
二、工件加工	高难度、高精度工件的加工	能解决高难度、高精度工件在铣削加工中的技术问题，分析和解决铣削加工的工艺难题	高难度、高精度工件铣削难点及解决方法
三、精度检验与误差分析	螺旋齿、模具型面及复杂大型工件的检验	能准确诊断质量问题产生的原因并提出解决问题的方案	机械加工过程中影响工件质量的因素及提高质量的措施
四、培训指导	(一)指导操作	能够指导初、中、高级铣工和技师进行实际操作	培训讲义编写方法

4. 比重表
4.1 理论知识

项目		初级/%	中级/%		高级/%		技师/%		高级技师/%	
		普通铣床	普通铣床	数控铣床	高级铣床	数控铣床	普通铣床	数控铣床	普通铣床	数控铣床
基本要求	职业道德	5	5	5	5	5	5	5	5	5
	基础知识	25	25	25	20	20	15	15	15	15
相关知识	工艺准备	25	25	45	25	50	35	55	45	45
	工件加工	35	35	15	30	15	20	10	10	10
	精度检验及误差分析	10	10	10	20	10	15	5	10	10
	培训指导	—	—	—	—	—	5	5	10	10
	管理	—	—	—	—	—	5	5	5	5
合计		100	100	100	100	100	100	100	100	100

注：高级技师"管理"模块内容按技师标准考核

4.2 技能操作

项目		初级/%	中级/%		高级/%		技师/%		高级技师/%	
		普通铣床	普通铣床	数控铣床	高级铣床	数控铣床	普通铣床	数控铣床	普通铣床	数控铣床
相关知识	工艺准备	20	20	35	15	35	20	35	30	40
	工件加工	70	70	60	75	60	60	50	40	30
	精度检验及误差分析	10	10	5	10	5	10	5	20	20
	培训指导	—	—	—	—	—	5	5	5	5
	管理	—	—	—	—	—	5	5	5	5
合计		100	100	100	100	100	100	100	100	100

注：高级技师"管理"模块内容按技师标准考核

附录2 职业资格考试

车工职业资格考试知识考核试题库

一、判断题

1. 液压传动系统在工作时,必须依靠油液内部的压力来传递运动。（ ）
2. 柱塞泵是利用柱塞的往复运动进行工作的,由柱塞的外圆及与之配合的孔易实现精密配合,所以柱塞泵一般做成高压泵,用于高压系统中。（ ）
3. 叶片泵多用于中低压系统。（ ）
4. YB 型叶片泵转子槽中的叶片,是依靠离心力和叶片根部的压力使叶片贴紧在定子内表面上的。（ ）
5. YB 型叶片泵内部泄漏的油液通过内部通道引向泵体外。（ ）
6. 电磁换向阀因受到电磁铁推力大小的限制,因此一般使用于中、小量流的液压系统中。（ ）
7. 溢流阀安装在液压泵的出口处,它的作用是稳压、安全、卸荷和背压。（ ）
8. 应用顺序阀可以使几个液压缸实现按预定的顺序动作。（ ）
9. 减压阀的作用是为了降低整个系统的压力。（ ）
10. 流量控制阀节流口的水力半径小,受油温的影响小。（ ）
11. 增压回路的增压比取决于大、小缸口直径的比。（ ）
12. 压力调定回路主要由溢流阀等组成。（ ）
13. 回油节流调速回路与进油节流调速回路的调速特性不同。（ ）
14. 当 CB 型齿轮泵上体内壁出现不均匀磨损时,可将泵体绕自身轴线转 180°装配,以达到修复目的。（ ）
15. 在旁路节流回路中,若发现溢流阀在系统工作时不溢流,说明溢流阀有故障。（ ）
16. 手动低压电器中的刀开关,封闭式负荷开关(铁壳开关)、转换开关和组合开关,可作为机床电路中的电源引入开关或不频繁地直接启动电动机。（ ）
17. 在 CW6163 型车床的电气控制线路中,变压器 TC 输出的 110V 电压供给主电路用,36V 电压供机床照明用。（ ）
18. 在接触器正反转控制线路中,若同时按下正、反转启动按钮,正、反转接触器会同时通电而动作。（ ）
19. 操作人员若发现电动机或电器有异常时,应立即停车修理,然后再报告值班电工。（ ）
20. 三角带传动的选用,主要是确定三角带的型号、长度、根数和确定两带轮的直径及中心距。（ ）

21. 家用缝纫机的踏板机构是采用双摇杆机构。（　）
22. 轮系传动中,轴与轴上零件的连接都是松键连接。（　）
23. 考虑经济性,只要能满足使用的基本要求就应用普通球轴承。（　）
24. 为提高圆柱螺旋弹簧的稳定性,可以采用组合弹簧。（　）
25. 零件上的毛坯表面都可以作为定位时的精基准。（　）
26. 尺寸的加工精度是靠夹具来保证的。（　）
27. 使用三爪或四爪卡盘夹工件,可限制工件的三个方向的移动。（　）
28. 采用小锥度心轴定位,可限制三个自由度。（　）
29. 用四爪卡盘夹持棒料,夹持部位较长时,可限制工件4个自由度。（　）
30. 三爪卡盘只能夹住工件,实际上不起定位作用。（　）
31. 在车床上用三爪卡盘和四爪卡盘夹持棒料工件,其夹紧的方法相同,其限制自由度的数目不相同。（　）
32. 三爪卡盘夹持工件只限制3个自由度。（　）
33. 超精加工不能纠正上道工序留下来的形状误差和位置误差。（　）
34. 内应力的主要来源,是由装夹工件时,工件受力太大而引起的。（　）
35. 为了减少薄壁工件的装夹变形,应尽可能采用轴向夹紧的方法。（　）
36. 当螺纹导程相同时,螺纹直径愈大,其导程角也愈大。（　）
37. 螺纹的导程大,其螺纹的自锁性差。（　）
38. 滚珠丝杆副具有自锁作用。（　）
39. 多线螺纹分线时产生的误差,会使多线螺纹的螺距不等,严重的影响螺纹的配合精度,降低使用寿命。（　）
40. 因受导程角的影响,在车轴向直廓蜗杆时,车刀在走刀方向的后角应加上导程角,背走刀方向的后角应减去导程角。（　）
41. 轴向直廓蜗杆的齿形曲线是延长渐开线。（　）
42. 铰孔时以自身孔作导向,故不能纠正工件孔的位置误差。（　）
43. 杠杆千分尺是一种相当精密的量具。（　）
44. 杠杆式千分尺既可以进行相对测量,也可作绝对测量,其刻度值常见的有0.01mm 和 0.005mm 两种。（　）
45. 使用一般规格千分表时,为了保持一定的起始测量力,测头与工件接触时测杆应有 0.3mm～0.5mm 的压缩量。（　）
46. 钟式百分表(千分表)测杆轴线应与工件被测表面垂直,否则会产生测量误差。（　）
47. 钟式百分表属测量仪器。（　）
48. 机床丝杆螺距为6,工件螺距为4,其乱扣数为2。（　）
49. 车床丝杆的螺距为6mm,工件螺距为12mm,因工件螺距是丝杆螺距的整数倍,故不会乱扣。（　）
50. 在车床上使用增大螺距手柄车大螺距螺纹时,为了安全起见,其机床转速可不受限制的取较小值。（　）
51. 铰刀易磨损的部位是刀具的前刀面和后刀面。（　）

52. 车细长轴时,克服径向力所产生的影响,所以要减小车刀的主偏角。（ ）
53. 测量表面粗糙度时应考虑全面,如工件表面的形状精度和波度等。（ ）
54. 企业提高劳动生产率的目的就是为了提高经济效益,因此劳动生产率与经济效益成正比。（ ）
55. 经济效益是指人们在从事社会实践活动中投入的资源与获得的有用成果的比较,是经营活动的综合反映。（ ）
56. 作业时间包括基本时间、辅助时间和布置工作场地时间。（ ）
57. 车削时,基本时间取决于所选切削速度,进给量和切削深度,并决定于加工余量和车刀行程长度。（ ）
58. 利用高温,高速的等离子射流喷射到工件上,进行加工的方法称为等离子射流加工。（ ）
59. 因果图是由原因和结果两大部分组成的。（ ）
60. 开环数控机床的伺服机构,一般都采用步进电机或电液脉冲马达。（ ）
61. 机床型号中只要含有"C"的字母,就一定是表示车床代号。（ ）
62. YG类硬质合金,因其韧性较好,故适合加工脆性材料。（ ）
63. 如机床刚性好,用磨有修光刃的车刀进行大进给切削便能得较小的表面粗糙度。（ ）
64. 用大平面定位可以限制工件4个自由度。（ ）
65. 重复定位是绝对不允许的。（ ）
66. 少于6点的定位不会出现重复定位。（ ）
67. 互锁机构的作用是防止纵横向进给同时接通。（ ）
68. 在CA6140型车床上,车削模数蜗杆与车米制螺纹在进给箱内使用同一传动路线。（ ）
69. 当车床挂轮为42：100可以用挂轮齿数分头法对三线螺纹进行分头。（ ）
70. 尺寸链封闭环的基本尺寸是其他各组成环基本尺寸的集和。（ ）
71. 直径相同时,三头蜗杆比四头蜗杆的导程角小。（ ）
72. CA6140型车床刀架利用快速电机作快速移动的目的是为了获得较大的进给量。（ ）
73. CA6140车床主轴反转时轴Ⅰ至轴Ⅱ之间的传动比大于正转时的传动比,所以转速要比正转时高。（ ）
74. 车削多拐曲轴的主轴颈时,为了提高曲轴的刚性可搭一个中心架。（ ）
75. 检验车床的几何精度合格,说明工作精度也合格。（ ）
76. 在车削中,若提高切削速度1倍就能大大降低时间定额。（ ）
77. 数控机床最适用于多品种大批量生产。（ ）
78. 当工件编程零点偏置后,编程时就方便多了。（ ）
79. 数控车床的G84是车螺纹循环代码。（ ）
80. X±43表示绝对值编程时的目标点坐标,小数点前4位小数点后3位。（ ）
81. 数控车床的G0代码的功能是直线插补。（ ）
82. 数控车床的G02为逆时针车圆弧代码。（ ）

83. 数控车床的 G04 是暂停代码。（　）
84. "S"是主轴转速代码和其后二位数字组成。（　）
85. M08 是开冷却泵代码。（　）
86. M05 是主轴停转代码。（　）
87. 用数控车带台阶的螺纹轴,必须输入车床主轴转速,主轴旋转方向,进给量车台阶长度和直径车螺纹的各种指令等。（　）
88. 为了提高劳动生产效率,应当进行技术革新以缩短辅助时间和准备时间。（　）
89. 企业的时间定额管理的重要基础工作之一。（　）
90. 提高劳动生产率仅是工艺技术问题,而且与产品设计生产组织和管理无关。（　）
91. 车工在操作中严禁带手套。（　）
92. 变换进给箱手柄的位置,在光杠和丝杠的传动下,能使车刀按要求方向作进给运动。（　）
93. 车床运转 500h 后,需要进行一级保养。（　）
94. 切削铸铁等脆性材料时,为了减少粉末状切屑,需用切削液。（　）
95. 钨钛钴类硬质合金硬度高、耐磨性好、耐高温,因此可用来加工各种材料。（　）
96. 进给量是工件每回转一分钟,车刀沿进给运动方向上的相对位移。（　）
97. 90°车刀(偏刀),主要用来车削工件的外圆、端面和台阶。（　）
98. 精车时,刃倾角应取负值。（　）
99. 一夹一顶装夹,适用于工序较多、精度较高的工件。（　）
100. 中心孔钻得过深,会使中心孔磨损加快。（　）
101. 软卡爪装夹是以外圆为精定位基准车削工件的。（　）
102. 麻花钻刃磨时,只要两条主切削刃长度相等就行。（　）
103. 使用内径百分表不能直接测得的工件的实际尺寸。（　）
104. 车圆球是由两边向中心车削,先粗车成形后再精车,逐渐将圆球面车圆整。（　）
105. 公称直径相等的内外螺纹中径的基本尺寸应相等。（　）
106. 三角螺纹车刀装夹时,车刀刀尖的中心线必须与工件轴线严格保持垂直,否则会产生牙形歪斜。（　）
107. 倒顺车法可以防止螺纹乱牙,适应与车削精度较高的螺纹,且不受螺距限制。（　）
108. 直进法车削螺纹,刀尖较易磨损,螺纹表面粗糙度值较大。（　）
109. 加工脆性材料,切削速度应减小,加工塑性材料,切削用量可相应增大。（　）
110. 采用弹性刀柄螺纹车刀车削螺纹,当切削力超过一定值时,车刀能自动让开,使切削保持适当的厚度,粗车时可避免"扎刀"现象。（　）
111. 用径向前角较大的螺纹车刀车削螺纹时,车出的螺纹牙型两侧不是直线而是曲线。（　）
112. 当工件转 1r,丝杠转数是整数转时,不会产生乱扣。（　）
113. 高速钢螺纹车刀,主要用于低速车削精度较高的梯形螺纹。（　）
114. 梯形内螺纹大径的上偏差是正值,下偏差是零。（　）
115. 对于精度要求较高的梯形螺纹,一般采用高速钢车刀低速切削法。（　）

二、选择题

1. 常用流量控制阀有节流阀和( )等。
   (A)溢流阀　　　　(B)调速阀　　　　(C)顺序阀　　　　(D)单向阀
2. 常用的方向控制阀是( )。
   (A)节流阀　　　　(B)换向阀　　　　(C)减压阀　　　　(D)溢流阀
3. 溢流阀( )。
   (A)常态下阀口是常开的　　　　　　(B)阀芯随着系统压力的变化而移动
   (C)进出油口均有压力　　　　　　　(D)一般连接在液压缸的回油油路上
4. 先导式溢流阀内有一根平衡弹簧和一根压力弹簧,平衡弹簧用于克服滑阀的摩擦力,所以,平衡弹簧比压力弹簧的弹簧刚度( )。
   (A)大　　　　　　(B)小　　　　　　(C)一样　　　　　(D)不定
5. 流量控制阀是用来控制液压系统工作的流量,从而控制执行元件的( )。
   (A)运动方向　　　(B)运动速度　　　(C)压力大小　　　(D)阻力大小
6. 薄壁扩口式接头一般用于( )系统。
   (A)高压　　　　　(B)中压　　　　　(C)低压　　　　　(D)中高压
7. 弹簧式蓄能器适用于( )回路。
   (A)高压　　　　　(B)低压　　　　　(C)小容量　　　　(D)小容量和低压
8. 油箱内使用的加热器应设置在( )侧。
   (A)进油管　　　　(B)回油管　　　　(C)低压管　　　　(D)高压管
9. 方向控制回路是( )。
   (A)换向和闭锁回路　　　　　　　　(B)调压和卸载回路
   (C)节流调速和速度换接回路　　　　(D)同步和减压回路
10. 卸载回路( )。
    (A)可节省动力消耗,减少系统发热,延长液压泵寿命
    (B)可采用滑阀机能为"O"或"M"型换向阀来实现
    (C)可使控制系统获得较低的工作压力
    (D)不可用换向阀实现卸载
11. 容积节流调速回路( )。
    (A)主要由定量泵和调速阀组成
    (B)工作稳定,效率较高
    (C)在较低的速度下工作时,运动不够稳定
    (D)比进油、回油两种节流的调速回路的平稳性差
12. 回油节流的调速回路( )。
    (A)调速特性与进油节流调速回路不同
    (B)经节流阀而发热的油液不容易散热
    (C)广泛用于功率不大、负载变化较大或运动平稳性要求较高的液压系统
    (D)串接背压阀可提高运动的平稳性
13. 采用顺序阀实现的顺序动作回路,其顺序阀的调速压力应( )先移动的液压缸口所需最大压力,否则影响系统的工作可靠性。

(A)大于 (B)等于 (C)小于 (D)不一定

14. 当用一个液压泵驱动的几个工作机构需要按一定的顺序依次动作时,应采用( )。
    (A)方向控制回路 (B)调速回路 (C)顺序动作回路 (D)速度换接回路

15. 液压机床开动时,运动部件产生突然冲击的现象通常是( )。
    (A)正常现象,随后会自行消除 (B)油液混入空气
    (C)液压缸的缓冲装置出故障 (D)系统其他部分有故障

16. 检修液压设备时,当发现油箱中油液显乳白色,这主要是由于油中混入( )。
    (A)水或冷却液 (B)空气 (C)机械杂质 (D)汽油

17. 热继电器在电路中具有( )保护作用。
    (A)过载 (B)过热 (C)短路 (D)失压

18. 在控制电路和信号电路中,耗能元件必须接在电路的( )。
    (A)左边 (B)右边
    (C)靠近电源干线的一边 (D)靠近接地线的一边

19. 接触器自锁控制线路中的自锁功能由接触器的( )完成。
    (A)主触头 (B)辅助动合触头 (C)辅助动断触头 (D)线圈

20. 电动机的正反转由接触器 KM1 控制正转,KM2 控制反转,如果电动机只能正转而不能反转,可能原因是( )。
    (A)KM2 线圈损坏 (B)反转按钮中漏接自锁触头
    (C)热继电器触头损坏 (D)熔断器熔断

21. 某机床运行时,突然瞬间断电,当恢复供电时,机床却不再运行,原因是该机床控制线路( )。
    (A)出现故障 (B)设计不够完善 (C)具有失压保护 (D)具有过载保护

22. 接触器断电后,触头不能分开,产生这一故障的可能的原因是( )。
    (A)短路环断裂 (B)反作用弹簧太紧
    (C)触头熔焊 (D)剩磁过大

23. 斜面自锁的条件是斜面倾角( )摩擦角。
    (A)大于 (B)小于 (C)大于或等于 (D)小于或等于

24. 线绳结构的三角带,其胶线绳在带的( )。
    (A)包布层 (B)伸张层 (C)强力层 (D)压缩层

25. 传动比大而且准确的是( )。
    (A)带传动 (B)链传动 (C)齿轮传动 (D)蜗杆传动

26. 铰孔时,为了使表面粗糙值较小,应用( )。
    (A)干切削 (B)水溶性切削液 (C)非水溶性切削液

27. 若要凸轮机构合理紧凑,则( )。
    (A)基圆要大 (B)压力角要小
    (C)基圆半径不超过许用值 (D)最大压力角不超过许用值

28. 锥形轴与轮毂的键连接宜用( )。
    (A)楔键连接 (B)平键连接 (C)半圆键连接 (D)花键连接

29. 既承受径向力,又承受单向轴向力时,合理选用滚动轴承的类型代号是( )。
    (A)0000　　　　(B)2000　　　　(C)6000　　　　(D)7000

30. 轴类零件加工时,常用两个中心孔作为( )基准。
    (A)粗基准　　　(B)精基准　　　(C)定位基准　　(D)测量基准

31. 对所有表面都需要加工的零件,在定位时,应当根据( )的表面找正。
    (A)加工余量小　(B)光滑平整　　(C)粗糙不平　　(D)加工余量大

32. 通常夹具的制造误差,应是工件在工序中允误许差的( )。
    (A)1/3～1/5　　(B)1倍～3倍　　(C)1/10～1/100　(D)1/100～1/100D

33. 平头支承钉适用于已加工平面的定位,球面支承钉适用于未加工面平面的定位。网纹支承钉常用于( )定位。
    (A)已加工面　　(B)未加工面　　(C)侧平面　　　(D)毛坯面

34. 欠定位不能满足和保证加工要求,往往会产生废品,因此是绝对不允许的,只要不影响加工精度( )是允许的。
    (A)完全定位　　(B)不完全定位　(C)重复定位　　(D)欠定位

35. 螺纹是否能用滚压方法加工,主要取决于工件材料的( )。
    (A)直径大小和长短　　　　　　　(B)强度和刚性
    (C)延伸率和硬度　　　　　　　　(D)长短和硬度

36. 金属材料导热系数小,则切削加工性能( )。
    (A)好　　　　　(B)差　　　　　(C)没有变化　　(D)提高

37. H54 表示( )后要求硬度为 52HRC～57HRC。
    (A)高频淬火　　(B)火焰淬火　　(C)渗碳淬火　　(D)低频淬火

38. 车细长轴时,跟刀架卡爪与工件的接触的压力太小,或根本就没有接触到,这时车出的工件会出现( )。
    (A)竹节形　　　(B)多棱形　　　(C)频率振动　　(D)弯曲变形

39. 设计薄壁工件夹具时夹紧力的方向应是( )夹紧。
    (A)径向　　　　　　　　　　　　(B)轴向
    (C)径向和轴向同时　　　　　　　(D)切向

40. 用中心架支承工件车内孔时,如出现内孔倒锥现象,则是由于中心架偏向( )所造成的。
    (A)操作者一方　(B)操作者对方　(C)尾座　　　　(D)前座

41. 车螺纹时扎刀的主要原因是( )。
    (A)车刀的前角太大　　　　　　　(B)车刀前角太小
    (C)中拖板间隙过小　　　　　　　(D)丝杆轴向窜动

42. 螺纹的综合测量应使用( )量具。
    (A)螺纹千分尺　(B)游标卡尺　　(C)螺纹量规　　(D)齿轮卡尺

43. 车削多线螺纹使用圆周法分线时,仅与螺纹( )有关。
    (A)中径　　　　(B)螺距　　　　(C)导程　　　　(D)线数

44. 阿基米德螺旋线的螺杆是( )蜗杆。
    (A)轴向直廓　　(B)法向直廓　　(C)ZN 蜗杆　　 (D)TX 蜗杆

45. 米制蜗杆的齿形角为( )。
    (A)40°　　　　(B)20°　　　　(C)30°　　　　(D)29°

46. 在花盘角铁上加工工件,为了避免旋转偏重而影响工件的加工精度,必须( )。
    (A)用平衡铁平衡　　　　　　　(B)使转速不要过高
    (C)将切削用量选择较小　　　　(D)用加工的工件平衡

47. 利用三爪卡盘装夹偏心工件时,其垫块的厚度大约是偏心距的( )。
    (A)1　　　　(B)2　　　　(C)1/2　　　　(D)3/2

48. 电子轮廓仪是属于( )量仪的一种测量仪器。
    (A)机械　　　　(B)光学　　　　(C)气动　　　　(D)电动

49. 杠杆式卡规是属于( )量仪的一种测量仪器。
    (A)光学　　　　(B)气动　　　　(C)机械　　　　(D)电动

50. 研磨时,研具与工件的相对运动比较复杂,每一磨料( )在工件表面上重复自己的运动轨迹。
    (A)不会　　　　(B)经常　　　　(C)有时　　　　(D)总是

51. 莫氏工具圆锥在( )通用。
    (A)国内　　　　(B)机电部内　　　　(C)国际　　　　(D)企业内

52. 莫氏锥度号数不同,尺寸大小( ),锥度不相同。
    (A)相同　　　　(B)不相同　　　　(C)不完全相同　　　　(D)没有关系

53. 米制锥度号数不同,尺寸大小( ),锥度相同,其锥度为1:20。
    (A)不同　　　　(B)相同　　　　(C)1:5　　　　(D)1:20

54. 车锥度时,车刀安装不对工件中心,则工件表面会产生( )误差。
    (A)圆度　　　　(B)尺寸精度　　　　(C)表面粗糙度　　　　(D)双曲线

55. 对于配合精度要求较高的圆锥工件,在工厂中一般采用( )方法进行检验。
    (A)圆锥量规涂色　　　　　　　(B)万能游标量角器
    (C)角度样板　　　　　　　　　(D)其他仪器

56. CA6140型车床前端轴承的型号是D3182121,其内孔是$C=($)的锥孔。
    (A)1:12　　　　(B)1:16　　　　(C)1:20　　　　(D)7:24

57. 采用旋风铣削螺纹时,旋风头的轴线与工件轴线的倾角要( )螺纹升角。
    (A)小于　　　　(B)等于　　　　(C)大于　　　　(D)小于或大于

58. 采用高速磨削时,单位时间内参加磨削的磨粒数( )。
    (A)不变　　　　(B)减少　　　　(C)增加　　　　(D)快速减少

59. 加工脆性材料时应选用( )的前角。
    (A)负值　　　　(B)较大　　　　(C)较小　　　　(D)很大

60. 钻孔时为了减少加工热量和轴向力、提高定心精度的主要措施是( )。
    (A)修磨后角和修磨横刃　　　　(B)修磨横刃
    (C)修磨顶角和修磨横刃　　　　(D)修磨后角

61. 磨有径向前角的螺纹车刀,车刀的刀尖角应( )牙形角。
    (A)大于　　　　(B)等于　　　　(C)小于　　　　(D)较大

62. 减少已加工表面残留面积高度大的措施是:应增大刀尖圆弧角半径,减小( )。

(A)切削速度 (B)切削深度
(C)主偏角和副偏角 (D)主偏角

63. 偏差是( )允许的变动量。
    (A)基本尺寸 (B)极限尺寸 (C)实际加工尺寸 (D)目标加工尺寸

64. 刀具磨钝标准通常都按( )的磨损量(VB值)计算的。
    (A)前刀面 (B)后刀面 (C)前后刀面 (D)侧刀面

65. 属于辅助时间范围的是( )。
    (A)进给切削所需时间 (B)测量和检验工件时间
    (C)工人喝水,上厕所时间 (D)领取和熟悉产品图样时间

66. 采用机械夹固式可转位车刀可以缩短辅助时间,主要是减少了( )时间。
    (A)装刀对刀 (B)测量、检验 (C)回转刀架 (D)开车、停车

67. 既缩短机动时间,又减少辅助时间的方法( )。
    (A)多件加工 (B)使用不停车夹头
    (C)挡铁控制长度 (D)多刀切削

68. 机动时间分别与切削用量及加工余量成( )。
    (A)正比、反比 (B)正比、正比 (C)反比、正比 (D)反比、反比

69. 某人在8h内加工120件零件,其中8件零件不合格,则其劳动生产率为( )。
    (A)15件 (B)14件 (C)120件 (D)8件

70. 通过与现有同类产品的典型零件或工序的定额标准进行对比,而制订定额方法属( )。
    (A)经验值方法 (B)统计分析法 (C)比较类推法 (D)技术测定法

71. 电解加工( )。
    (A)生产效率较低 (B)加工表面质量较差
    (C)加工精度不太高 (D)工具电极损耗

72. 超声加工( )。
    (A)适合加工各种不导电的脆性材料 (B)适合加工硬质金属材料
    (C)加工质量不高 (D)不方便加工各种复杂型孔、型腔

73. 严格工艺纪律,就是要把( )切实有效地控制起来,使之处于被控制和被管理状态。
    (A)工艺规程 (B)材料、设备 (C)五大因素 (D)不良品

74. 一般在剔除不合格产品后作直方图时,容易出现( )直方图。
    (A)锯齿形 (B)孤岛型 (C)平项型 (D)陡壁型

75. 工艺文件制定,工艺装备设计制造属于( )阶段。
    (A)调查研究 (B)产品开发 (C)投入装备 (D)投产销售

76. 提高产品质量的决定性环节,在于要大力抓好产品质量产生和形成的起点,这就是( )过程。
    (A)设计开发 (B)生产制造 (C)产品检验 (D)使用服务

77. 安全生产的核心制度是( )制度。
    (A)安全活动日 (B)安全生产责任制

(C)"三不放过" (D)安全检查
78. 安全管理TSC的核心是( )。
 (A)领导参加 (B)技术人员参加 (C)班组长参加 (D)工人参加
79. 新工人进厂必须进行三级安全教育,即( )教育。
 (A)厂级车间个人 (B)车间班组个人 (C)厂级车间班组 (D)厂级车间师傅
80. 数控机床最大的特点是( ),所以特别适合多品种,中小和复杂成形面加工。
 (A)高柔性 (B)高精度 (C)高效率 (D)低强度
81. 变换( )箱外的手柄,可以使光杠得到各种不同的转速。
 (A)主轴箱 (B)溜板箱 (C)交换齿轮箱 (D)进给箱
82. 主轴的旋转运动通过交换齿轮箱、进给箱、丝杠或光杠、溜板箱的传动,使刀架作( )进给运动。
 (A)曲线 (B)直线 (C)圆弧
83. ( )的作用是把主轴旋转运动传送给进给箱。
 (A)主轴箱 (B)溜板箱 (C)交换齿轮箱
84. 车床的丝杠是用( )润滑的。
 (A)浇油 (B)溅油 (C)油绳 (D)油脂杯
85. 车床尾座中、小滑板摇动手柄转动轴承部位,一般采用( )润滑。
 (A)浇油 (B)弹子油杯 (C)油绳 (D)油脂杯
86. 粗加工时,切削液应选用以冷却为主的( )
 A. 切削油 (B)混合液 (C)乳化液
87. C6140A车床表示经过( )次重大改进。
 (A)一 (B)二 (C)三
88. 加工铸铁等脆性材料时,应选用( )类硬质合金。
 (A)钨钛钴 (B)钨钴 (C)钨钛
89. 刀具的前刀面和基面之间的夹角是( )。
 (A)楔角 (B)刃倾角 (C)前角
90. 前角增大能使车刀( )。
 (A)刃口锋利 (B)切削锋利 (C)排泄不畅
91. 选择刃倾角是应当考虑( )因素的影响。
 (A)工件材料 (B)刀具材料 (C)加工性质
92. 车外圆时,切削速度计算式中的直径D是指( )直径。
 (A)待加工表面 (B)加工表面 (C)已加工表面
93. 粗车时为了提高生产率,选用切削用量时,应首先取较大的( )
 (A)背吃刀量 (B)进给量 (C)切削速度
94. 切断时的背吃刀量等于( )。
 (A)直径之半 (B)刀头宽度 (C)刀头长度
95. 切断刀折断的主要原因是( )。
 (A)刀头宽度太宽 (B)副偏角和副后角太大
 (C)切削速度高

96. 麻花钻横刃太长,钻削时会使( )增大。
   (A)主切削力   (B)轴向力   (C)径向力
97. 对于同一圆锥体来说,锥度总是( )。
   (A)等于斜度   (B)等于斜度的两倍
   (C)等于斜度的一半
98. 一个工件上有多个圆锥面时,最好是采用( )法车削。
   (A)转动小滑板   (B)偏移尾座   (C)靠模   (D)宽刃刀切削
99. 圆锥管螺纹的锥度是( )。
   (A)1∶20   (B)1∶5   (C)1∶16
100. 精车球面时,应( )。
   (A)提高主轴转速   (B)提高进给速度
   (C)提高中小滑板的进给量
101. 为了确保安全,在车床上锉削成形面时应( )握锉刀刀柄。
   (A)左手   (B)右手   (C)双手
102. 滚花时应选择( )的切削速度。
   (A)较高   (B)中等   (C)较低
103. 硬质合金车刀高速车削螺纹,适应于( )。
   (A)单件   (B)特殊规格的螺纹
   (C)成批生产
104. 硬质合金车刀车螺纹的切削速度一般取( )m/min。
   (A)30～50   (B)50～70   (C)70～90
105. 车床上的传动丝杠是( )螺纹。
   (A)梯形   (B)三角   (C)矩形
106. 刀具的前刀面和基面之间的夹角是( )。
   (A)楔角   (B)刃倾角   (C)前角
107. 由外圆向中心处横向进给车端面时,切削速度是( )。
   (A)不变   (B)由高到低   (C)由低到高
108. 切削脆性金属产生( )切屑。
   (A)带状   (B)挤裂   (C)崩碎
109. 通常把带( )的零件作为锥套类零件。
   (A)圆柱孔   (B)孔   (C)圆锥孔
110. 铰孔不能修正孔的( )度误差。
   (A)圆   (B)圆柱   (C)直线
111. YG8硬质合金,是有( )组成。
   (A)Co   (B)Ti c   (C)T c
112. 切削时,切屑排向工件以加工表面的车刀,刀尖位于主切削刃的( )点。
   (A)最高   (B)最低   (C)任意
113. 用一夹一顶装夹工件时,若后顶尖轴线不在车床主轴轴线上,会产生( )。
   (A)振动   (B)锥度   (C)表面粗糙度达不到要求

114. 钻中心孔时,如果( )就不易使中心钻折断。
 (A)主轴转速较高　　　　　(B)工件端面不平
 (C)进给量较大

115. 车孔的公差等级可达( )。
 (A)IT7～IT8　　(B)IT8～IT9　　(C)IT9～IT10

116. 切削液中的乳化液,主要起( )作用。
 (A)冷却　　　(B)润滑　　　(C)减少摩擦

117. CM6140车床中的M表示( )。
 (A)磨床　　　(B)精密　　　(C)机床类型的代号

118. 车削同轴度要求较高的套类工件时,可采用( )。
 (A)台阶式心轴　(B)小锥度心轴　(C)软卡爪

119. 手用与机用铰刀相比,其铰削质量( )。
 (A)好　　　　(B)差　　　　(C)一样

120. 粗车时为了提高生产率,选用切削用量时,应首先选较大的( )。
 (A)切削速度　(B)背吃刀量　(C)进给量

三、问答题

1. 为什么在照明电路和电热设备中只装熔断器,而在电动机电路中既装熔断器又装热继电器?
2. 工件粗基准选择的原则是什么?
3. 使用夹具的目的是什么?
4. 改进工夹具有哪几个主要原则?
5. 车床夹具的设计程序是怎样安排的?
6. 工件在V形件上定位的特点是什么?
7. 简述夹紧力作用点选择的原则。
8. 什么叫做工件的定位?
9. 制定工艺规程划分阶段的目的是什么?
10. 什么是工件的内应力?简述内应力产生的原因和减少或消除内应力的措施?
11. 采用精细镗孔的方法加工工件时,对机床有哪些要求?
12. 车削薄壁工件时,如何减少和防止工件变形?
13. 在车床上一般常用的深孔精加工的方法有哪几种?
14. 工业塑料车削有哪些特点?
15. 硬质合金可转位车刀有何特点?
16. 对刀具切削部分材料的基本要求是什么?
17. 麻花钻刃磨的要求、修磨的方式和修磨的目的是什么?
18. 要保证套类零件内外表面的同轴度,以及孔轴与端面的垂直度,通常采用哪几种方法?
19. 表面粗糙度对机器零件使用性能有何影响?常用检查表面粗糙度的方法有哪些?
20. 加工硬化对切削加工有什么影响?
21. 在加工使用重复定位的利弊是什么?
22. 对夹具的装置有哪些基本要求?

23. 多片式摩擦离合器摩擦片之间的间隙太大或太小有哪些害处？
24. 车削螺纹时，螺距精度超差从机床方面考虑，由哪些原因造成？
25. 车削工件时，圆度达不到要求从机床方面考虑，由哪些原因造成？
26. 车外圆时，工件母线的直线度超差，从机床方面找原因？
27. 车削偏心工件有哪几种方法？各适用在什么情况下？
28. 车削多线螺纹，蜗杆时应注意什么问题？
29. 数控车床主要由哪几部分组成？
30. 制订工艺路线时为什么要划分加工阶段？
31. 切削液的主要作用是什么？
32. 什么是背吃刀量、进给量和切削速度？
33. 偏移尾座法车圆锥面有哪些优缺点？适用在什么场合？

四、计算题

1. 用直径为 25mm 高速钢麻花钻钻孔，选用切削速度为 30m/min，求工件转速。
2. 已知工件毛坯直径为 70mm，选用背吃刀量 2.5mm，问一次进给后，车出的工件直径是多少？
3. 滚花时产生乱纹的原因有哪些？
4. 铰孔余量的大小对铰孔质量有什么影响？适合的铰削余量应为多少？
5. 对车刀刀具材料性能有什么要求？
6. 用三针测量模数 $m=5$，外径 80mm 的公制蜗杆时，钢针直径应选多少？测得 M 值应为多少？
7. 一台 CA6140 车床，$P=5.5$kW，$\eta=0.8$；如果在该车床上以 90m/min 的速度车削计算，这时的切削力 $F=3800$N，问这台车床能否切削？

五、论述题

1. 细长轴的车削难点有哪些？加工中应如何采取措施？
2. 编制精密丝杠加工工艺中，为防止弯曲减少内应力和提高螺距精度应该采取哪些措施？
3. 试述曲轴车削时的装夹方法有哪几种？
4. 试述缩短基本时间的途径主要有哪些？

答　案

一、判断题：

1. ×	2. √	3. √	4. √	5. ×	6. √	7. √	8. √	9. ×	10. ×
11. √	12. √	13. ×	14. ×	15. ×	16. √	17. ×	18. ×	19. ×	20. √
21. ×	22. √	23. √	24. √	25. ×	26. √	27. ×	28. ×	29. √	30. ×
31. ×	32. √	33. √	34. ×	35. √	36. √	37. ×	38. ×	39. √	40. ×
41. ×	42. √	43. √	44. ×	45. √	46. √	47. √	48. √	49. ×	50. ×
51. ×	52. √	53. ×	54. ×	55. √	56. √	57. ×	58. √	59. √	60. √
61. ×	62. √	63. √	64. ×	65. √	66. ×	67. √	68. √	69. √	70. ×
71. ×	72. ×	73. √	74. ×	75. ×	76. ×	77. ×	78. √	79. ×	80. ×

81. × 82. × 83. √ 84. × 85. √ 86. √ 87. √ 88. √ 89. √ 90. ×
91. √ 92. × 93. √ 94. × 95. × 96. × 97. √ 98. √ 99. × 100. ×
101. √ 102. × 103. √ 104. × 105. √ 106. √ 107. √ 108. √ 109. √ 110. √
111. √ 112. × 113. √ 114. × 115. √

二、选择题：

1. B　2. B　3. B　4. B　5. B　6. C　7. D　8. B　9. A　10. A
11. B　12. C　13. A　14. C　15. B　16. A　17. A　18. D　19. B　20. A
21. C　22. C　23. D　24. C　25. D　26. B　27. D　28. C　29. D　30. C
31. A　32. A　33. C　34. B　35. C　36. B　37. B　38. C　39. B　40. A
41. A　42. C　43. D　44. A　45. A　46. A　47. D　48. C　49. C　50. A
51. C　52. B　53. A　54. D　55. A　56. B　57. B　58. C　59. C　60. C
61. C　62. B　63. C　64. B　65. B　66. A　67. D　68. C　69. B　70. C
71. C　72. A　73. C　74. D　75. C　76. A　77. B　78. A　79. A　80. A
81. D　82. B　83. C　84. A　85. D　86. C　87. A　88. B　89. C　90. A
91. C　92. A　93. A　94. B　95. B　96. B　97. B　98. A　99. C　100. A
101. A　102. C　103. C　104. B　105. A　106. C　107. C　108. C　109. C　110. C
111. A　112. B　113. B　114. A　115. A　116. A　117. B　118. B　119. A　120. B

三、问答题

1. 答：照明和电热设备是电阻性负载，工作稳定，可能出现的故障一般为短路、故装熔断器。电动机工作时受负载影响大，容易过载，故装熔断器作短路保护，装热继电器作过载保护。

2. 答：①应选择不加工表面作为粗基准。

　　②对所有表面都要加工的零件，应根据加工余量最小的表面找正。

　　③应选择重要表面作粗基准。

　　④应选择平整光滑的表面，铸件装夹时应让开浇口部分。

　　⑤粗基准一般只使用一次。

3. 答：①保证产品质量。

　　②提高劳动生产率。

　　③解决工件装夹中的困难。

　　④改变和扩大机床的用途。

4. 答：①为了保证工件达到图纸的精度和技术要求，检查夹具定位基准，设计基准，测量基准是否重合。

　　②为了防止工件变形，夹紧力与支承件要对应。

　　③薄壁工件不能用径向夹紧的方法，只能采用轴向夹紧。

　　④如工件因外形或结构等因素使装夹不稳定，可增加工艺撑头。

5. 答：①分析工件图纸。

　　②拟定夹具的类型和结构。

　　③绘制夹具组装图。

　　④绘制夹具零件图。

6. 答:其特点是:可保证圆柱体中心线在一个径向方向的单位定位误差为 0,不受工件定位外圆大小的影响,而另一个径向则因工件定位外圆大小的影响产生一定的位移量,造成定位误差。

7. 答:①夹紧力应作用在支承元件上或用几个支承元件所形成的支撑面内以免产生颠覆力矩,并使夹紧力较均匀分布在整个接触面上,从而保证定位稳定可靠。

②夹紧力作用点应尽量作用在工件刚性较好的部位上,避免工件产生不允许的变形。

③夹紧力作用点应尽量靠近加工表面,防止产生振动。

8. 答:加工工件时,确定工件在机床上或夹具中占有正确位置的过程称工件的定位。

9. 答:其目的是:

①保证质量。

②合理使用设备(机床)。

③及时发现毛坯缺陷。

④适应热处理工序的需要。

10. 答:当外部的载荷除去之后,仍然存在在工件内部的应力称为内应力。产生的基本原因是:

①毛坯制造中产生的内应力。

②冷校直带来的内应力。

③切削加工中产生的内应力。

措施:①合理的设计零件结构,应尽量减少零件各部分厚度尺寸之间的差异,尽量减少锻件、铸件毛坯在制造中产生内应力。

②采取时效处理的方法消除内应力。如:自然时效处理,人工时效处理,振动时效处理等。

11. 答:选择的机床必须是:精度高、刚性好和切削速度高的机床。

12. 答:①工件加工时分粗、精车,注意热变形。

②使用开缝套筒或扇形软爪,增大装夹接触面积。

③采用轴向夹紧的薄壁工件夹具。

④增加辅助支承和工艺肋。

⑤合理选择切削用量和刀具的几何形状及其冷却润滑液。

13. 答:①用深孔镗刀镗深孔。

②用深孔浮动铰刀铰深孔。

③用深孔滚压工具滚压深孔。

14. 答:①机械强度低。在夹紧和切削力的作用下易产生变形和裂纹。所以装夹不易太紧,车刀应取较大的前角。

②导热性差,切削区温度高,因此加剧了车刀的磨损和工件的热变形,所以要注意加工中收缩量对工件尺寸造成的影响。

③工件在车削过程中易起毛起层开裂剥落和崩裂,所以除了加大刀具的前角和后角外,增大主刀刃参加工作的长度,增大过渡刃和修光刃,并配磨有适当的排屑槽。

④某些塑料是由多层物质或粉末状填料压制而成,车削时这些物质起到磨料的作

用,加快刀具的磨损。

⑤熔点较低,对切削热比较敏感,所以车削时易发生表面烧焦熔化现象。

⑥车削时一般不宜使用润滑液来降低切削温度,必要时可采用压缩空气进行吹风冷却。

15. 答:①断屑效果好。

②不需要刃磨,节省刃磨时间。

③刀杆可长期使用,节约材料。

④不用焊接,无焊接后产生的不良后果。

⑤便于标准化、系列化、集中生产的同一型号刀片的几何形状一致,加工时尺寸变化小。

⑥切削效果能相对稳定,有利于提高零件的加工质量和提高劳动生产率。

⑦简化了刀具的管理工作。

16. 答:①高硬度。

②高耐磨性。

③足够的强度和韧性。

④高的耐热性。

⑤良好的工艺性。

⑥经济性。

17. 答:刃磨的要求是:

①两主切削刃对称、等长。

②横刃斜角为 50°～55°。

修磨的方式和目的:

①修磨横刃,减小横刃长度可减少轴向力,修磨横刃处的前面可达到增大横刃处前角的目的,改善钻削条件。

②修磨前面,当材质软时,修磨横刃边处前面,以达到增大前角的目的。当材质硬时,修磨边缘处前面以达到减小前角的目的。

③修磨棱边,在较大直径钻头的棱边处进行修磨可减小棱边与工件已加工表面的摩擦。

④双重刃磨,其目的是增加外缘钻尖处的强度,改善钻削时的散热条件,减少钻头的磨损。

⑤开分屑槽,使用大直径钻头时磨分屑槽的目的,使宽切屑经分屑后变窄,在钻削时既可减小切削变形,又能利于切屑的排出。

18. 答:①在一次装夹中完成内外圆表面车削。

②先加工孔和端面,再以孔定位加工外圆表面。

③当孔较长的工件一般先加工外圆与端面,再以外圆定位加工内圆表面。

19. 答:表面粗糙度数值的大小是衡量工件表面质量的重要指标,它对零件的耐磨性、耐腐蚀性、疲劳强度和配合性质均有很大的影响,检查的方法有:

①对比法(比较法)。

②光切法。

③光波干涉法。

　　　④感触法(针满法)等。

20. 答：其影响有：

　　　①因加工硬化后工件表面硬度增加,给下道工序造成难切削和难加工的局面,使刀具加速磨损。

　　　②使已加工的表面出现微细的裂纹和表面残余应力,影响工件的表面质量。

　　　③加工硬化能使已加工表面的硬度、强度和耐磨性提高,从而能改善零件使用性能。

21. 答：当只有工件的定位基准,夹具上的定位元件精度很高时,重复定位是有利的,它对提高工件的刚性和稳定性有一定好处。当不能满足以上要求时,重复定位容易使工件变形,影响加工精度。

22. 答：①牢——夹紧后应保证工件在加工过程中的位置不发生变化。

　　　②正——夹紧后应不破坏工件的正确定位。

　　　③快——操作方便,安全省力,夹紧迅速。

　　　④简——结构简单紧凑,有足够的刚性和强度且便于制造。

23. 答：多片式摩擦离合器如间隙太大,在压紧时会相互打滑不能传递足够的扭矩,易产生闷车现象,并易使摩擦片磨损。如间隙太小易损坏操纵装置中的零件。

24. 答：①丝杠的轴向窜动量超差。

　　　②从主轴至丝杠间的传动链传动误差超差。

25. 答：①主轴前后轴承间隙过大。

　　　②主轴轴颈的圆度超差。

26. 答：①两顶尖装夹工件时,床头和尾座两顶尖的等高度超差。

　　　②溜板移动的直线度超差。

　　　③利用小溜板车削时,小溜板移动和主轴轴线的平行度超差。

27. 答：车偏心工件的方法有五种：

　　　①在四爪卡盘上车偏心工件。

　　　②在两顶尖间车偏心工件。

　　　③在三爪卡盘上车偏心工件。

　　　④在偏心卡盘上车偏心工件。

　　　⑤在专用偏心夹具上车偏心工件。

　　当工件数量较少、长度较短,不便于在两顶尖上装夹时,可装夹在四爪卡盘上加工偏心；对一般两端能钻中心孔的,有鸡心夹头位置的偏心轴,可在两顶针间车偏心工件；如工件长度较短的偏心工件,也可在三爪卡盘的一个卡爪上增加一块垫片来车偏心工件；车削精度较高的偏心工件时,可采用偏心卡盘；加工数量较多、偏心距精度要求较高的工件时,可以制造专用偏心夹具装夹和车削。

28. 答：①车削精度要求较高的螺纹或蜗杆时,应把各条螺旋槽都粗车完毕后,再开始精车。

　　　②在车各条螺旋槽时,车刀切入深度应该相等。

　　　③用左右切削法车削时,车刀的左右移动量应该相等。当用圆周分线法时,还应注意车每条螺旋槽时小滑板刻度盘的起始格数要相同。

29. 答：数控车床一般由以下几个部分组成：

机床本体——是数控车床的主要机械部件,包括床身、主轴箱、进给机构、刀架、尾座等。

数控装置——是数控车床的控制核心,一般一台机床专用计算机。

驱动装置——是数控车床执行机构的驱动部件,包括主轴电机、进给伺服电机等。

辅助装置——是指数控车床的一些配套部件,如液压气动装置、冷却系统和自动排屑装置等。

30. 答:当零件质量要求较高时,往往需要把工件整个加工过程划分几个阶段,一般可分为粗加工、半精加工、精加工和超精加工等四个阶段。划分加工阶段是为了保证零件质量,合理使用机床,及时发现毛坯缺陷和适应热处理工序的需要。

31. 答:切削液又称冷却润滑液,主要用来降低切削温度和减少摩擦。此外,还有冲去切屑的清洗作用,从而延长刀具的使用寿命和提高表面的质量。

32. 答:工件上已加工表面与待加工表面之间的垂直距离叫背吃刀量。工件每转 1r,车刀沿进给方向移动的距离叫进给量。切削速度是主运动的线速度。

33. 答:偏移尾座法车圆锥面的优点是:可以利用车床自动进给,车出的工件表面粗糙度值较小,并能车较长的圆锥。缺点是:不能车锥度较大的工件,中心孔接触不良,精度难以控制。适用于加工锥度较小,长度较长的工件。

四、计算题

1. 解:已知 $D=25$mm $V_c=30$m/min

$$n=1000V_c/D\times 3.14=1000\times 30/25\times 3.14=382\text{r/min}$$

2. 解:已知:$d_w=70$mm $a_p=2.5$mm

根据公式 $a_p=(d_w-d_m)/2$

$$D_m=d_w-2a_p=70\text{mm}-2\times 2.5\text{mm}=65\text{mm}$$

3. 答:(1)工件外径周长不能被滚花刀节距除尽。

(2)滚花开始时,压力太小,或滚花刀跟工件表面接触太大。

(3)滚花刀转动不灵,或滚花刀跟刀杆小轴配合间隙太大。

(4)工件转速太高,滚花刀跟工件表面产生滑动。

(5)滚花前没有清除滚花刀中的细屑,或滚花刀齿部磨损。

4. 答:铰孔余量的大小直接影响到铰孔的质量。余量太大,会使切屑堵塞在刀槽中,切削液不能直接进入切削区域,使切削刃很快磨损,铰出来的孔表面不光洁;余量过小,会使上一次切削留下的刀痕不能除去,也使孔的表面不光洁。比较适合的切削余量是:用高速钢绞刀时,留余量 0.08mm~0.12mm;用硬质合金绞刀时,留余量是 0.15mm~0.2mm。

5. 答:高的硬度,高的耐磨性,足够的强度和韧性,高的耐热性和良好的工艺性。

6. 解:$P=\pi m=3.14\times 5=15.7$mm

$d1=d-2m=80-2\times 5=70$mm

$dD=1.672m=1.672\times 5=8.36$mm

$M=d1+3.924dD-4.136m=70+3.924\times 8.36-4.136\times 5=82.12$

答:钢针直径应选 8.36mm,M 值应为 82.12mm

7. 解:$P_M=F\cdot V/60\times 1000=3800\times 90/60\times 1000=5.7$(kW)

$P\cdot\eta=5.5\times 0.8=4.4$(kW)

$$P_M > P \cdot \eta$$
答：不可以切削。

五、论述题

1. 答：细长轴是指长度与直径的比值大于 20 的轴。在车削加工中难点有：
(1)细长轴的刚性很差，在车削加工时如果装夹不当很容易因切削力及重力的作用而弯曲变形，产生振动从而降低加工精度并使表面粗糙。
(2)细长轴的散热性很差，轴向尺寸在切削热的作用下会产生相当大的线膨胀，如果轴的两端为固定支承，则会因受挤而弯曲变形。当轴以高速旋转时，这种弯曲所引起的离心力将更进一步加剧轴的变形。
(3)由于细长轴比较长，加工时一次进给所需的时间长，刀具磨损较大，从而增加了工件的几何形状误差。

通常可采取以下一些措施：
(1)针对刚性差的难点。
①可增大车刀的主偏角，使径向切削力减小。
②改变进给方向，使工件在切削力的轴向分力作用下形成受拉的应力状态(使床鞍由床头向尾座进给)，顶尖采用弹性顶尖，由于细长轴左端固定在卡盘内，右端可以有些伸缩这样减少了轴的弹性弯曲变形。
③改进工件的装夹方法采取中心架或跟刀架以提高工件的刚性。
(2)针对热变形问题。
①可改进刀具几何角度(如果用大前角正刃倾角等)以减少切削热。
②充分使用切削液减少工件所吸收热量，采用弹簧顶尖，当工件受热膨胀时可以压缩尾床顶尖的弹簧而自由伸长，避免发生弯曲变形。
(3)针对刀具磨损问题。
①可选用耐磨性较好的刀片材料(如复合涂层刀片)
②降低刀片表面粗糙度，精确刃磨以延长刀具使用寿命。

2. 答：在编制精密丝杠加工工艺中应采取：
①外圆表面及螺纹分多次加工，逐渐减少切削力和内应力。
②在每次粗车外圆表面和粗车螺纹后，都应安排时效处理，以进一步消除切削过程中形成的内应力，避免以后变形。
③在每次时效后，都要修磨顶尖孔或重打定位孔，以消除时效产生的变形使下一工序难以精确的定位。
④在工艺过程中，不淬硬丝杠，允许安排冷校直工序。
⑤在每次加工螺纹之前，都先加工丝杠外圆表面，然后以两端顶尖孔和外圆表面作为定位基准加工螺纹。

3. 答：曲轴就是多拐偏心轴，其加工原理与偏心轴基本相同，在车削中除保证连杆轴颈对主轴轴颈的尺寸和位置精度外，还要保证各连杆轴颈之间的角度要求。这也是多拐曲轴加工中最大困难之一。同时工件的刚度较小易弯曲变形，车削中准确装夹非常重要。常用的多拐曲轴安装方法如下几种：
①钻偏心顶尖孔，在两顶尖间装夹曲轴，主要用于偏心距轴小的曲轴。

②在偏心夹板上装夹曲轴,主要用于偏心距大、曲轴端面无法钻顶尖孔的多拐曲轴。
③用偏心卡盘安装曲轴,即在车床主轴和尾座两端均装上偏心可调卡盘,可用于不同偏心距的多拐曲轴加工。
④在非偏心夹具上装夹曲轴。主要用于批量大的多拐曲轴加工。

4. 答:缩短基本时间的方法。
(1)提高切削用量,在满足零件加工精度和表面粗糙度的要求下,力求加工过程的高生产率,对切削用量的选择先后次序应是:
①应根据毛坯余量、工件刚性、机床刚性与功率,合理地增大切削深度以减少进给行程次数,从而缩短基本时间。
②应在采用合理的刀具几何角度与增长修光刃的基础上,增大进给量以减少每次进给时间。
③应在保证合理的刀具寿命前提下,尽量发挥硬质合金刀具允许切削速度(一般在200m/min)近年来随着刀具材料的迅速改进,刀具的切削性能已有很大提高,陶瓷刀具切削速度可达500m/min,在加工铝铜等有色金属时,采用人造聚晶金刚石刀具,加工普通钢材时采用聚晶立方氮化硼刀具,切削速度可达900m/min,立方氮化硼刀具还可以加工硬度在60HRC以上的淬火钢,切削速度可达90m/min左右,实现了以车代磨,提高生产率。
(2)减少切削行程长度,尽量减少刀具的切入及切出的空行程长度。
(3)采用多刀切削使工步合并,用几把刀对一个零件的几个表面加工,或用复合刀具对同一表面加工,使工步的基本时间全部或部分重合。
(4)多件加工,采用心轴夹具使单件组合后,多件一次加工。这种方法可减少刀具切入和切出时间及其他辅助操作时间。

车工职业资格考试技能考核试题库

车多头蜗杆

1. 考件图样（见图 1）

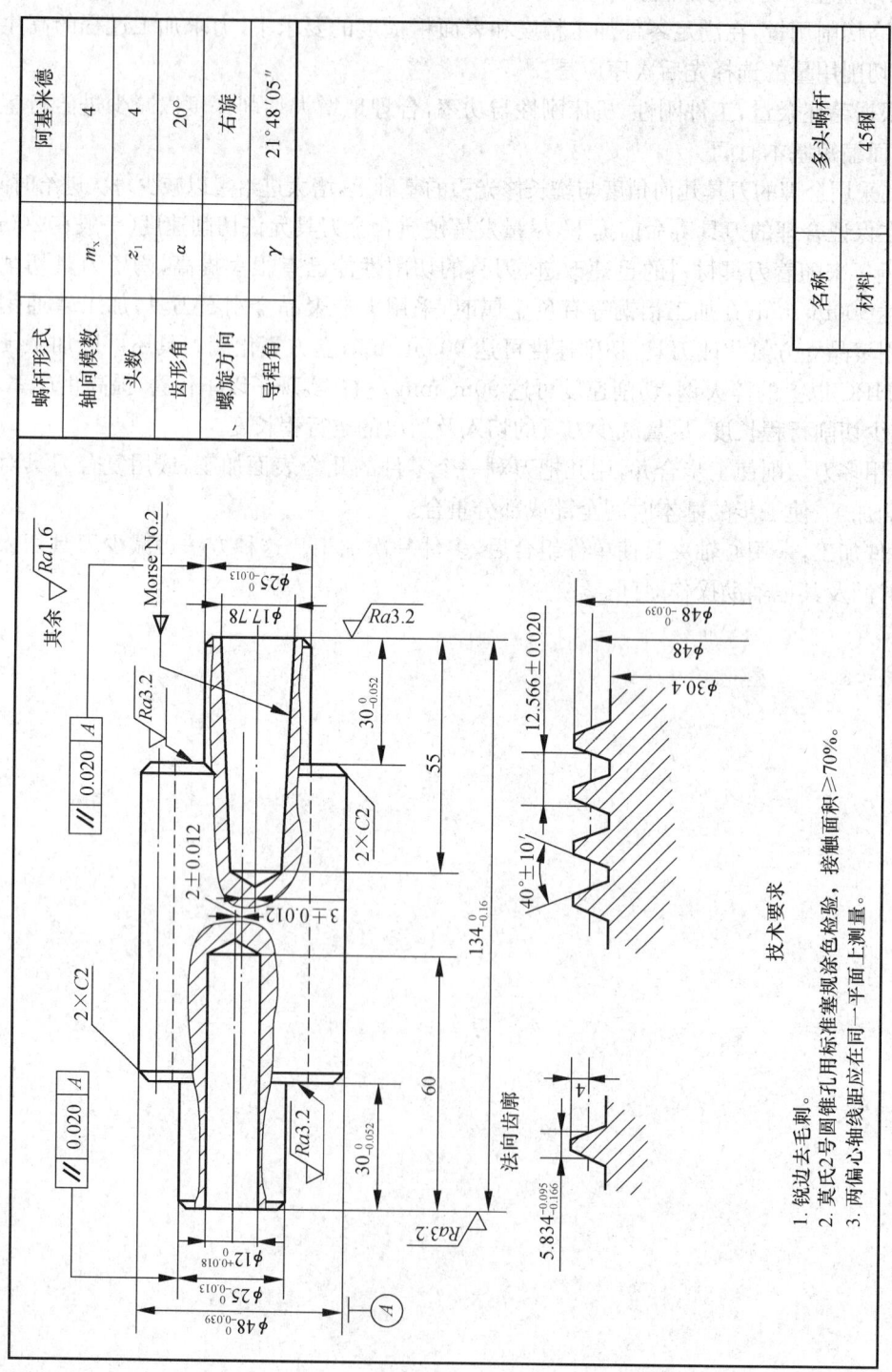

蜗杆形式	轴向模数	头数	齿形角	螺旋方向	导程角
阿基米德	m_x	z_1	α	右旋	γ
	4	4	20°		21°48′05″

名称	多头蜗杆
材料	45钢

技术要求
1. 锐边去毛刺。
2. 莫氏2号圆锥孔用标准塞规涂色检验，接触面积≥70%。
3. 两偏心轴线距应在同一平面上测量。

图 1 多头蜗杆

2. 准备要求

(1)考件材料为 45 热轧圆钢、锯断尺寸为 $\phi 450\mathrm{mm}\times 160\mathrm{mm}$ 一根。

(2)车削蜗杆用切削液。

(3)检验锥度用显示剂。

(4)装夹精度较好的四爪单动卡盘。

(5)相关工、量、刃具的准备。

3. 考核内容

1)考核要求

(1)考件的各尺寸精度、形位精度、表面粗糙度达到图样规定要求。

(2)不准使用磨石、砂布等辅助打光考件加工表面。

(3)不准使用专用偏心工具,但允许使用在考场内自制偏心夹套(车制偏心夹套时间包含在考核时间定额内)。

(4)允许使用铰刀对 $\phi 12\mathrm{mm}$ 孔进行加工,但深度尺寸必须符合图样要求。

(5)不准使用莫氏铰刀对圆锥孔铰削加工。

(6)未注公差尺寸的极限偏差按 IT12 公差等级加工。

(7)考件与图样严重不符的应扣去该考件的全部配分。

2)时间定额 8h(不含考前准备时间)。提前完工不加分,超时间定额 20min 扣 5 分;超 40min 扣 10 分;40min 以上未完成则停止考试。

3)安全文明生产

(1)正确执行安全技术操作规程。

(2)按企业有关文明生产的规定,做到工作地整洁,工件、工量具摆放整齐。

4. 配分、评分标准(见表 1)

表 1　多头蜗杆配分、评分标准

序号	作业项目	配分	考核内容	评分标准	考核记录	扣分	得分
1	车蜗杆	28	$\phi 48_{-0.039}^{0}\mathrm{mm}$	超差 0.01mm 扣 2 分;超差 0.01mm 以上扣 4 分			
			$(12.566\pm 0.02)\mathrm{mm}$	超差扣 8 分			
			$5.834_{-0.166}^{-0.095}\mathrm{mm}$	超差扣 8 分			
			$40°\pm 10'$	超差扣 2 分			
			$Ra1.6\mu m$(3 处)	一处不合格扣 2 分			
2	车偏心外圆	32	$2\times\phi 25_{-0.013}^{0}\mathrm{mm}$	一处超差 0.003mm 扣 1.5 分;超差 0.005mm 以上扣 4 分			
			$2\times(30_{-0.052}^{0})\mathrm{mm}$	一处超差扣 3 分			
			$(2\pm 0.012)\mathrm{mm}$	超差 $\pm 0.003\mathrm{mm}$ 扣 2 分;超差 $\pm 0.005\mathrm{mm}$ 以上扣 4 分			
			$(3\pm 0.012)\mathrm{mm}$	超差 $\pm 0.003\mathrm{mm}$ 扣 2 分;超差 $\pm 0.005\mathrm{mm}$ 以上扣 4 分			
			两轴线平行度 0.02mm(两处)	一处超差扣 3 分			
			$Ra1.6\mu m$	不合格扣 2 分			
			$Ra3.2\mu m$(2 处)	一处不合格扣 1 分			

(续)

序号	作业项目	配分	考核内容	评分标准	考核记录	扣分	得分
3	车莫式圆锥孔	18	$\phi 17.78mm$	按标准塞规检验，超差扣2分			
			涂色接触面≥70%	接触面60%～69%扣4分，小于60%扣8分			
			55mm	按IT14公差等级，超差扣1分			
			$(3\pm0.012)mm$	超差±0.003mm扣2分；超差±0.005mm以上扣4分			
			$Ra1.6\mu m$	不合格扣3分			
4	车内孔	15	$\phi 12^{+0.018}_{\ 0}mm$	用塞规检验，不合格扣7分			
			60mm	按IT14公差等级，超差扣1分			
			$(2\pm0.012)mm$	超差±0.003mm扣2分；超差±0.005mm以上扣4分			
			$Ra1.6\mu m$	不合格扣3分			
5	车长度及倒角	7	$(134^{\ 0}_{-0.16})mm$	超差扣3分			
			$Ra3.2\mu m$(两处)	一处不合格扣1分			
			倒角	一处不符图样扣0.5分；直至扣完2分			
6	安全文明生产		遵守安全操作规程，正确使用工、量具，操作现场整洁	按达到规定的标准度评定，一项不符合要求在总分中扣2.5分			
			安全用电，防火，无人身设备事故	因违规操作发生重大人身设备事故，此题按0分计			
7	分数合计	100					

208

铣工职业资格考试知识考核试题库

一、判断题

1. 采用合理分布的 6 个支承点去消除工件的 6 个自由度,使工件在夹具中的位置被完全确定,即为"六点定位原理"。（　）

2. 以短圆柱销作定位元件与工件的圆柱孔配合,这种定位方式可以限制工件的两个自由度。如果改为长圆柱销,就可以限制工件 4 个自由度。（　）

3. 采用分度头主轴挂轮法铣削导程圆柱凸轮时,一般应摇动分度手柄进行铣削,也可用工作台进给。（　）

4. 组合夹具是由一套预先制造好的夹具元件和部件组装而成的应用于组合铣床上的夹具。（　）

5. 当凸轮从动件为尖顶挺杠时,它的理论曲线夹角和实际曲线夹角是不相等的。（　）

6. 合金工具钢是在碳素工具钢中加入适量的合金元素,如锰(Mn)、铬(Cr)、钨(W)、硅(Si)等,制成合金工具钢。常用的牌号有 9SiCr、GCr15、CrWMn、Cr12MoV 等。合金工具钢用于制造低速手用刀具。（　）

7. 自由锻造中使坯料高度降低,截面积增大的工序称为延伸。（　）

8. 表面涂层硬质合金刀具既能保证刀片基体具有一定的硬度和强度,又能使刀刃与刀面的耐磨性显著提高。（　）

9. 砂轮的硬度是指砂轮在工作时,磨粒白砂轮上脱落的难易程度,与磨料本身的硬度有关,砂轮的硬度越大,磨粒越易脱落。（　）

10. 铣刀切削时直接推挤切削层金属并控制流向的刀面称为后刀面。（　）

11. 零件图绘制步骤:分析、检查和整理草图;确定图样比例及图纸幅面;绘制底稿;检查底稿,标注尺寸,确定技术要求,清理图面,加深图线;填写标题栏。（　）

12. 装配图要表示零件的结构特点、零件之间的装配关系及工作情况等。（　）

13. 标注公差代号时,基本偏差代号和公差等级数字均应与尺寸数字等高,并以分数形式标出,分子表示孔的基本偏差,分母表示轴的基本偏差。（　）

14. 切削塑性金属材料时,在切削速度不高,又能形成带状切屑的情况下,常有一些从切屑和工件上带来的金属"冷焊"在前刀面上,靠近切削刃处形成一个楔块,其硬度较高,并在前刀面上形成新的前角,这个楔块就是积屑瘤。（　）

15. 切削用量中,对切削力影响最大的是背吃刀量(切削深度),其次是进给量,影响最小的是切削速度。实验证明,当背吃刀量增加 1 倍时,主切削力也增加 1 倍;但是进给量增加 1 倍时,主切削力只增加 0.5 倍~0.8 倍。（　）

16. 工件材料的硬度或强度越高,切削力越大;工件材料的塑性、韧性越好,切削力越小。一般情况下切削脆性材料时切削力大。（　）

17. 当工件材料的强度和硬度低、导热系数大时,切削时产生的热量少,热量传导快,切削温度低。（　）

18. 当零件上有较多的表面需要加工时,应选择加工余量最大的表面作为粗基准。（　）

19. 导轨误差是导轨副实际运动方向与理论运动方向的差值。它包括在水平面及垂直面内的直线度误差和在垂直平面内前后导轨的平行度误差。（　）

20. 工件的定位就是将工件紧固在铣床上或铣床夹具中,使之占有正确位置的过程。（　）

21. 用三面刃盘形铣刀铣削 $z=5$ 的矩形齿离合器,在对刀时使铣刀的侧面刀刃向齿侧方向偏过工作中心 $0.1\mathrm{mm}\sim0.5\mathrm{mm}$。这种方法适合铣削要求不高或齿部不淬硬的离合器。（　）

22. 铰孔是对孔的精加工工序,它可以修正粗加工孔的尺寸、形状及位置误差,改善孔的表面粗糙度。（　）

23. 根据加工精度选择砂轮时,粗磨应选用软的、粒度号小的砂轮,精磨应选用硬的、粒度号大的砂轮。（　）

24. 在调整 X6132 型铣床主轴轴承间隙时,径向间隙和轴向间隙不是同时进行调整的。（　）

25. 铰孔过程中,在铰刀退出工件时不能停车,要等铰刀退离工件后再停车,铰刀不能倒转。（　）

26. 空车机动进给的试验方法是:松开各锁紧机构手柄,作空车机动进给,观察其运动情况。（　）

27. 铣削螺旋齿离合器时,除了要进行分度外,还要配挂交换齿轮,使工件一面进给一面旋转,只有使两个动作密切配合才能铣削出符合图样要求的螺旋齿离合器。（　）

28. 在调整转速或进给量时,若出现手柄扳不动或推不进时,这是微动开关失灵的缘故。若在扳动手柄的过程中发现齿轮有严重打击声,则是齿轮装配位置不准确的缘故。（　）

29. X5032 型铣床纵向、横向和垂直机动进给运动是由两个操纵手柄控制的,它们之间的运动是互锁的。（　）

30. 在铣床上铣削平面的方法有两种,即用端铣刀做端面铣削和用圆柱铣刀作周边铣削。（　）

31. 用端面铣削的方法铣出的平面,其平面度主要决定于铣床主轴轴线与进给方向的垂直度。（　）

32. 端面铣削时,若铣床主轴与进给方向不垂直,则相当于用一个倾斜的圆环将工件表面切出一个中凸的表面。（　）

33. 铣削球面时,由于工件与夹具不同轴,会使加工出的球面半径不符合要求。（　）

34. 圆柱面上的一条螺旋线与该圆柱面的一条直素线的两个相邻交点之间的距离叫导程。（　）

35. 加工直齿条时,每铣完一条齿槽,工作台需移动一个齿距,称为移距。（　）

36. 在铣床上加工齿轮,主要适用于精度不高的单件和小批量生产,其中尤以加工直齿锥齿轮较多。（　）

37. 铣削锥齿轮时,应根据当量齿轮的齿数(当量齿数)来选择刀号。（　）

38. 锥齿轮铣刀的厚度按被加工锥齿轮的小端制造,且应比小端的齿厚稍薄一些。
(　　)

39. 铣刀的主切削刃是由前刀面和后刀面相交而成的,它直接切入金属,担负着切除余量和形成加工表面的任务。
(　　)

40. 铣削平面,尤其是较大平面和大平面时,一般选用端铣刀,最好采用可转位端铣刀。
(　　)

41. 铣削加工多件长度相同、精度较高的花键轴时,若采用两顶尖装夹,应注意找正尾座顶尖与分度头顶尖的同轴度。
(　　)

42. 在铣床上镗椭圆孔,镗刀的回转半径与椭圆的长半轴相等。
(　　)

43. 在立式铣床上镗孔,若立铣头与工作台面不垂直,可能引起孔的轴线与工件基准倾斜。
(　　)

44. 刃磨钻头时,只刃磨两个主后刀面,同时要保证前角、顶角和横刃斜角等几何参数。
(　　)

45. 在铣床上铣削螺旋槽时,工件均匀转动一周,工作台带动工件等速直线移动一个导程。
(　　)

46. 直齿条实质上是一个基圆无限大的直齿轮中的一段。
(　　)

47. 由于斜齿条的齿槽与工件侧面偏斜一个螺旋角,因此铣削时必须使工件的侧面与机床进给方向也偏斜一个同样的角度。
(　　)

48. 在精度要求较低和小批量生产中,通常可在铣床上用锥齿轮铣刀加工锥齿轮齿面。
(　　)

49. 因为锥齿轮是以大端的参数为标准的,所以锥齿轮铣刀的齿形曲线应按照大端制造。
(　　)

50. 锥齿轮铣刀的齿形曲线应与垂直于分度圆锥面的截面上的齿形相同。
(　　)

51. 量块又称块规,是一种精密的量具。在工厂中常用量块作为长度标准校验其他量具;还可以与百分表或千分表等配合,用比较法对工件进行密度测量。
(　　)

52. 在成批大量生产中,一般都采用量块来直接检验产品。
(　　)

53. 水平仪的精度是在气泡移动一格的情况下,以表面所倾斜的角度或表面在1″内倾斜的高度差来表示。
(　　)

54. 在检验精度较高的斜面,以及精确调整铣床主轴偏转角度时,均可采用正弦规来检测和调整。
(　　)

55. 在孔周上测量各点的直径时,其测量值的平均值就是该孔的圆度误差。
(　　)

56. 在铣床上加工的齿轮由于精度较低,故一般只检测齿距。
(　　)

57. 在铣床上用盘形铣刀铣削锥齿轮,一般只需测量齿轮的齿厚即可,即测量锥齿轮背锥上齿轮大端的分度圆弦齿厚或固定弦齿厚。
(　　)

58. 牙嵌式离合器齿深一般用游标卡尺测量,齿角在需要时可用正弦规检查。(　　)

59. 圆柱面直齿刀具齿槽的深度,刃口处棱带的宽度等可用游标卡尺测量,槽底圆弧可用样板检测。
(　　)

二、选择题

1. 圆柱截割后产生的截交线,因截平面与圆柱轴线的相对位置不同而有所不同。当截平面倾斜于圆柱轴线时,截交线是( )。
   (A)圆   (B)椭圆   (C)矩形   (D)抛物线
2. 6个基本视图的投影规律是:主、俯、仰、后长对正;( )高平齐;左、右、俯、仰宽相等。
   (A)主、后、左、右   (B)主、左、右、仰   (C)主、俯、左、右   (D)主、俯、仰、后
3. 局部视图的断裂边界应用( )表示。
   (A)点划线   (B)虚线   (C)波浪线   (D)细实线
4. 在平行于花键轴线的投影面的视图中,外花键的大径用( )线、小径用细实线绘制。
   (A)细实   (B)粗实   (C)虚   (D)波浪
5. 表面粗糙度代号在图样上用( )注在可见轮廓线、尺寸界线或它们的延长线上。
   (A)b 的线条   (B)b/2 的线条   (C)b/3 的线条   (D)b/4 的线条
6. 当工件材料的强度和硬度低,( )大时,切削时产生的热量少。
   (A)弹性   (B)塑性   (C)导热系数   (D)比重
7. 磨床工作台装在床身的水平纵向导轨上,由液压系统实现( )运动。
   (A)纵向直线   (B)连续直线   (C)直线往复   (D)直线间歇
8. 刀具刃磨的基本要求是:刀面( );刀刃的直线度和完整度要好;刀具的几何形状要正确,以保证良好的切削性能。
   (A)光亮   (B)光滑
   (C)平整   (D)平整、表面粗糙度值小
9. 尖齿铣刀需要使用万能工具磨床刃磨( )。
   (A)前刀面   (B)后刀面   (C)正交平面   (D)基面
10. 磨削是用砂轮以较高的磨削速度,对工件表面进行微细加工的一种方法。磨削过程是( )过程。磨削运动由主运动和进给运动组成,主运动是砂轮的旋转运动。
    (A)切削   (B)刻划和抛光作用的复杂
    (C)挤压切削   (D)切削、刻划和抛光作用的复杂
11. 理想尺寸是指零件图上所注( )值。
    (A)尺寸的基本   (B)尺寸的最大   (C)尺寸的最小   (D)尺寸的平均
12. 使定位元件所相当的支承点数目刚好等于6个,且按( )的数目分布在3个相互垂直的坐标平面上的定位方法称为六点定位原理。
    (A)2:2:2   (B)3:2:1   (C)4:1:1   (D)5:1:0
13. 组合夹具由一些预先制造好的不同形状、不同规格的( )和组合件组合而成。
    (A)零件   (B)标准件   (C)元件   (D)标准元件
14. X6132型铣床纵向工作台的底座在燕尾槽内作直线运动时,燕尾导轨的间隙是由( )进行调整的。
    (A)螺母   (B)镶条   (C)手柄   (D)垫片
15. 采用盘形齿轮铣刀铣削的锥齿轮,一般是用( )在锥齿轮背锥上测量大端齿形的厚度,即大端分度圆弦齿厚和弦齿高。
    (A)一般游标卡尺   (B)齿厚游标卡尺
    (C)深度游标卡尺   (D)千分表
16. 新机床装好后,首先应仔细地擦去机床上各部分的防锈油,然后抹上一层机油,

再( )。
(A)用手动试摇　　　　　　　　(B)更换机床内部的润滑油
(C)把电源开关关上　　　　　　(D)进行机动试车

17. 主轴松动的检查方法是：先用百分表检查主轴的( )是否大于0.03mm。再用百分表检查主轴端面,用木棒撬主轴,看百分表指针的摆差是否大于0.02mm。若超过要求,应及时维修。
    (A)轴向间隙　　(B)径向间隙　　(C)圆跳动度　　(D)全跳动度

18. 检查镶条松紧的方法是：一般都用摇动丝杆手柄的重量来测定。对纵向和横向,用( )左右的力摇动；对升降(向上),用200N～240N的力摇动。
    (A)100N　　(B)120N　　(C)150N　　(D)160N

19. 牙嵌式离合器是依靠端面上的齿牙相互嵌入或脱开来达到( )目的。
    (A)传递动力　　(B)切断动力　　(C)传递或切断动力　　(D)改变动力大小

20. 采用三面刃盘铣刀铣削 $z=5$ 的矩形齿离合器,在对刀时使铣刀侧面刀刃向齿侧方向偏过工作中心( )mm。这种方法适合铣削要求不高或齿部不淬火的离合器。
    (A)0.05～0.1　　(B)0.05～0.2　　(C)0.1～0.2　　(D)0.1～0.5

21. 铣削矩形偶数齿离合器时,需进行两次铣削才能铣出( )。
    (A)准确齿形　　　　　　　　(B)二个正确齿形
    (C)1/2个正确齿形　　　　　　(D)各齿的同一侧面

22. 铣削尖齿形离合器常采用( )铣刀。铣刀的角度要与尖齿形离合器的槽形角相吻合。
    (A)盘形三面刃　(B)立铣　　(C)对称双角　　(D)专用成形

23. 铣削( )离合器时,分度头主轴必须仰起一个角度,以使槽底处于水平位置。
    (A)尖形齿　　(B)锯形齿　　(C)梯形等高齿　　(D)梯形收缩齿

24. ( )离合器的整个齿形是向轴线上一点收缩,铣削时一般采用单角铣刀铣削。
    (A)尖形齿　　(B)锯形齿　　(C)梯形等高齿　　(D)梯形收缩齿

25. 铣削( )离合器,廓形有效工作高度大于离合器的齿高,而铣刀的齿顶宽应小于齿槽的最小宽度。应使铣刀廓形夹角ε等于离合器的槽形角,常采用专用成形铣刀。
    (A)梯形收缩齿　(B)梯形等高齿　(C)矩形齿　　(D)尖形齿

26. 在铣削圆柱端面凸轮时,为了( ),使铣削出的凸轮工作形面正确。可将铣刀中心向左(右)偏移一定距离。
    (A)减少螺旋面"凹心"现象　　　(B)保证升高量正确
    (C)使表面粗糙度达到要求　　　(D)减少螺旋面"凸心"现象

27. 在立式铣床上采用三面刃铣刀铣削( )离合器齿侧斜面的方法是：铣削好工件上的全部齿槽后,将立铣头拨转一个角ε,使ε=α/2。再摇动纵向工作台,使三面刃铣刀刀尖与已铣削好的槽底稍微接触,然后调整升降台,使刀尖刚好切到底槽角,调整后,即可逐步分度进行铣削。
    (A)梯形等高齿　(B)梯形收缩齿　(C)尖形齿　　(D)锯形齿

28. 尖形齿离合器齿侧工作面表面粗糙度达不到要求的原因是：铣刀钝或刀具跳动、

进给量太大、装夹不稳固、传动系统间隙过大及（　）。
(A)未冲注切削液　　　　　　　　(B)分度误差较大
(C)对刀不准　　　　　　　　　　(D)装夹工件不同轴

29. 盘铣刀柱面齿刃口缺陷,立铣刀端刃缺陷或立铣头轴线与工作台面不垂直,会引起（　）离合器槽底未接平,有明显的凸台。
(A)梯形收缩齿　　　　　　　　　(B)矩形齿和梯形等高齿
(C)螺旋形齿　　　　　　　　　　(D)锯形齿

30. 铣削尖齿形离合器时,由于齿槽角铣得太小,会引起一对离合器接合后接触齿数太少或（　）。
(A)贴合面积不够　　　　　　　　(B)无法嵌入
(C)齿侧不贴合　　　　　　　　　(D)齿工作面表面粗糙度不合要求

31. 由于分度头仰角计算或调整错误,造成一对（　）离合器接合后齿侧不贴合。
(A)螺旋形齿　(B)锯形齿　(C)梯形收缩齿　(D)梯形等高齿

32. 标准直齿圆锥齿轮的小端模数 $m_i=m(R-b)/R$,式中 R 表示（　）。
(A)大端半径　(B)小端半径　(C)锥距　(D)锥高

33. 采用纵向进给铣削直齿锥齿轮,首先应安装并找正分度头,使分度头主轴轴线与（　）垂直并将分度头扳起一个仰角 f,f 为锥齿轮的根锥角,再按 $n=40/Z$ 来进行分度。
(A)纵向工作台　(B)横向工作台　(C)铣刀刀杆　(D)工件轴线

34. 在铣床上用盘形铣刀铣削锥齿轮时,一般只需测量齿轮的（　）既可。
(A)齿长　(B)齿宽　(C)齿厚　(D)节距

35. 铣削直齿锥齿轮的齿槽中部时,调整吃刀量应以（　）为基准,将铣床工作台升高一个大端全齿高,即可进刀依次铣削各齿槽。
(A)大端　(B)小端　(C)大端分度圆锥　(D)小端分度圆锥

36. 铣削直齿锥齿轮,操作时偏移量和回转量控制不好会引起工件（　）误差超差。
(A)齿形和齿厚　　　　　　　　　(B)齿距
(C)齿向　　　　　　　　　　　　(D)齿圈径向圆跳动

37. 铣削直齿锥齿轮时,分度不准确,会造成工件的（　）超差。
(A)齿距误差　　　　　　　　　　(B)齿形和齿厚误差
(C)齿向　　　　　　　　　　　　(D)齿圈径向圆跳动

38. 铣直齿锥齿轮时,齿坯外径与内径同轴度差,会引起工件（　）误差超差。
(A)齿形和齿厚　(B)齿距　(C)齿向　(D)齿圈径向跳动

39. 铣削曲线外形各处余量不均匀,在相差悬殊时,应先（　）,使划线轮廓周围的余量大致相同。
(A)粗铣,把大部分余量分几次切除　(B)划线
(C)顺铣一次　　　　　　　　　　(D)切除悬殊太大的部分

40. 铣削曲线外形时,应始终保持（　）,尤其是两个方向进给时,更应注意,否则容易折断铣刀或损坏工件。
(A)顺铣　(B)逆铣　(C)顺逆交替　(D)不受限制

41. 采用回转工作台铣削曲线外形,铣削前应先( ),然后找正工件圆弧面中心与回转工作台中心重合。
    (A)找正铣床立铣头与回转工作台同轴
    (B)找正铣床立铣头与工件同轴
    (C)找正铣床立铣头与工作台垂直
    (D)找正铣床主轴与工作台中心平行

42. 在加工球面时,只要使铣刀旋转时刀尖运动的轨迹与球面的截形圆重合,同时工件绕其自身轴线转动,并且铣刀旋转轴线与工件的旋转轴线( ),这两种运动配合铣削就能加工出符合要求的球面。
    (A)垂直   (B)平行   (C)相交任意点   (D)相交于球心

43. 在立式铣床上采用三面刃铣刀铣削( )离合器底槽,立铣头主轴在垂直位置,工作台横向进给。铣削方法与铣矩形齿离合器基本相同,只是使三面刃铣刀的侧刃偏离工件中心一个距离 e。
    (A)梯形收缩齿   (B)梯形等高齿   (C)矩形齿   (D)尖形齿

44. 铣削外球面的一般对刀方法是按划线用试切法。实际是预先在工件上划线,划出球心在对刀平面上的投影,然后利用试切刀痕和划线来调整工作台,使铣刀轴线( )。
    (A)通过球心   (B)垂直对刀平面
    (C)垂直于球面回转轴线   (D)角 α 倾斜于球回转轴线

45. 采用( )球面时,如采用主轴倾斜法,则需紧固横向工作台、升降台,将纵向工作台移动一段距离后,进行周进给,转动工件一周即可完成球面的加工。
    (A)立铣刀铣削外   (B)立铣刀铣削内
    (C)盘铣刀铣削外   (D)镗铣刀铣削内

46. 铣削内球面时,如果划线错误会使加工出的内球面( )。
    (A)表面成单向切削"纹路",形状成橄榄形
    (B)表面成交叉形切削"纹路",外口直径扩大,底部出现凸尖
    (C)半径不符合要求
    (D)粗糙度达不到要求

47. 在铣削球面时,如( ),则会造成工件的球面半径不符合要求。
    (A)工作台调整不当   (B)工件倾斜法加工时,移动量计算错误
    (C)铣刀刀尖回转直径调整不当   (D)镗铣切削角度刃磨不当

48. 凸轮工作曲线最高点和最低点对凸轮基圆中心之差称为( )。
    (A)升高量   (B)升高率   (C)导程   (D)槽深

49. 凸轮的工作形面应符合图样要求的( ),以满足从动件接触方式的要求。
    (A)形状   (B)导程
    (C)升高量   (D)旋向和基圆半径

50. 凸轮的( )法在加工时,工件和立铣刀的轴线都和工作台面垂直。
    (A)垂直铣削   (B)倾斜铣削   (C)靠模   (D)分度头挂轮

51. 圆柱铣刀的后角规定为在正交平面内测得的后刀面与( )之间的夹角。

215

(A)切削平面　　(B)基面　　　　(C)主剖面　　　(D)法剖面

52. 检测圆柱凸轮螺旋面与基准面相对位置的精度时,可将凸轮(　),用百分表或游标卡尺进行检测。
    (A)放在平台上　　　　　　　(B)基准面放在平台上
    (C)放在分度头主轴上　　　　(D)任意摆放

53. 砂轮的硬度是指砂轮工作时,磨粒自砂轮上脱落的难易程度,它与磨料本身(　)。
    (A)硬度无关　(B)种类无关　(C)硬度有关　(D)种类有关

54. 在M7120A型磨床上磨削平面时,当工作台每次纵向行程终了时,磨头作一次横向进给,等到工件表面上第一层全部磨削完毕,砂轮按预选磨削深度(　),接着按上述过程逐层磨削,直至把全部余量磨去,使工件达到所需尺寸。
    (A)作一次纵向进给　　　　(B)作一次横向进给
    (C)作一次垂直进给　　　　(D)作一次垂直进给和一次横向进给

55. 使用砂轮机时要注意砂轮的旋转方向应(　)。
    (A)左旋　　　　　　　　　(B)右旋
    (C)使磨屑向下飞离砂轮　　(D)使磨屑向上飞离砂轮

56. 切削用量中,对切削刀具磨损影响最大的是(　)。
    (A)切削深度　(B)进给量　(C)切削速度　(D)主轴转速

57. 把工段(小组)所加工的各种制品的投入及出产顺序、期限和数量,制品在各个工作地上加工的次序期限和数量,以及各个工作地上加工的不同制品的次序、期限和数量全部制成标准,并固定下来,这种计划法称为(　)。
    (A)定期计划法　(B)日常计划法　(C)标准计划法　(D)车间总体计划

58. 生产作业控制的主要内容有(　)。
    (A)生产进度控制,在制品占用量控制和生产调度
    (B)生产进度控制,出产进度控制和生产调度
    (C)生产进度控制,工序进度控制和生产调度
    (D)生产进度控制,在制品占用量控制,投入进度控制

59. 开展生产中安全保护工作,力争减少和消灭工伤事故,保障工人的生命安全;与职业病作斗争,防止和消除职业病,保障工人的身体健康;搞好劳逸结合,保证工人有适当的休息时间,搞好女职工和未成年工人的特殊保护工作。这一项工作属于(　)范围。
    (A)班组管理　(B)劳动纪律管理　(C)劳动保护管理　(D)安全生产管理

60. 生产人员在质量管理方面必须严格做好"三按和一控"工作。一控是指自控正确率,其正确率应达(　)。
    (A)100%　　(B)98%　　(C)95%　　(D)93%

61. 切削试验的方法是:各部分运动均属正常后,即可进行切削试验,以进一步观察机床的运动情况,并检查加工件的精度是否符合(　)的精度标准。
    (A)图样要求
    (B)本工序要求
    (C)机床说明书上规定
    (D)本工步要求

62. X6132型铣床工作台三个方向的运动部件与导轨之间的间隙大小,一般用摇动工作台手感的轻重来判断,也可以用塞尺来检验间隙大小,一般以不大于( )mm为合适。
   (A)0.02　　　(B)0.03　　　(C)0.04　　　(D)0.05

63. 主轴松动的检查方法是:先用百分表检查主轴的径向间隙是否大于0.03mm。再用百分表检查主轴端面,用木棒撬主轴,看百分表指针的摆差是否大于( )mm。若超过要求,应及时维修。
   (A)0.01　　　(B)0.02　　　(C)0.03　　　(D)0.04

64. 工作台在进给过程中,若超载或遇到意外过大阻力时,进给运动( )。这是安全离合器的扭矩调节得太大的缘故。
   (A)会自动加大　(B)会自动减小　(C)会自动停止　(D)不能自动停止

65. 主轴空运转试验的方法是:主轴先低速运转( )min,再高速运转30min,观察运转是否正常,有无异常声音,并检查润滑系统是否正常。
   (A)10　　　(B)20　　　(C)30　　　(D)40

66. 花键按其( )不同可以分为矩形齿、渐开线形齿、三角形齿和梯形齿四种。
   (A)加工方法　(B)传动方式　(C)齿形　　　(D)定心方式

67. 在成批生产时,可用专用的( )一次铣出外花键。
   (A)成形铣刀　(B)键槽铣刀　(C)直齿三面刃铣刀　(D)组合铣刀

68. 用( )铣削外花键时,加工质量好,操作简单,生产效率高。
   (A)成形铣刀　(B)键槽铣刀　(C)直齿三面刃铣刀　(D)组合铣刀

69. 铰削时都以孔的原来位置均匀地切去余量,因此铰孔不能纠正孔的( )精度。
   (A)形状　　　(B)位置　　　(C)尺寸　　　(D)表面

70. 在铣床上镗孔时,铣床主轴轴线与所镗出的孔的轴线必须( )。
   (A)重合　　　(B)同心　　　(C)一致　　　(D)垂直

71. 在铣床上加工直齿圆柱齿轮时,精度等级一般不高于( )。
   (A)10级　　　(B)9级　　　(C)8级　　　(D)7级

72. 螺旋线的切线与圆柱体轴线的夹角称为( ),它是铣削时计算交换齿轮的参数之一。
   (A)螺旋角　　(B)导程角　　(C)螺旋升角　(D)螺距

73. 锥齿轮的轮齿分布在( )。
   (A)面　　　　(B)外圆柱面　(C)内圆柱面　(D)圆锥面

74. 锥齿轮铣刀分度圆处的厚度( )齿槽宽度。
   (A)略大于小端　(B)等于小端　(C)略小于小端　(D)等于大端

75. 锥齿轮的齿厚尺寸由小端至大端逐渐( ),齿形渐开线由小端至大端逐渐( )。
   (A)增大,弯曲　(B)减小,平直　(C)减小,弯曲　(D)增大,平直

76. 铣削锥齿轮时,若工件装夹后轴线与分度头轴线不重合,会引起( )。
   (A)齿面粗糙度值过大　　　　(B)齿厚尺寸超差
   (C)齿圈径向圆跳动超差　　　(D)齿形超差

77. 锥齿轮偏铣时,工作台横向偏移量不相等会造成( )。

217

(A)齿距误差超差　　　　　　　　(B)齿面粗糙度值过大
(C)齿向误差超差　　　　　　　　(D)齿厚超差

78. 擦净量块工作面后,把两块量块的工作面( ),可以将它们牢固地黏合在一起。
(A)相互推合　　(B)相互重叠　　(C)彼此贴紧　　(D)彼此粘连

79. 为了减少常用量块的磨损,每套量块都备有若干块保护量块,在使用时可放在量块组的( ),以保护其他量块。
(A)中间　　(B)两端　　(C)一侧　　(D)任意位置

80. 在成批大量生产中,一般都采用( )来检验产品。
(A)游标卡尺　　(B)千分尺　　(C)极限量规　　(D)量块

81. 等速圆盘凸轮的工作曲线三要素是( )。
(A)升高量、升高率、导程　　　　(B)升高量、导程、基圆半径
(C)升高量、升高率、基圆半径　　(D)升高率、导程、基圆半径

82. 一圆盘凸轮圆周按角度等分,其中工作曲线占300格,非工作曲线占60格,升高量 $H=40$ mm,其导程 $PZ=(\ )$。
(A)180　　(B)33.33　　(C)11.25　　(D)48

83. 铣削等速凸轮时,由于( ),会引起工件的表面粗糙度达不到要求。
(A)铣刀直径选择不当　　　　　　(B)工件装夹不稳固
(C)铣刀偏移中心切削,偏移量计算错误　(D)分度头和立铣头相对位置不正确

84. 铣削等速凸轮时,由于( ),会引起工件工作形面形状误差大。
(A)铣刀不锋利　　　　　　　　　(B)工件装夹不稳固
(C)分度头和立铣头相对位置不正确　(D)铣刀直径选择不当

85. 对于( )凸轮,可将百分表测头对准工件中心进行测量,检测时,可同时测出凸轮曲线所占中心角和升高量 H,通过计算得出凸轮的实际导程值。
(A)偏置直动圆盘　　　　　　　　(B)对心直动圆盘
(C)圆柱端面　　　　　　　　　　(D)圆柱螺旋

86. 在M7120A型磨床上磨削平面时,当工作台每次纵向行程终了时,磨头作一次( ),等到工件表面上第一层全部磨削完毕,砂轮按预选磨削深度作一次垂直进给,接着按上述过程逐层磨削,直至把全部余量磨去,使工件达到所需尺寸。
(A)横向进给　　　　　　　　　　(B)纵向进给
(C)垂直进给　　　　　　　　　　(D)横向和垂直同时进给

87. 在M7120A型磨床上采用阶梯磨削法磨削平面,是按工件余量的大小,将砂轮修整成阶梯形,使其在一次垂直进给中磨去全部余量,用于粗磨的各阶梯宽度和磨削深度都应相同,而精磨阶梯的宽度则应大于砂轮宽度的1/2,磨削深度等于精磨余量为( )mm。
(A)0.01～0.02　　(B)0.02～0.03　　(C)0.03～0.05　　(D)0.04～0.06

88. 砂轮机的搁架与砂轮间的距离,一般应保持在( )mm以外,否则容易造成磨削件被轧入的事故。
(A)2　　(B)3　　(C)4　　(D)5

89. 生产班组的中心任务,是在不断地提高技术理论水平和实际操作技能的基础上,

以( )为中心,全面完成工厂、车间和工段的生产任务和各项经济技术指标。
   (A)提高工作效率   (B)提高经济效益
   (C)保证质量   (D)完成任务

90. 提高衡量产品质量的尺度,不仅以是否符合国家或上级规定的质量标准来衡量,更要以( )来衡量,不仅要衡量产品本身的质量,还要衡量服务质量。
   (A)设计标准   (B)图样标准
   (C)满足用户需要的程度 (D)国际的质量标准

91. 在700℃~800℃以上高温切削时,空气中的氧与硬质合金中的碳化钨、碳化钛发生氧化作用而生成氧化物,使刀具材料因( )显著降低而被切屑、工件带走,造成刀具的磨损。
   (A)强度 (B)硬度 (C)弹性 (D)塑性

92. ( )磨损对加工质量影响较大,而且容易测量,所以常用它的磨损平均值来规定刀具的磨损限度。
   (A)前刀面 (B)后刀面 (C)前后刀面同时 (D)刀尖

93. 铲齿铣刀使用万能工具磨床刃磨前刀面。刃磨时,应保持切削刃形状不变,并保证( )符合技术要求。
   (A)主偏角 (B)副偏角 (C)前角 (D)后角

94. 夹具的定位元件、对刀元件、刀具引导装置、分度机构、夹具体的加工与装配所造成的误差,将直接影响工件的加工精度。为保证零件的加工精度,一般将夹具的制造公差定为相应尺寸公差的( )。
   (A)1/2 (B)1/3 (C)1/3~1/5 (D)1/4

95. 组合夹具是由一些预先制造好的不同形状,不同规格尺寸的标准元件和组合件组合而成的。这些元件相互配合部分尺寸精度高,耐磨性好,且具有一定的硬度和( )。
   (A)耐腐蚀性 (B)较好的互换性 (C)完全互换性 (D)好的冲击韧性

96. 铣削( )齿离合器时,一般采用刚性较好的三面刃盘铣刀,为了不切到相邻齿,铣刀的宽度应当等于或小于齿槽的最小宽度。
   (A)矩形偶数 (B)矩形奇数 (C)梯形等高 (D)梯形收缩

97. 铣削( )离合器常采用对称双角铣刀。双角铣刀的角度θ要与离合器的槽形角e相吻合。即$\theta=e$。
   (A)梯形等高齿 (B)梯形收缩齿 (C)尖形齿 (D)锯形齿

98. 梯形收缩齿离合器,对刀常采用试切法,通过刻度盘读数的差值确定铣刀齿顶离槽底的距离X,并根据X值计算出( )距离e。
   (A)工作台横向偏移的   (B)工作台纵向偏移的
   (C)工作台垂直移动的   (D)刀具偏移的

99. ( )离合器的齿形,实际上就是把尖齿离合器的齿顶和槽底分别用平行于齿顶线和槽底线的平面截去了一部分,则齿顶和槽底面在齿长方向上都是等宽的,所以其计算及铣削方法与尖齿离合器基本相同。
   (A)梯形等高齿 (B)梯形收缩齿 (C)锯形齿 (D)单向螺旋齿

219

100. 铣削( )离合器对刀时,先按照铣梯形收缩齿离合器的方法使铣刀廓形对称线通过工件轴心,然后横向移动工作台一段距离e。
    (A)梯形等高齿　(B)梯形收缩齿　　(C)尖形齿　　　　(D)矩形齿

101. 铣削梯形等高齿离合器时,对于图样上要求齿槽角α大于齿面角φ,齿侧有啮合间隙时,齿槽铣完后,采用偏转角度法将工件偏转( )角度,铣削出齿侧间隙。
    (A)α　　　　(B)φ　　　　(C)$\varphi-\alpha$　　　　(D)$(\varphi-\alpha)/2$

102. 采用( )球面时,如采用主轴倾斜法,则需紧固横向工作台、升降台,将纵向工作台移动一段距离后,进行周进给,转动工件一周即可完成球面的加工。
    (A)立铣刀铣削外　　　　　　(B)立铣刀铣削内
    (C)盘铣刀铣削外　　　　　　(D)镗铣刀铣削内

103. 铣削螺旋齿离合器时,除了要进行分度外,还要配挂交换齿轮,使工件( ),只有使两个运动密切配合,才能铣出符合图样要求的螺旋齿离合器。
    (A)先进给,后旋转　　　　　(B)先旋转,后进给
    (C)一面进给,一面旋转　　　(D)只是进给

104. 梯形离合器齿侧工作面表面粗糙度达不到要求的原因是:铣刀钝或刀具跳动、( )、装夹不稳固、传动系统间隙过大及未冲注切削液。
    (A)对刀不准　　　　　　　　(B)进给量太大
    (C)工件装夹不同轴　　　　　(D)齿槽角铣得太小

105. 一对螺旋齿离合器,由于铣削时偏移距计算或调整的错误,会引起接合后( )。
    (A)贴合面积不够　　　　　　(B)接触齿数太少或不嵌入
    (C)齿侧不贴合　　　　　　　(D)底槽未接平,有明显凸台

106. 一对锯形齿离合器接合后齿侧不贴合的主要原因是( )。
    (A)对刀不准　　　　　　　　(B)分度头仰角计算式调整错误
    (C)工件装夹不同轴　　　　　(D)齿槽角铣得太小

107. 铣削直齿锥齿轮齿侧余量时,当齿槽中部铣削好后,若采用分度头在水平面内偏一个角度β,和偏移工作台相结合的方法,是靠通过分度头底座在水平面内旋转一个角度β,$\tan\beta\approx\pi m/4R$,同时适当移动横向工作台,先铣去一侧余量。式中R为( )。
    (A)锥距　　　　(B)齿距　　　　(C)大端半径　　　　(D)小端半径

108. 铣直齿锥齿轮时,( )会引起工件齿圈径向圆跳动超差。
    (A)铣削时分度头主轴未紧固　(B)齿坯外径与内径同轴度差
    (C)分度不准确　　　　　　　(D)操作时对刀不准确

109. 精铣曲线外形各处余量时,直线部分可用一个方向进给,曲线部分应同时操作纵向和横向进给手柄,铣刀转速要高,进给速度要( ),精铣要进行修整,使铣出的曲线外形圆滑。
    (A)快　　　　(B)慢　　　　(C)均匀　　　　(D)慢且均匀

110. 用( )球面时,铣刀直径的确定方法是,先计算出铣刀的最大、最小直径,然后选取标准铣刀,并尽量往大选。
    (A)立铣刀铣削内　　　　　　(B)立铣刀铣削外

(C)盘铣刀铣削外　　　　　　　　(D)镗刀铣削内

111. 采用( )法铣削等速圆盘凸轮时,应采用逆铣方式,所以必须使工件的旋转方向与铣刀的旋转方向相同。
　　(A)分度头挂轮　　　　　　　　(B)倾斜
　　(C)垂直　　　　　　　　　　　(D)靠模

112. 在铣削( )凸轮时,如果铣刀直径小于滚子直径,为避免出现喇叭口等毛病,必须将铣刀中心向左(右)偏移一定距离。
　　(A)圆柱螺旋槽　　　　　　　　(B)圆柱端面
　　(C)等速圆盘　　　　　　　　　(D)非等速圆盘

113. 铣削等速轮时,如铣刀不锋利,铣刀太长,刚性差,会引起工件的( )。
　　(A)表面粗糙度达不到要求　　　(B)升高量不正确
　　(C)工作形面形状误差大　　　　(D)导程不准确

114. 采用垂直进给铣削直齿锥齿轮,首先应安装并找正分度头,使分度头主轴轴线与铣刀刀杆垂直,并将分度头主轴扳起一个仰角 φ, $\varphi=90°-\delta f$,再按 $n=40/z$ 来进行分度。δf 是( )
　　(A)锥角　　(B)顶锥角　　(C)根锥角　　(D)背锥角

115. 铣削等速凸轮时,分度头和立铣头相对位置不正确,会引起工件( )。
　　(A)升高量不正确　　　　　　　(B)工作形面形状误差大
　　(C)表面粗糙度达不到要求　　　(D)导程不准确

116. 对于偏置直动凸轮,应将百分表测头放在( )进行测量。检测时,可同时测出凸轮曲线所占中心角和升高量 H,通过计算得出凸轮的实际导程值。
　　(A)偏距为 e 处的位置上　　　(B)中心
　　(C)某一基准部位　　　　　　　(D)靠近工件外圆处

117. 对于圆盘凸轮工作形面形状精度的检测。因为凸轮形面母线与工件轴线平行,所以只需测量母线的( ),就可以判断其形面的形状精度。
　　(A)直线度　　　　　　　　　　(B)圆跳动度
　　(C)全跳动度　　　　　　　　　(D)对轴线的平行度

118. 砂轮的特性、尺寸用代号标注在砂轮的端面上。标注顺序为:( )。
　　(A)磨料、粒度、硬度、结合剂、形状、尺寸
　　(B)磨料、粒度、结合剂、硬度、形状、尺寸
　　(C)磨料、硬度、粒度、结合剂、形状、尺寸
　　(D)磨料、结合剂、硬度、粒度、形状、尺寸

119. 在制品占用量控制是对生产过程各个环节的在制品( )进行控制。
　　(A)实物　　(B)账目　　(C)实物和账目　　(D)实际占用量

120. 在铣床上用盘形铣刀铣削锥齿轮时,一般只需测量齿轮的( )既可。
　　(A)齿长　　(B)齿宽　　(C)齿厚　　(D)节距

121. 齿轮是机器中应用最广泛的传动零件之一,这种传动零件是( )使用的。
　　(A)成组配合　　(B)成对啮合　　(C)成对选配　　(D)成组组合

122. 齿轮( )上作用力方向线与运动方向线之间的夹角称为齿形角。

221

(A)齿顶圆　　　(B)齿根圆　　　(C)基圆　　　(D)分度圆

123. 沿齿轮任意圆周上,轮齿两侧渐开线间的弧长称为( )。
(A)齿距　　　(B)齿厚　　　(C)齿宽　　　(D)全齿高

124. 在图样中,分度圆和分度线是用( )表示。
(A)粗实线　　　(B)细实线　　　(C)虚线　　　(D)点画线

125. 在剖视图中,齿轮的齿根线用( )表示,当剖切平面通过齿轮的轴线时,齿轮是按不剖处理的。
(A)粗实线　　　(B)细实线　　　(C)虚线　　　(D)点画线

126. 在装配图中为了表示相邻两零件的关系并区别不同零件的( ),相邻零件接触面和配合面只画一条线。
(A)结构　　　(B)形状　　　(C)尺寸　　　(D)投影

127. 铣削齿轮时,切削深度应根据被加工齿轮的全齿高及( )进行调整。
(A)齿距　　　(B)齿厚　　　(C)齿宽　　　(D)齿长

128. 对模数较大的齿轮应分粗、精铣两步铣削,精铣时的切削深度按粗铣后的轮齿( )进行调整。
(A)齿距　　　(B)齿厚　　　(C)齿宽　　　(D)齿长

129. 铣削凸轮时,应根据凸轮从动件滚子直径选择( )的直径,否则凸轮的工作曲线将会产生一定的误差。
(A)立铣刀　　　(B)键槽铣刀　　　(C)双角铣刀　　　(D)三面刃铣刀

130. 组合夹具是由一套预先制造好的( )元件和部件根据要求组装成的专用夹具。
(A)标准　　　(B)成形　　　(C)系列化　　　(D)成套

131. 气动夹紧装置夹紧力的大小可以通过( )改变压缩空气的压力大小来调节。
(A)气压附件　　　(B)气缸　　　(C)辅助装置　　　(D)气压管路

132. 连续切削的精加工及半精加工刀具常用( )制造。
(A)陶瓷材料　　　(B)热压氮化硅　　　(C)立方氮化硼　　　(D)金刚石

133. 与过渡表面相对的刀面称为( )。
(A)前刀面　　　(B)切削平面　　　(C)后刀面　　　(D)基面

134. 铣刀的( )由前刀面和后刀面相交而成,它直接切入金属,担负着切除加工余量和形成加工表面的任务。
(A)前角　　　(B)后角　　　(C)刀尖　　　(D)主切削刃

135. 圆柱铣刀的螺旋角是指主切削刃与( )之间的夹角。
(A)切削平面　　　(B)基面　　　(C)主剖面　　　(D)法剖面

136. 圆柱铣刀( )的主要作用是减小后刀面与切削平面之间的摩擦。
(A)前角　　　(B)后角　　　(C)螺旋角　　　(D)楔角

137. 端铣刀的后角定义为在正交平面内测得的后刀面与( )之间的夹角。
(A)基面　　　(B)主切削平面　　　(C)副切削平面　　　(D)主剖面

138. 端铣刀的刃倾角为主切削刃与( )之间的夹角。
(A)基面　　　(B)主切削平面　　　(C)副切削平面　　　(D)主剖面

139. 合理的( )是在保证加工质量和铣刀寿命的条件下确定的。

(A)铣削速度　　(B)进给量　　　　(C)铣削宽度　　　(D)铣削深度

140. 加工窄的沟槽时,在沟槽的结构形状合适的情况下,应采用(　)加工。
　　(A)端铣刀　　(B)立铣刀　　(C)盘形铣刀　　(D)成形铣刀

141. 加工各种工具、夹具和模具等小型复杂的零件时应采用(　)铣床,其操作灵活方便。
　　(A)万能工具　　　　　　　　(B)半自动平面仿形
　　(C)卧式升降台　　　　　　　(D)立式升降台

142. 加工形状复杂的轮廓面,如凸轮、叶片和模具时,可采用(　)铣床。
　　(A)万能工具　　　　　　　　(B)半自动平面仿形
　　(C)卧式升降台　　　　　　　(D)立式升降台

143. 在铣床上对板形或箱体形工件进行孔的加工时,一般都采用(　)装夹。
　　(A)分度头　　　　　　　　　(B)机床用平口虎钳
　　(C)压板　　　　　　　　　　(D)弯板

144. 由于麻花钻横刃较长,横刃(　),因此在切削过程中横刃处于挤刮状态,使轴向力增大。
　　(A)前角为负值　　　　　　　(B)前角为正值
　　(C)后角为负值　　　　　　　(D)后角为正值

145. 机用铰刀的(　)长度一般都比较短。
　　(A)颈部　　(B)倒锥部分　　(C)切削刃　　(D)柄部

146. 在铣床上铣齿轮是采用(　)加工的,加工精度低,生产效率也不高。
　　(A)展成法　　(B)滚切法　　(C)仿形法　　(D)成形法

147. 斜齿圆柱齿轮中的(　)是指在垂直于螺旋齿的截面上,相邻两齿的对应点在分度圆圆周上的弧长。
　　(A)法向模数　　(B)端面模数　　(C)法向齿距　　(D)端面齿距

148. 铣削矩形齿离合器时,为了保证铣出的齿侧是一个通过工件轴线的径向平面,必须使铣刀(　)的旋转平面通过工件的轴线。
　　(A)刀尖　　(B)侧刃　　(C)顶刃　　(D)横刃

149. 等边尖形齿离合器都是采用(　)进行铣削的。
　　(A)盘形铣刀　　(B)端铣刀　　(C)三面刃铣刀　　(D)对称双角铣刀

150. 母线较长的直线成形面一般用(　)在卧式铣床上加工。
　　(A)成形铣刀　　(B)圆柱铣刀　　(C)立铣刀　　(D)角度铣刀

151. 成形铣刀又称为特形铣刀,其齿背为(　)的平面螺旋线。
　　(A)车成　　(B)铣成　　(C)磨成　　(D)铲成

152. 为了使调整和计算比较简便,在铣削圆柱直齿刀具的直齿槽时通常采用(　)。
　　(A)双角铣刀　　(B)单角铣刀　　(C)三面刃铣刀　　(D)盘形铣刀

153. 在一个标准齿轮中,齿槽和齿厚相等的那个圆称为(　)。
　　(A)齿顶圆　　(B)齿根圆　　(C)基圆　　(D)分度圆

154. 铣削齿轮的轮齿前,应检查齿轮坯的质量,主要是测量齿坯(　)的实际尺寸。
　　(A)外圆　　(B)内孔　　(C)厚度　　(D)齿槽

223

155. 铣削直线成形面时,应始终保持( ),否则容易折断铣刀和损坏工件。
    (A)顺铣   (B)逆铣   (C)对称铣削   (D)非对称铣削
156. 齿轮沿轴线方向轮齿的宽度称为( )。
    (A)齿距   (B)齿厚   (C)全齿高   (D)齿宽
157. 对于具有不需要加工表面的工件,应选择不加工表面作为( )。
    (A)粗基准   (B)精基准   (C)工序基准   (D)工艺基准
158. 选择合理的( ),可以使工件安装方便可靠,定位精度高,从而可以减少加工误差。
    (A)工艺基准   (B)工序基准   (C)精基准   (D)粗基准
159. 组合夹具的元件按其( )不同可分为:基础件、支撑件、定位件、导向件、压紧件、紧固件、辅助件和合件共八大类。
    (A)结构   (B)尺寸规定   (C)用途   (D)功能
160. 气动夹紧装置是使用压缩空气作为( )来夹紧工件的一种夹紧机构。
    (A)动力   (B)能源   (C)夹紧力   (D)动力源

三、计算题

1. 检验主轴旋转轴线对工作台横向移动的平行度时,若 a 处和 b 处测得的误差值 $a1=0.035mm$, $a2=0.015mm$, $b1=0.04mm$, $b2=0.01mm$。求铣床该项的精度误差值 Δa 与 Δb,并作出是否符合精度检验标准判断。
2. 在立式铣床上铣削一单柄球面,已知柄部直径 $D=40mm$,外球面半径 $SR=35mm$,试求刀盘刀尖回转直径 d_c 和分度头倾斜角 α。
3. 在立式铣床上用立铣刀铣削一内球面,已知内球面深度 $H=15mm$,球面半径 $SR=20mm$。试通过计算选择立铣刀直径 d_c。
4. 用分度头侧轴交换齿轮法铣削等速圆柱凸轮上的螺旋槽,已知铣床纵向丝杠的螺距 $P_{丝}=6mm$,升高量 $H=50mm$,曲线所占中心角 $\theta=45°$。试求凸轮曲线导程 P_h 和交换齿轮速比 i 并选择交换齿轮。
5. 用非圆齿轮传动铣削等螺旋角锥度刀具齿槽,已知刀具小端直径 $d=30mm$,锥度 $c=1:10$,齿数 $z=10$,螺旋角 $\beta=30°$,锥刃部长度 $l=60mm$,齿槽角 $\theta=75°$,非圆齿轮的工作转角 $300°$,试选择非圆齿轮,并求第一套交换齿轮齿数和第二套交换齿轮齿数。

铣工知识考核试题库答案

一、判断题

1.√	2.√	3.×	4.×	5.×	6.√	7.×	8.√	9.×	10.×
11.√	12.×	13.√	14.√	15.×	16.√	17.√	18.×	19.√	20.×
21.×	22.×	23.√	24.×	25.√	26.√	27.×	28.×	29.√	30.√
31.√	32.√	33.√	34.×	35.√	36.√	37.√	38.√	39.√	40.√
41.√	42.√	43.√	44.×	45.×	46.√	47.√	48.√	49.√	50.√
51.√	52.×	53.√	54.√	55.√	56.×	57.√	58.×	59.√	

二、选择题

1. B	2. A	3. C	4. B	5. C	6. C	7. C	8. D	9. C	10. D
11. A	12. B	13. D	14. B	15. B	16. B	17. B	18. C	19. C	20. D
21. A	22. C	23. A	24. C	25. B	26. A	27. A	28. A	29. B	30. B
31. B	32. C	33. C	34. C	35. A	36. A	37. A	38. D	39. A	40. B
41. A	42. D	43. A	44. A	45. B	46. B	47. C	48. A	49. A	50. A
51. A	52. B	53. A	54. C	55. C	56. C	57. C	58. A	59. C	60. A
61. C	62. C	63. B	64. D	65. C	66. C	67. A	68. A	69. B	70. A
71. B	72. A	73. D	74. C	75. D	76. C	77. C	78. A	79. B	80. C
81. A	82. D	83. A	84. C	85. B	86. A	87. C	88. B	89. B	90. C
91. B	92. B	93. C	94. C	95. C	96. B	97. C	98. A	99. B	100. A
101. D	102. B	103. C	104. B	105. A	106. B	107. A	108. B	109. D	110. A
111. B	112. A	113. A	114. C	115. B	116. A	117. A	118. C	119. C	120. C
121. B	122. D	123. B	124. D	125. A	126. D	127. B	128. B	129. B	130. A
131. C	132. A	133. C	134. D	135. B	136. B	137. D	138. A	139. A	140. C
141. A	142. B	143. C	144. A	145. C	146. D	147. C	148. B	149. D	150. A
151. D	152. B	153. D	154. A	155. B	156. D	157. A	158. C	159. C	160. A

三、计算题

1. 解：a 点误差和 b 点误差应分别计算

$$\Delta a = a_1 - a_2 = 0.035 - 0.015 = 0.02 \text{(mm)}$$

$$\Delta b = b_1 - b_2 = 0.04 - 0.01 = 0.03 \text{(mm)}$$

答：检验主轴旋转轴线对工作台横向移动的平行度时，a 点垂直测量位置，在 300mm 长度上允差为 0.025mm；b 点为水平测量位置，在 300mm 长度上允差为 0.025mm。因为 $\Delta a = 0.02\text{mm} \leqslant 0.025\text{mm}$，$\Delta b = 0.03\text{mm} > 0.025\text{mm}$，故该项经检验不符合铣床精度检验标准。

2. 解：

$$\sin 2\alpha = \frac{D}{2SR} = \frac{40}{2 \times 35} = 0.5714$$

$$2\alpha = 34.85° \quad \alpha = 17°25'$$

$$d_c = 2SR\cos\alpha = 2 \times 35\text{mm} \times \cos 17°25' = 66.79\text{mm}$$

答：$\alpha = 17°25'$，$d_c = 66.79\text{mm}$。

3. 解：

$$d_{cm} = 2\sqrt{SR^2 - \frac{SRH}{2}} = 2\sqrt{20^2 - \frac{20 \times 15}{2}}\text{mm} = 31.62\text{mm}$$

$$d_{ci} = 2\sqrt{SRH} = \sqrt{2 \times 20 \times 15}\text{mm} = 24.49\text{mm}$$

答：选择 $d_c = 30\text{mm}$ 的标准立铣刀。

4. 解：

$$P_h = \frac{360°H}{\theta} = \frac{360° \times 50}{45°} = 400 \text{(mm)}$$

$$i = \frac{40 P_{丝}}{P_h} = \frac{40 \times 6}{400} = 0.6$$

$$\frac{z_1 z_3}{z_2 z_4} = \frac{6}{10} = \frac{90 \times 40}{60 \times 100}$$

225

选 $z_1=90$, $z_2=60$, $z_3=40$, $z_4=100$

答：导程 $P_h=400$mm，交换齿轮速比 $i=0.6$，选 $z_1=90$，$z_2=60$，$z_3=40$，$z_4=100$。

5. 解：(1) $D=d+lc=30+60\times0.1=36$，$\dfrac{D}{d}=\dfrac{36}{30}=1.2$(mm)

1.2mm<1.25/(1/1.25)mm，即 1.2mm<1.5625mm，

选用 $i_{非max}=1.25$，$i_{非min}=1/1.25$ 的非圆齿轮。

(2) $n'=\dfrac{300°}{360°}=\dfrac{5}{6}r$，$n=\dfrac{l}{P_{丝}}=\dfrac{60}{6}r$，

$i_1=\dfrac{z_1 z_3}{z_2 z_4}=\dfrac{n'}{n}=\dfrac{5}{60}$（第一套交换齿轮），

选 $i_1=\dfrac{z_1 z_3}{z_2 z_4}=\dfrac{25\times30}{90\times100}$。

(3) 因为 $i_{总}=\dfrac{P_{丝}}{\pi d\cot\beta}=\dfrac{z_1 z_3 i_{非max} z_5}{z_2 z_4 z_6}=\dfrac{6}{3.1416\times30\cot30°}=\dfrac{25\times30\times1.25\times z_5}{90\times100\times z_6}$

所以 $i_2=\dfrac{z_5}{z_6}=\dfrac{6}{3.1416\times30\cot30°}\times\dfrac{90\times100}{25\times30\times1.25}=0.35285$

选 $\dfrac{z_5}{z_6}=\dfrac{35}{100}$（第二套交换齿轮）

答：选用 $i_{非max}=1.25$、$i_{非min}=1/1.25$ 的非圆齿轮；第一套交换齿轮 $z_1=25$，$z_2=90$，$z_3=30$，$z_4=100$；第二套交换齿轮 $z_5=35$，$z_6=100$。

铣工职业资格考试技能考核试题库

一、铣削齿轮轴

1. 零件图样：如图 1 所示。
2. 准备要求
(1) 工件外形预制件。
(2) 万能分度头、尾座。
(3) 通用量具、刀具。
(4) 自选铣床。
3. 考核内容
1) 考核要求
(1) 公法线长度 $19.151_{-0.332}^{-0.128}$ mm、公法线长度变动量 0.08mm、齿圈径向圆跳动 0.10mm、键槽宽 $8_{0}^{+0.036}$ mm，$6_{0}^{+0.048}$ mm，$6_{0}^{+0.03}$ mm 键槽对称度 0.15mm 作为主要评分项目。
(2) 其他尺寸等作为一般评分项目。
(3) 零件有严重缺陷不予评分。
2) 工时定额
6.5h。

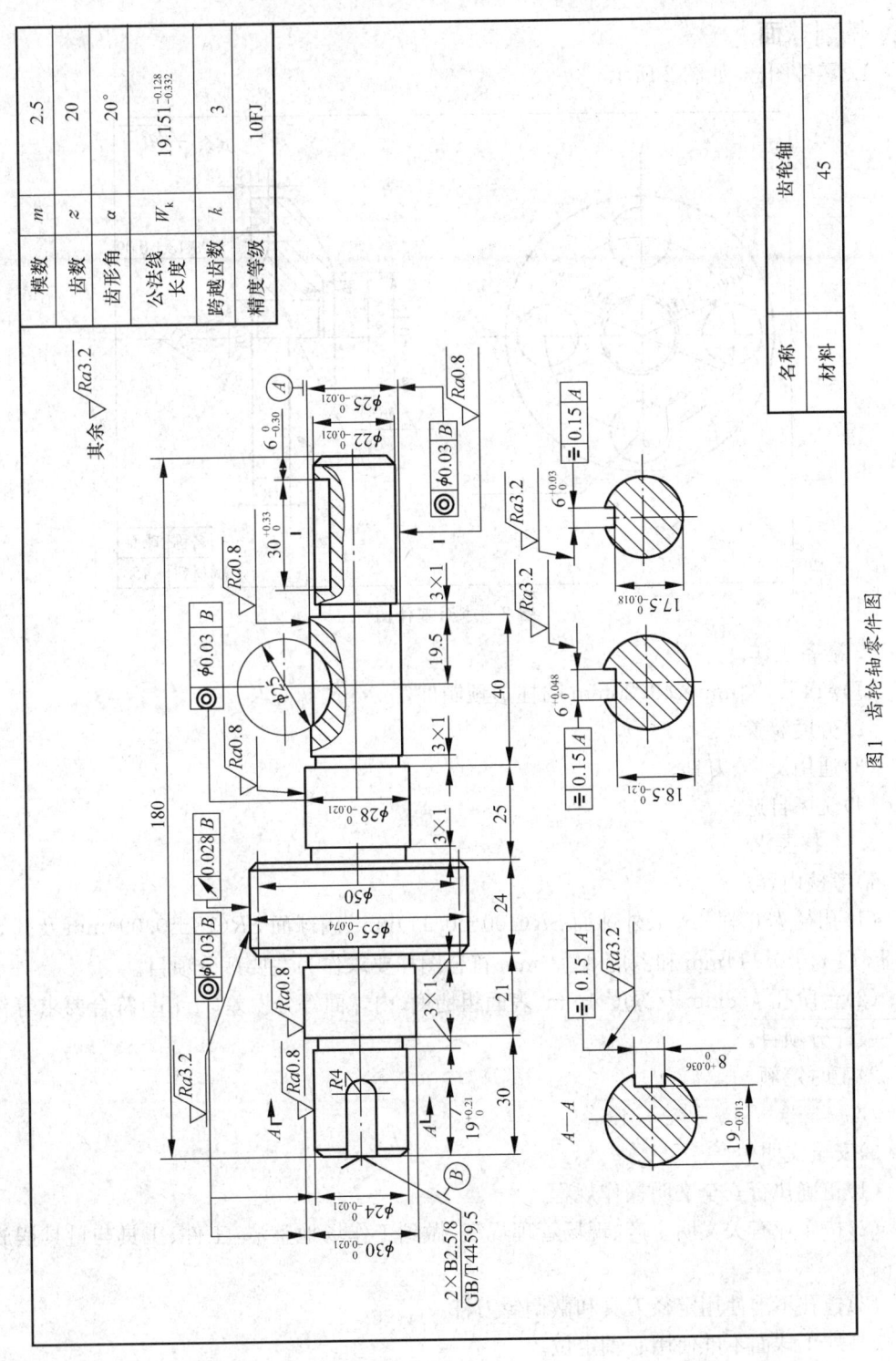

模数	m	2.5
齿数	z	20
齿形角	α	20°
公法线长度	W_k	$19.151_{-0.332}^{-0.128}$
跨越齿数	k	3
精度等级		10FJ

名称	齿轮轴
材料	45

图1 齿轮轴零件图

3)安全文明生产考核内容

(1)正确执行安全文明操作规程。

(2)按企业有关文明生产、现场管理规定,做到工作场地整洁,工件、工具与量具摆放整齐。

227

二、铣削球面

1. 零件图样：如图 2 所示。

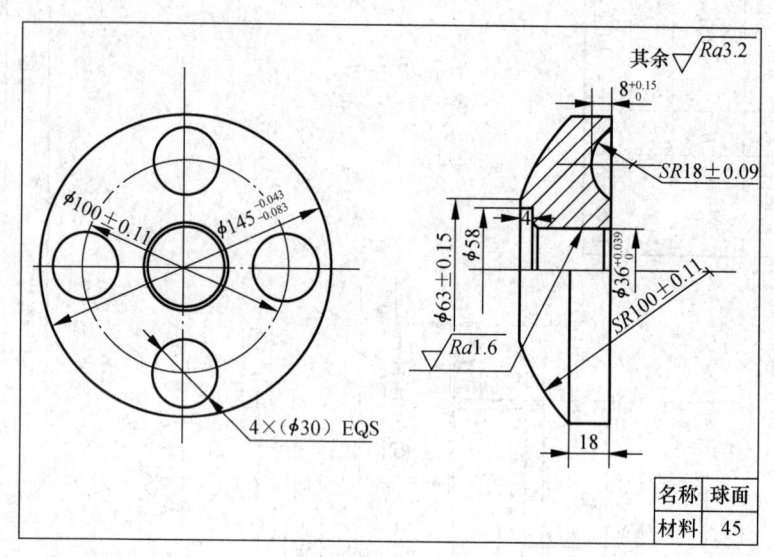

图 2　球面零件图

2. 准备工作

(1) $\phi 145_{-0.083}^{-0.043}$ mm×49.20mm 圆柱形预制件。

(2) 分度装置。

(3) 通用量具、刀具。

(4) 铣床自选。

3. 考核要求

1) 考核内容

(1) 孔径 $\phi 36_{0}^{+0.039}$ mm、外球面 $SR(100\pm 0.11)$ mm、内球面 $SR(18\pm 0.09)$ mm 及其等分圆 $\phi(100\pm 0.11)$ mm 和深度 $8_{0}^{+0.15}$ mm 符合图样要求作为主要评分项目。

(2) 台阶孔 $\phi 58$ mm 及深度 4mm、表面粗糙度、内球面等分误差（±15′）符合要求等作为一般评分项目。

2) 工时定额

7h。

3) 安全文明生产

(1) 正确执行安全文明操作规程。

(2) 按企业有关文明生产、现场管理规定，做到工作场地整洁，工件、工具与量具摆放整齐。

(3) 镗孔不准使用定径刀具和微调镗刀杆。

(4) 加工球面不准使用心轴定位。

(5) 加工外球面刀具由考生刃磨。

参 考 文 献

[1] 宴初宏. 金属切削机床. 北京:机械工业出版社,2007.
[2] 王士柱. 金属切削机床. 北京:国防工业出版社,2010.
[3] 徐东元. 机械加工技能实训. 北京:人民邮电出版社,2008.
[4] 王增强. 普通机械加工技能实训. 北京:机械工业出版社,2007.
[5] 吴拓. 金属切削加工及装备. 北京:机械工业出版社,2007.
[6] 李振杰. 机械制造技术. 北京:人民邮电出版社,2009.
[7] 牛荣华. 机械加工方法与设备. 北京:人民邮电出版社.2009.
[8] 双元制培训机械专业理论教材编委会. 机械工人专业工艺(机械切削工分册). 北京:机械工业出版社,2007.
[9] 李新广. 机械零件普通加工. 北京:科学出版社,2010.
[10] 陈日曜. 金属切削原理. 2版. 北京:机械工业出版社,2002.
[11] 杨雪青. 普通机床零件加工. 北京:北京大学出版社,2010.
[12] 袁哲俊. 金属切削刀具. 2版. 上海. 上海科学技术出版社.1993.
[13] 刘本锁. 机械加工技术. 北京. 机械工业出版社.2006.
[14] 李宗玉,郭勋德. 机械加工技术及实训. 北京:科学出版社,2010.